普通高等教育土建学科专业『十一五』规划教材
全国高职高专教育土建类专业教学指导委员会规划推荐教材

园林工程（一）

（园林工程技术专业适用）

本教材编审委员会组织编写

邓宝忠 主编

季 翔 主审

中国建筑工业出版社

图书在版编目（CIP）数据

园林工程（一）/本教材编审委员会组织编写. —北京：中国建筑工业出版社，2008

普通高等教育土建学科专业“十一五”规划教材. 全国高职高专教育土建类专业教学指导委员会规划推荐教材. 园林工程技术专业适用

ISBN 978 - 7 - 112 - 10069 - 9

Ⅰ. 园…　Ⅱ. 本…　Ⅲ. 园林 - 工程施工 - 高等学校：技术学校 - 教材　Ⅳ. TU986. 3

中国版本图书馆 CIP 数据核字（2008）第 061608 号

本书主要讲述了园林工程的基本内容，包括：园林工程中的土方工程设计，园林给水排水工程设计，园林砌体工程设计，园林水景工程设计，园林工程设计，假山工程设计，园林照明设计，种植工程设计等。本书适合于高等职业院校园林工程设计专业的所有学生、教师，同时也适用于职业院校相关专业的学生、教师，以及自学人员使用。

责任编辑：朱首明　杨　虹
责任设计：董建平
责任校对：孟　楠　关　健

普通高等教育土建学科专业“十一五”规划教材
全国高职高专教育土建类专业教学指导委员会规划推荐教材
园林工程（一）
（园林工程技术专业适用）
本教材编审委员会组织编写
邓宝忠　主编
季　翔　主审
*
中国建筑工业出版社出版、发行（北京西郊百万庄）
各地新华书店、建筑书店经销
北京嘉泰利德公司制版
北京市兴顺印刷厂印刷
*
开本：787×1092 毫米　1/16　印张：16½　字数：397 千字
2008 年 11 月第一版　2011 年 7 月第二次印刷
定价：**28.00** 元
ISBN 978-7-112-10069-9
（16872）

序　　言

全国高职高专教育土建类专业教学指导委员会建筑类专业指导分委员会是住房和城乡建设部受教育部委托，由住房和城乡建设部聘任和管理的专家机构。其主要工作任务是，研究如何适应建设事业发展的需要设置高等职业教育专业，明确建设类高等职业教育人才的培养标准和规格，构建理论与实践紧密结合的教学内容体系，构筑“校企合作、产学结合”的人才培养模式，为我国建设事业的健康发展提供智力支持。

在住房和城乡建设部人事教育司和全国高职高专教育土建类专业教学指导委员会的领导下，自成立以来，全国高职高专教育土建类专业教学指导委员会建筑类专业指导分委员会的工作取得了多项成果，编制了建筑类高职高专教育指导性专业目录；在重点专业的专业定位、人才培养方案、教学内容体系、主干课程内容等方面取得了共识；制定了“建筑装饰技术”等专业的教育标准、人才培养方案、主干课程教学大纲；制定了教材编审原则；启动了建设类高等职业教育建筑类专业人才培养模式的研究工作。

全国高职高专教育土建类专业教学指导委员会建筑类专业指导分委员会指导的专业有建筑设计技术、室内设计技术、建筑装饰工程技术、园林工程技术、中国古建筑工程技术、环境艺术设计等6个专业。为了满足上述专业的教学需要，我们在调查研究的基础上制定了这些专业的教育标准和培养方案，根据培养方案认真组织了教学与实践经验较丰富的教授和专家编制了主干课程的教学大纲，然后根据教学大纲编审了本套教材。

本套教材是在高等职业教育有关改革精神指导下，以社会需求为导向，以培养实用为主、技能为本的应用型人才为出发点，根据目前各专业毕业生的岗位走向、生源状况等实际情况，由理论知识扎实、实践能力强的双师型教师和专家编写的。因此，本套教材体现了高等职业教育适应性、实用性强的特点，具有内容新、通俗易懂、紧密结合实际、符合高职学生学习规律的特色。我们希望通过这套教材的使用，进一步提高教学质量，更好地为社会培养具有解决工作中实际问题的有用人才打下基础。也为今后推出更多更好的具有高职教育特色的教材探索一条新的路子，使我国的高职教育办的更加规范和有效。

全国高职高专教育土建类专业教学指导委员会建筑类专业指导分委员会
2008年5月

前　　言

随着城市园林建设的发展，对园林工程的设计、施工的要求越来越高，给园林专业高等职业教育提出了新的课题。人类发展对生态环境的破坏，造成三废污染，城市热岛，人们越来越向往大自然，期盼绿色。从20世纪80年代以来，全国各地掀起了园林建设的热潮，进入21世纪以来，对园林科技人才，特别是设计人才的要求，不再是满足画画图纸，要求有高科技的含量，诸如人性化设计、生态设计、植物多样性设计的要求。近些年来，园林建设中新材料、新方法、新工艺不断涌现，给园林工程设计增加了新内容、新要求。国家新的标准规范的出台，设计标准要求也随之更改。所有这些变化要进入课堂，那么教材就要变化。高职教育的迅猛发展和对人才培养目标的新要求也发生了重大变化，为满足园林工程技术专业高职教育的新要求，中国建筑工业出版社与全国土建类专业教育指导委员会建筑类专业分指导委员会联合开发园林工程技术专业教材。《园林工程》是此次开发的教材之一，分为两部分编写，《园林工程》（一）原理与设计由上海城市管理职业技术学院主持开发，黑龙江生态工程职业学院参与开发。《园林工程》（二）施工技术由浙江建设职业技术学院主持开发。

为了保证教材的编写质量，首先由参编人员对教学大纲进行细致研究和讨论，然后确定教材编写提纲，最后由对各部分有扎实的理论知识和丰富的教学经验、实践经验的教师编写。

本书为《园林工程》（一）原理与设计，内容包括土方工程设计、园林给排水工程设计、园林砌体工程设计、园林水景工程设计、园路工程设计、假山工程设计、园林照明设计、种植工程设计共8章。本教材较系统地阐述了园林工程设计的基本理论和设计方法，内容力求结合生产实践，体现新的科技成果，贯彻新的工程标准和规范，立足于把工程原理和设计方法较好地结合起来，既阐明了设计的工程原理，又突出了设计方法，力争做到理论和方法的有机结合。每章都附小结、复习参考题、实习实训等内容，供读者总概本章内容、课后复习、实践训练选用。本书在编写过程中参考了大量的文献资料，在此对原作者表示衷心的感谢。同时，作者结合多年来教学与设计的实践经验，加以归纳、整理、总结编写成书。适合从事园林设计、管理工作的人员及大、中专学生使用。

本书由邓宝忠主编，李伟副主编。各章节分工如下：邓宝忠编写绪论、第一章至第五章，李伟编写第六章至第八章，由邓宝忠拟定提纲并统稿，全书由季翔主审。

本套教材的封面图书由北京林业大学王向荣教授提供，在此表示衷心的感谢。

本书在编写过程中得到了多方面的支持和鼓励，在此表示感谢。由于编者水平有限，经验不足，错误之处在所难免，欢迎读者批评指正。

编者

2008年4月

目　　录

绪 论

园林工程（二）

园林工程是园林建设的基本内容，在园林建设活动过程中，园林工程无处不在，从小的花坛、喷泉、亭、架的营造，到大的公园、环境绿地、风景区的建设都涉及多种工程技术。特别是现代生态园林建设，使园林工程的含义和范围又有了新的拓展，是集建筑、掇山、理水、铺地、绿化、园林给水排水、园林供电照明等现代技术和管理于一体的大型综合景观工程。如何应用工程技术手段塑造园林艺术，充分体现设计者的意图，使人工构筑物与园林景观融为一体；以可持续科学发展观建设城市生态体系，为人创造舒适的休闲和生活空间，是园林工程的重点内容。

0.1 园林工程的内容

0.1.1 园林工程的概念及特点

园林是指在一定的地域运用工程技术和艺术手段，通过改造地形（或进一步筑山、叠石、理水）、种植树木花草、营造建筑和布置园路等途径创作而成的美的自然环境和游憩境域。工程常指工艺过程。园林工程是指园林、城市绿地和风景名胜区中除建筑工程以外的室外工程，包括体现园林地貌创作的土方工程、园林筑山工程（如掇山、塑山、置石等）、园林理水工程（如驳岸、护坡、喷泉等工程）、园路工程、园林铺地工程、种植工程（包括种植树木、造花坛、铺草坪等），是一门研究园林工程原理、工程设计和施工养护技艺的学科；是以工程原理、技术为基础运用于园林建设的专业课程。本课程研究的中心内容是如何最大限度地发挥园林综合功能（社会、经济、生态等）的前提下，解决园林中的工程设施、构筑物与园林景观之间矛盾统一问题。其根本任务就是应用工程技术表现园林艺术，使地面上的工程构筑物和园林景观融为一体。园林工程的特点是以工程技术为手段，塑造园林艺术的形象。在园林工程中运用新材料、新设备、新技术是当前的重大课题。园林工程的具体特点如下：

（1）技术与艺术的统一：园林中的工程构筑物，除满足一般工程构筑物的结构要求外，其外在形式应同园林意境相一致，并给人以美感。

（2）规范性：园林建设所涉及的各项工程，从设计到施工均应符合我国现行的工程设计、施工规范；如园林给水排水工程，应符合给水排水设计施工规范。

（3）时代性：不同时期的园林形式，尤其是园林建筑总是与当时的工程技术水平相适应的。随着人民生活水平的提高和人们对环境质量的要求越来越高，对城市中的园林建设要求亦多样化，工程的规模和内容也越来越大，新技术、新材料、高科技已深入园林工程的各个领域，如集光、电、机、声为一体的大型音乐喷泉；又如传统的木结构园林建筑，逐渐被钢筋混凝土仿古建筑所取代。

（4）协作性：园林工程建设，在设计上，常由多工种设计人员共同完成；

在建设上，往往需要多部门、多行业协同作战。

0.1.2　园林工程的内容

一个园林从开始兴建到施工完成和使用，涉及许多工程与技术。园林工程主要研究园林建设的工程技术，包括地形改造的土方工程，掇山、置石工程，园林理水工程和园林驳岸工程，喷泉工程，园林的给水排水工程，园路工程，种植工程，园林供电设计，园林机械等等。园林建筑工程将在有关课程中讲述。

0.2　园林工程发展史

园林发展的历史，就是园林工程发展的历史，从有文字记载的殷周的囿算起，已有三千多年的历史；透过这一历史长河，园林工程技术无不显示出我国历代的园林哲匠和手工艺人的聪明与智慧。公元前11世纪周文王筑灵台、灵沼、灵囿，让天然的草木滋生、鸟兽繁育，是供帝王贵族狩猎游乐的场所，它仅涉及土方工程技术；春秋战国时期，已出现人工造山；秦汉出现大规模的挖湖堆山工程，秦始皇统一中国，在营造官室中的园林时“引渭水为池，筑为蓬、瀛”；汉代上林苑中的建章宫内建太液池，内有“蓬莱、方丈、瀛洲”三山，这种“一池三山”之制成为后世池山的布置范例；后汉恒帝时，外戚大将军梁翼的园囿“……广开园囿，采土筑山，十里九坂，以象二崤，深林绝涧，有若自然。”从技术上来看，汉代造山以土山为主，但在袁广汉园中已构石为山，且能高十余丈，足见掇山技术已有发展；从理水形式上看，水景与雕塑结合，有压水的运用，据《汉宫典职》记载“宫内苑……激水河上，铜龙吐水，铜仙人衔杯受水下注”。魏晋到南北朝360余年间自然山水园得到发展，由单纯的模仿自然山水进而进行概括、提炼甚至于抽象化，如南齐文惠太子开拓元圃园，多聚奇石，妙极山水；湘东王造湘东苑，穿池构山，跨水有阁、斋、屋；斋前有亭山，山有石洞，蜿蜒潜行二百余步。不仅说明了当时对自然山水艺术的认识，同时也说明土木石作技术、叠石构洞技术达到一定的水平。唐宋在文化和工程技术方面更为发达；王维的“辋川别业”是在利用大自然山水的基础上加以适当的人工改造形成的。地形地貌变化丰富，既有大自然的风景，又蕴涵了如诗若画的意境和画境。写意山水园林在此期开始形成。从《洛阳名园记》中可知，在面积不大的宅旁地里，因高就低、掇山理水，表现山壑溪池之胜；点景起序、揽胜筑台、茂林蔽天、繁花覆地、小桥流水、曲径通幽，巧得自然之趣。说明筑山、理水灵活运用造景元素在唐、宋已达到很高的艺术水准。而元、明、清的宫苑多采用集锦的方式，集全国名园之大成，以北京的颐和园、圆明园为代表，将筑山、理水和造园推向极致，同时在圆明园中吸收西方造园手法，如在远瀛观、观水法、线法山、谐奇趣等处体现的石雕、喷泉、整形树木、绿丛植坛等园林形式。此期江南私家园林得到迅猛发展，“花街铺地”，掇山和置石之风尤为盛行，出现了许多不朽之作，如环秀山庄的湖石假山、耦园的黄石假山，现存的江南“三大名石”就是很好的例证。

中国园林经历代的画家、士大夫、文人和工匠创造、发展，其造园技艺独特而精湛在园林工程技术方面取得了丰硕的成果，体现在：其一，掇山（采石、运石、安石）技术已炉火纯青，到宋代已明显地形成一门专门技艺；根据不同石材特性，总结出不同的堆山字诀和连接方式。其二，理水与实用性有机结合，如北京颐和园的昆明湖，为结合城市水系和蓄水功能，将原有与万寿山不相称的小水面扩展而成。杭州西湖，为满足城市居民生活用水，经历代官府组织疏浚，并结合景观建设而形成今天人们所见的秀美景色，白堤、苏堤就是很好的佐证。其三，“花街铺地”在世界上独树一帜，冰裂纹、梅花、鹅石子地，其用材价格低廉、结构稳固、式样丰富多彩，为我们提供了因地制宜、低材高用的典范。其四，博大精深的园林建设理论，中国古代园林不仅积累了丰富的实践经验，也从实践到理论，总结出不少精辟的造园理论。除了明代计成著《园冶》，专门总结了不少园林工程的理法外，北宋沈括所著《梦溪笔谈》、宋代《营造法式》、明代文震享著《长物志》、明代《徐霞客游记》、清代李渔著《闲情偶寄》等都有道及。此外，分散在各类图书中的资料还很多，等待人们去挖掘、整理、运用。

园林工程作为一种技术，可以说是源远流长，但作为一门系统而独立的学科则是近半个世纪的事，它是为了适应我国城市园林和绿化建设发展的需求而诞生的。新中国成立以后，园林工程得到快速发展，广州的园林工作者在继承岭南灰塑假山传统的基础上将之发展成为“塑石”、“塑山”，为假山的发展提供了新的途径。南、北方在大树、古树的移植、包装、运输上形成一套完整的工艺流程，近年来在大树移栽过程中广泛采用微喷灌技术，大大提高了古树名木的移栽成活率。一些被荒废、破坏的名园为适应园林事业的发展而被恢复，如扬州园林局在恢复片石山房、卷石洞天时将掇山技艺推向新的水平，基本达到“整旧如旧”的高水平。改革开放后，随着我国国际地位的提高，我国的园林艺术已走出国门，在许许多多国家都有中国园林的踪迹，其中，参加国际展览的项目大多获得金奖。如1999年建成的世博园，即充分体现了我国园林技术发展的先进水平。

0.3 园林工程现状及发展趋势

现阶段，随着园林事业的不断发展，给社会带来了较好的效益，但由于许多相应法规、制度不健全，以至于现阶段园林行业市场相当混乱，开发商则更是从商业炒作出发，缺少一定眼光，再加上社会对该行业的认识心态不一、管理部门的行政干预，致使我国园林实际质量不高，景观设计师普遍具有浮躁心理，也使得精品难求。主要表现在以下几方面：

0.3.1 行业缺乏规范性

0.3.1.1 行业名称不规范

以前“园林”曾被称为风景园林或环境设计，以后又叫景观设计，后来又叫景观环境设计等等，究竟哪种更合适，目前还没有明确的说法，由于该行业的名称还没有得到共识，从而使该行业的发展受到了较大的影响。

0.3.1.2 市场管理不严

景观产品与建筑相比少了许多安全规范，责任小，可改造性强，这些情况致使各方面的干预增多，同时监管部门对园林设计、施工监管不严，从业人员专业素养不高，从而导致景观作品质量难以保证。

0.3.2 园林设计不规范

0.3.2.1 在园林设计中创新能力不强

在园林行业中，很多情况下，设计者不搞研究调查，不顾实际盲目模仿，最后导致园林景观观赏效果降低，而且浪费大量人力物力。例如：目前社会上流行的“广场风”几乎全国到处都有，呈现出千篇一律、大同小异之感，它们大都是低头草地铺装，平视喷泉旗杆，仰视雕塑，广场模式全国统一，与环境不协调，无个性，这样的广场不但起不到好的作用，而且令人感到枯燥无味，缺乏生机，没有创新性。又如目前社会上，刮起了一种“大树移植”的风气，从我国东南沿海逐步刮向内地，致使许多大树，甚至千年古树因为被移植而死亡，造成了不可弥补的损失。有破坏异地生态的做法存在。

0.3.2.2 设计过程中盲目追求档次，缺乏职业操守

“档次”往往被理解为宏大的气派、豪华的用材，它意味着大量的投入。这主要和决策者有关，有些决策者往往把调定高，而不管该场所在整个环境系统中的地位，他们只注重广场的豪华、宏大，形式的新颖，对于广场的功能、作用、内涵却置之不理。有的决策者通过“高档次”的景观设计来显示自己的业绩，而设计者为了迎合领导、赢得工程，也放弃了一个设计师应有的专业和操守，一切按领导意图而设计“高档次”景观。

0.3.2.3 人性化设计体现不充分

一个作品，如果强调它的功能，很多人都可以理解，而设计者却常常忽略功能而乐道于形式。社会发展到今天，人口数量增加，人们对景观的要求也在不断地提高，面向群体是现代景观设计的最大特点。在景观设计上无视人的要求，甚至把景观的功能等同于坐凳、桌椅等这类最基本的要求，为了建造而建造，丝毫不管人的感受，开发商和景观设计师起到了推波助澜的作用。

0.3.2.4 只注重图纸的美丽，不重实用科学

如今，在方案汇报时，眼前全是立体效果图、电脑投影等，一幅幅优美的画面，深深地吸引了决策者，而靠违反常规的设计赢得任务后，设计者们就束手无策了，图纸的美丽，根本无法从现实中实现。很多东西在具体实施中可操作性很差。

0.3.3 我国园林与国外园林发展状况的比较

0.3.3.1 我国与国外的差距

我国传统园林发展较早，已有几千年的历史，在世界园林上占有很高的声誉，但是我国的现代园林发展却相对较晚，只是在改革开放以后才得到较为迅速的发展。在国外，如美国仅有二百多年的历史，但就目前的规模与发展程度看，尤其是生态园林的超前发展已经达到了令人难以想象的程度。而我国同国外相比目前存在着一定的差距：

（1）我国园林行业的技术标准、规范与国际水平存在较大的差异，标准的数量少，内容不全面，缺少严格的规范。

（2）我国对园林研究和应用的面比较窄，还没有形成科技与行业发展的良性循环。

（3）对“以人为本”的设计思想研究不够，并且我国尚未实行市民参与的机制，所以在设计要求上存在许多缺陷。

（4）在植物运用上，新优品种缺乏，在材料运用上，新材料、新产品开发不足。

0.3.3.2 改进措施

面对我国园林行业存在的一些现象，以及我国园林行业与国外存在的差异，我们应该从以下几方面加强对园林行业的建设：

（1）尽快地制定符合我国园林行业目前发展形势的法律、法规及各项规章制度，使行业制度尽快与先进国家水平一致。

（2）积极拓宽我国园林行业的研究范围，并开发出高质量系列产品，用于园林建设。

（3）积极贯彻“以人为本”的思想，尽早实行“市民参与”的制度，设计出符合人们要求的园林作品。

（4）在园林作品设计上，严格制止模仿、抄袭、攀比的现象，使园林作品符合自身特点，突出自身特色。

通过对我国园林行业的观察，可以看出我国园林行业目前虽然发展较快，但还不成熟，在行业上还存在许多需要解决的问题，这些问题目前正在影响我国园林行业的发展，我们一定要尽快解决这些问题，使园林行业健康发展。

0.3.4 我国园林发展方向

近一个半世纪以来，中国园林的发展虽然有了长足的进步，但始终未能形成具有中国地域文化特色的现代园林文化。除了社会经济因素之外，另一个重要原因在于我们片面照搬西方园林的内容和手法，而忽视了中国本土自然景观资源和地域文化的特征，中国现代园林的营造成为无源之水。由此可见，中国现代风景园林要取得进步，必须通过对传统园林的深入研究，提炼中国园林文化的本土特征，抛弃传统园林的历史局限，把握传统观念的现实意义，融入现代生活的环境需求。这是中国现代风景园林真正的发展方向。

0.3.4.1　把握传统园林的精髓

中国传统园林的本质特征体现在如下几个方面，这是创造有中国特色的现代园林必须汲取的营养。

1. 模山范水的景观类型

地形地貌、水文地质、乡土植物等自然资源构成的乡土景观类型，是中国传统园林的空间主体和构成要素。乡土材料的精工细作、园林景观的意境表现，是中国传统园林的主要特色之一。中国园林强调的“虽由人做、宛自天开”，就是要源于自然而高于自然，强调人对自然的认识与感受。

2. 适宜人居的理想环境

人们所追求的理想的人居环境，营造的健康舒适、清新宜人的小气候条件，是园林的物质生活基础。由于生活环境相对恶劣，中国传统城市与园林都十分注重小气候条件的改善，营造更加舒适宜人的生活环境，如山水的布局、植物的种植、亭廊的构建等，无不以光影、气流、温度、湿度等人体舒适性的影响因子为依据，形成适宜居住生活的理想环境。

3. 巧于因借的视域边界

不拘泥于庭园范围，通过借景扩大空间视觉边界，使园林景观与城市景观、自然景观相联系、相呼应，营造整体性园林景观，无论动观或静观，都能看到美丽的景致。许多现代园林设计师都把视域空间作为设计范围，把地平线作为空间参照，这与传统园林追求的无限外延的空间视觉效果是殊途同归的。

4. 循序渐进的空间组织

动静结合、虚实对比、承上启下、循序渐进、引人入胜、渐入佳境的空间组织手法和空间的曲折变化，园中园式的空间布局原则，常常将园林整体分隔成许多不同形状、不同尺度和不同个性的空间，并且将形成空间的诸要素糅合在一起，参差交错、互相掩映，将自然、山水、人文、景观等分割成若干片段，分别表现，使人看到的空间的局部，似乎是没有尽头的。过渡、渐变、层次、隐喻等西方现代园林的表现手法，在中国传统园林中同样得到完美运用。

5. 小中见大的空间效果

古代造园艺术家们抓住大自然中各种美景的典型特征，提炼剪裁，把峰峦沟壑一一再现在小小的庭院中。在二维的园址上突出三维的空间效果，“以有限面积，造无限空间”。将全园划分景区、水面的设置、游览路线的逶迤曲折以及楼廊的装饰等都是“小中见大”的空间表现形式。“大”和“小”是相对的，现代较大的园林空间的景观分区以及较小的园林空间中景观的浓缩，都是“小中见大”的空间表现形式和造园手法。关键是“假自然之景，创山水真趣，得园林意境。”

6. 耐人寻味的园林文化

人们常常用山水诗、山水画寄情山水，表达追求超脱、与自然协调共生的思想和意境，传统园林中常常通过楹联匾额、刻石、书法艺术、文学、哲学、音乐等形式表达景观的意境，从而使园林的构成要素富于思想内涵和景观厚度。在现代景观设计中以及西方园林中，一些造园元素，如石刻、书法、文学典故、声音等等，也是随处可见的。这些要素在细微之处使园林获得了生命和文化韵味，是我国园林文化的一脉相承和发扬。

0.3.4.2　创造现代园林的辉煌

一个好的园林作品，并不是凭空臆想出来的，而是从“乡土”中孕育出来的。正如“一方水土养一方人”的道理，“一方水土出一方园林景观”。对中国传统园林的研究，是了解本土地域文化的捷径。中国现代风景园林的发展，必须依赖于本土风景园林师的艰苦努力。中国风景园林师必须关注风景园林的本土化研究，积极探索富有地域性景观文化特征的风景园林作品。风景园林师的作用就像园丁一样，要充分了解自己脚下的这片热土，要精心选育适合这片“水土”的种子，并加以精耕细作、细心呵护，使其健康成长。

1. 开阔思路，拓展中国园林的设计领域

中国传统园林的主要局限性之一，在于习惯闭门造车，与外界的联系较弱，是在封闭的社会环境中形成的园林文化特色。面对西方思潮的冲击，现代园林设计师要开阔思路，挖掘古典园林的现实意义，把中国传统园林的造园手法、空间布局形式、造园要素以及文化等等应用到更广泛的领域，使中国园林和文脉在祖国大地上遍地开花，得到延续和发扬光大。

2. 融会贯通，探索科学严谨的设计方法

造园既可以遵从古代的方法，也可以借鉴西方的表现形式，两者都不排斥。古今结合、古为今用、洋为中用，是必然的趋势。对古今中外的造园史、造园术以及它们的美学思想、历史文化条件进行探讨，继承传统，汲取精华，取西方之长，补中国园林之短，融中国文化思想之内涵与西方现代之观念创造中国特色的现代园林，沿着民族文化的文脉，以严谨的态度进行设计。纯粹的模仿和复制往往是不成熟的，对西方及古典园林一知半解而妄加抄袭拼凑是不可取的。只有端正态度，融会贯通，方可运用自如，创造出更精彩、层次更高的新园林，再创中国园林的辉煌时代。

0.3.4.3　生态园林的建设

随着社会的发展和人们需求的不断提高，园林也必然适应新的需要，随着生态学的不断发展，逐渐注意到，以生态学原理与实践为依据，建设生态园林，将是园林行业发展的趋势。

虽然人们认识到，生态园林是园林行业发展的趋势。但对生态园林的概念还模糊不清，对概念的理解还存在偏差：有人认为，生态园林就是园林的生态效益，就是多栽树，树多了，生态就有了；也有人认为，生态园林就是植物造园、植物造景、减少建筑比例，以为绿量大了，生态水平就高了。对生态园林这一概念的正确认识是建设好生态园林的前提，虽然对生态园林的概念还模糊不清，但是从国外的生态园林建设发展来看，其基本理念都是“创造多样性的自然生态环境，追求人与自然共生的乐趣，提高人们的自然志向，使人们在观察自然、学习自然的过程中，认识到对生态环境保护的重要性”。

通过对国外生态园林建设进行探索，并结合我国目前随着经济的发展，生态环境和自然植被遭到破坏的具体情况，经研究分析认为我国在进行生态园林建设中应注意以下几点：

（1）改变传统园林的设计思想，积极提倡生态设计。

（2）保护和恢复城市生物多样性。

（3）在绿化过程中，提倡野生植物的建植。

虽然我国积极倡导建设生态园林，但目前园林界在生态设计上却存在着"空喊口号，疏于实践"的现象。造成这种现象主要存在以下两方面原因：一方面认为生态设计是一种科技含量很高的设计方法，需要借助高科技手段才能进行，因此只停留在探讨阶段；另一方面是园林设计者缺少与别人进行经验交流与合作。要想改变这种局面，应该从以下几方面入手：

（1）建设活跃的学术研究气氛和交流机制，以提供强有力的理论指导。

（2）要改革园林设计的运行机制，实现多人合作。

（3）要鼓励专业人员勇于探索，不怕失败，增强对园林事业的责任感。

这样我们才能够在生态园林的建设上，逐步摸索，积累经验，积极探索我国生态园林建设之路，为我国生态园林的发展作贡献。

0.3.4.4 园林城市的建设

随着我国经济的发展，人类从城市建设中已经认识到，当今城市已面临生态失调的环境危机，城市园林化已逐步提高到人类生存的角度来认识，不少城市提出了"城市与自然并存"、"城市自然化"的口号。园林城市的建设已成为我国城市发展的阶段性目标。为了加快园林城市的建设，我们应该从以下几方面考虑：

（1）要从实际出发，加强区域性生态园林的建设。

（2）根据土地的具体情况安排城市的用地。

（3）建设可持续发展的居住区环境。

（4）要增强城市的生态功能，其中包括：小气候环境的创造，乡土植物景观的恢复等方面。

通过加强以上各方面的工作，逐步加快我国园林城市的建设。

在跨入新世纪之际，我们面临着全球化与区域化的矛盾，也面临着人口、资源、环境的巨大压力，只有建立完善的环境系统，努力实现大地园林化，才能够有一个良好的生存环境。在今后时间内，我国园林必将沿着"生态园林"、"生态城市"的方向发展，创造一个良好的生存空间，为人民生活、为社会发展服务。目前，园林行业已成为各方面的焦点，促使园林行业空前发展，面对这种情况我们应该及时把握机会，扬长避短，积极学习国外的先进经验和技术，缩短我国与国外先进水平的差距，增强园林行业的整体意识和实力，加快我国现代园林的建设，努力促进园林行业的全面发展。

0.4 学习园林工程的要求

园林工程是一门实践性与技术性很强的课程，要变理想为现实，化平面为立体。既要掌握工程的基本原理和技能，又要将园林艺术与工程融为一体，使工程园林化。本课程所设课程设计、模型制作、现场教学、实践操作等教学环节，均着眼于理论结合实践的训练。具体要求：

（1）充分理解、掌握各项工程性质的同时，做好各章后的复习思考题和实训。

（2）随时随地观察分析所见的园林工程，就地解剖，可知得失。

（3）课余多到施工现场去观察，多问，多向有经验的工人师傅学习。

在园林工程建设过程中只有把科学性、技术性和艺术性综合为一体，才能创造出技艺合一、功能全面，既经济实用，又美观的好作品。

■本章小结

园林是工程技术和艺术手段的结合，是创作美的自然环境和游憩境域。具有技术与艺术的统一、规范性、时代性、协作性等特点。对中国园林工程发展史、我国园林工程现状和园林发展方向的了解，有助于我们学习园林工程设计。在园林工程设计中继承传统，体现中国园林特色是我们的责任。同时学习现代园林设计原理和方法，有助于园林工程设计的创新。

复习思考题

1. 什么是园林工程？园林工程的特点是什么？
2. 简述我国园林工程发展的历史。
3. 结合实际，总结我国园林工程的现状。
4. 你认为我国园林应朝什么方向发展？
5. 比较中外园林的现状，找出我国存在的差距，提出改进措施。

第1章　土方工程设计

园林建设最先涉及的工程就是土方工程。土方工程涉及的范围很广，如：挖湖堆山、平整场地、挖沟埋管、开槽铺路、开挖种植穴等都属于土方工程的范畴。由于是先行工程，土方工程完成的速度和质量，直接影响着后续工程，所以它和整个工程建设的进度关系密切。土方工程的投资和工程量一般都很大，大的土方工程施工工期也很长。所以，土方工程在城市建设和园林建设中都占有重要地位。为了使整个工程能“多、快、好、省”地完成，必须做好土方工程的设计和施工的安排。

在土方工程中，首先进行竖向设计，这项工作一般由设计人员根据总体布局和构思、具体的设计内容、用地现状、现场土壤性质等因素综合设计；其二是土方工程量的计算与平衡调配工作，总的原则就是在满足设计意图的前提下尽量减少土方的施工量，尽量做到就地平衡，以节约投资和缩短工期，这一步工作需要根据现状图和设计图进行；其三是落实工作，即：土方工程的具体施工，这包括准备工作、清理现场、定点放线以及土方的施工过程。

本章主要介绍土的分类与特性、园林用地的竖向设计、土方工程量的计算与平衡调配的相关内容。

1.1 土壤类型与特性

土壤是地球陆地表面的一层疏松的物质，它由各种颗粒状的矿物质、有机质、水分、空气、微生物等成分组成。只有在生物圈中的岩石圈表面的风化壳由于水分、有机物质以及微生物的长时间作用下，才能形成真正的土壤。土壤一般由固相（土颗粒）、液相（水）和气相（空气）三部分组成，三部分的比例关系反映出土壤的不同物理状态，如：干燥或湿润、密实或松散等。土壤这些指标对于评价土的物理力学和工程性质、进行土的工程分类具有重要意义。

土的工程分类是地基基础勘察与设计、施工的前提，因此土的工程分类是岩土工程界普遍关心的问题之一，也是勘察、设计规范的首要内容，在20世纪80年代到90年代制定的一批规范发展和丰富了土的分类系统。20世纪初期，瑞典土壤学家阿太堡提出了土的粒组划分方法和土的液限、塑限的测定方法，为近代土分类系统的形成奠定了基础。到20世纪40年代末、50年代初，土的工程分类已逐步成熟，形成了不同的分类基础。

从为工程服务的目的来说，土的分类系统是把不同的土分别安排到各个具有相近性质的组合中去，其目的是为了人们有可能根据同类土已知的性质去评价，或为工程师提供一个可采用的描述与评价土的方法。由于各类工程特点不同，分类依据的侧重面也就不同，因而形成了服务于不同工程类型的分类体系。

1.1.1 土的工程分类

1.1.1.1 为工程预算服务的分类

土的分类方法有许多，而在实际工作中，常以园林工程预算定额中的土方工程部分的土方分类为准（各省市不尽相同）；建筑安装工程为统一劳动定额，将土分为八类（表1-1），即按土石坚硬程度和开挖方法及使用工具不同，以便选择施工方法和确定工作量，供计算劳动力、机具和工程取费之用。

土的工程分类 **表1-1**

土的分类	土的级别	土的名称	坚实系数f	密度（t/m^3）	开挖方法及工具
一类土（松软土）	Ⅰ	砂土、粉土、冲积砂土层、疏松的种植土、淤泥（泥炭）	0.5～0.6	0.6～1.5	用铁锹、锄头挖掘，少许用脚蹬
二类土（普通土）	Ⅱ	粉质黏土、潮湿的黄土、夹有碎石、卵石的沙、粉土混卵（碎）石、种植土、回填土	0.6～0.8	1.1～1.6	用铁锹、锄头挖掘，少许用镐翻松
三类土（坚土）	Ⅲ	软及中等密实黏土；重粉质黏土、砾石土；干黄土、含有碎石、卵石的黄土、粉质黏土；压实的填土	0.8～1.0	1.75～1.9	主要用镐，少许用铁锹、锄头挖掘，部分用撬棍
四类土（砂砾坚土）	Ⅳ	坚硬密实的黏性土或黄土；含碎石、卵石的中等密实的黏性土或黄土；粗卵石；天然级配砂石；软泥灰岩	1.0～1.5	1.9	整个先用镐、撬棍，后用锹挖掘，部分用楔子及大锤
五类土（软石）	Ⅴ～Ⅵ	硬质黏土；中密的页岩、泥灰岩、白垩岩；胶结不紧的砾岩；软石类及贝壳石灰石	1.5～4.0	1.1～2.7	用镐或撬棍、大锤挖掘，部分使用爆破方法
六类土（次坚石）	Ⅶ～Ⅸ	泥岩、砂岩、砾岩；坚实的页岩、泥灰岩，密实的石灰岩；风化花岗岩、片麻岩及正长岩	4.0～10.0	2.2～2.9	用爆破方法开挖，部分用风镐
七类土（坚石）	Ⅹ～ⅩⅢ	大理岩；辉绿岩；玢岩；粗、中粒花岗岩；坚实的白云岩、砂岩、砾岩、片麻岩、石灰岩、微风化安山岩；玄武岩	10.0～18.0	2.5～3.1	用爆破方法开挖
八类土（特坚石）	ⅩⅣ～ⅩⅥ	安山岩、玄武岩；花岗岩、片麻岩；坚实的细粒花岗岩、闪长岩、石英岩、辉长岩、辉绿岩、玢岩、角闪岩	18.0～25.0以上	2.7～3.3	用爆破方法开挖

注：1. 土的级别为相当于一般16级土石分类级别。
2. 坚实系数f为相当于普氏岩石强度系数。

1.1.1.2 为判定和评估岩土工程性质的分类

根据土的颗粒级配、塑性指标等土的物理性质，可将土分为：

（1）碎石类土：粒径大于2mm的颗粒含量超过全重的50%以上。根据颗粒级配及形状又可分为漂石土、块石土、卵石土、碎石土、圆砾土和角砾土。

（2）砂土：粒径大于2mm的颗粒不超过全重的50%，塑性指数不大于3的土。根据颗粒级配又可分为砂砾、粗砂、中砂、细砂和粉砂。

（3）黏性土：具有黏性和可塑性，塑性指数大于3的土。第四纪晚更新及其以前沉积的黏性土为老黏土；第四纪全新世沉积的黏性土为一般黏土；文化期以来新沉积的黏性土称为新近沉积黏性土。按土的塑性指数 I_p 亦可分为黏土、粉质黏土和黏质粉土三种。

1.1.1.3　按工程性质分

可分为软土、人工回填土、黄土、膨胀土、红黏土及盐渍土等特殊土。

（1）软土：在静水或缓慢的流水环境中沉积，经生物化学作用形成为饱和黏性土。

（2）人工回填土：由于人类活动而产生的堆积物，其物质成分一般较为杂乱，均匀性差。由碎石土、砂土、黏性土等一种或数种组成的称为素填土。经过分层压实统称为压实填土。大量含有垃圾、工业废料等杂物的称为杂填土。

（3）黄土：在干燥气候条件下形成的一种具有灰黄色或棕黄色的特殊土，颗粒在0.005～0.05mm的占总重量50%以上，质地均一，结构疏散，孔隙率很高，有肉眼可见的大孔隙，含碳酸钙10%左右，无沉积层理。

（4）膨胀土：黏粒成分主要由亲水性矿物质组成，液限大于40%，且膨胀性能较大，自由膨胀率大于40%，是黏性土的特征之一。在自然状态下，多呈硬塑性或坚硬状态，具有黄、红、灰白等色。

（5）红黏土：由石灰岩、白云岩、泥灰岩等碳酸盐类岩石，经过风化过程后，残积，坡积形成褐红、棕红、黄褐等塑性黏土。

（6）盐渍土：土层内平均易溶盐的含量大于0.5%，土的盐渍化使结构破坏以致土层疏松。冬季的土体膨胀，雨季时强度降低。在潮湿状态时，含盐越大，强度越低。含盐量高时不易压实。

1.1.2　土的现场鉴别

1.1.2.1　砂石土、砂土的现场鉴别方法（表1-2）

砂石土、砂土的现场鉴别方法　　表1-2

类别	土的名称	观察颗粒粗细	干燥时的状态	湿润时拍击状态	黏着程度
砂砾石	卵（碎）石	一半以上的粒径超过20mm	颗粒完全分散	表面无变化	无黏着感
	圆（角）砾	一半以上的粒径超过2mm（小高粱粒大小）	颗粒完全分散	表面无变化	无黏着感
砂土	砾砂	约有1/4以上的粒径超过2mm（小高粱粒大小）	颗粒完全分散	表面无变化	无黏着感
	粗砂	约有一半以上的粒径超过5mm（细小米大小）	颗粒完全分散，但有个别胶结在一起	表面无变化	无黏着感
	中砂	约有一半以上的粒径超过0.25mm（白菜籽大小）	颗粒完全分散，局部胶结但一碰即散	表面偶有水印	无黏着感

续表

类别	土的名称	观察颗粒粗细	干燥时的状态	湿润时拍击状态	黏着程度
砂土	细砂	大部分颗粒与粗豆米粉近似（>0.1mm）	颗粒大部分分散，少量胶结，部分稍加碰撞即散	表面偶有水印（翻浆）	偶有轻微黏着感
	粉砂	大部分颗粒与小米粒近似	颗粒少部分分散，大部分胶结，稍加压力可分散	表面有显著翻浆现象	有轻微黏着感

注：在对观察颗粒进行分类时，应将鉴别的土样从表中颗粒最粗类别逐级查对，当首先符合某一类土的条件时，即按该土定名。

1.1.2.2 碎石类土密实度现场鉴别方法（表1-3）

碎石类土密实度现场鉴别方法 **表1-3**

密实度	骨架和填充物	天然坡和可挖性	可黏性
密实	骨架颗粒含量大于总重的70%，呈交错紧贴，连续接触孔隙填满，充填物密实	天然陡坡较稳定，坡下堆积物较少，镐挖掘困难，用撬棍方能松动，坑壁稳定，从坑壁取出大颗粒处能保持凹面状态	钻进困难，冲击钻探时钻杆、吊锤跳动剧烈，孔壁较稳定
中密	骨架颗粒含量等于总重的60%～70%，呈交错排列，大部分接触。孔隙填满，充填物中密	天然坡不宜陡立或陡坡下堆积物较多，但坡度大于粗粒径的安息角。镐可挖掘，坑壁有掉块现象，从坑壁取出大颗粒处砂土不易保持凹面状态	钻进较困难，冲击钻探时钻杆、吊锤跳动不剧烈，孔壁有坍塌现象
稍密	骨架颗粒含量小于总重的60%，排列混乱，大部分不接触。空隙中的充填物稍密	不能形成陡坡，天然坡接近粗颗粒的安息角。锹可挖掘，可避坍塌，从坑壁取出大颗粒处砂土即塌落	钻进较容易，冲击钻探时，钻杆稍有跳动，孔壁易坍塌

注：碎石类土密实度应按表中各项综合确定。

1.1.2.3 黏性土的现场鉴别方法（表1-4）

黏性土的现场鉴别方法 **表1-4**

土的名称	干土的状态	湿土的状态	湿润时用刀切	用手捻摸的感觉	黏着程度	湿土搓条情况
黏土	坚硬，用碎块能打碎，碎块不会碎落	黏塑的、腻滑的、黏连的	切面非常光华规则，刀刃有涩滞，有阻力	湿土用手捻有滑腻感觉，当水分较大时极为黏手，感觉不到有颗粒存在	湿时极易黏着物体，干燥后不易剥去，用手反复洗才能去掉	能搓成0.5mm土条（长度不短于手掌）。手持一端不致断裂
粉质黏土	用锤击或手压土块容易碎开	塑性的、弱黏连	稍有光滑面，切面有规则	仔细捻摸感到有少量细颗粒，稍有滑腻感和黏滞感	能黏着物体，干燥后较易剥落	能搓成0.5～2mm的土条
黏质粉土	用锤击或手压土块容易碎开	塑性的，弱黏连	无光滑面，切面比较粗糙	感觉有细颗粒存在或粗糙，有轻微黏滞感觉或无黏滞感	一般不黏着物体，干燥后，一碰即碎	能搓成2～3mm的土条

1.1.2.4　人工回填土、淤泥、泥炭的现场鉴别方法（表1-5）

人工回填土、淤泥、泥炭的现场鉴别方法　　表1-5

土的名称	观察颜色	夹杂物	形状（构造）	浸入水中的现象	搓土条情况	干燥后强度
人工填土	无固定颜色	砖瓦、碎块、垃圾、炉灰等	夹杂物呈现于外，构造复杂	大部分变成微软淤泥，其余部分为碎瓦、炉渣在水中单独出现	一般能搓成3mm土条，但易断，遇到杂质多时即不能搓成条	干燥后部分杂质脱落。故无定形，稍微一加力就破碎
淤泥	灰黑色，有臭味	池沼中有半腐朽的细小动植物遗体，如草根、小螺壳等	对夹杂物仔细观察可以发现，构造呈层状，但有时不明显	外观无显著变化，在水面上出气泡	一般淤泥质土接近于黏质粉土，故能搓成3mm土条（长至少3cm），容易断裂	干燥后体积显著收缩，强度不大，锤击时呈粉末状，用手指能捻碎
黄土	黄褐两色的混合色	有白色粉末出现在纹理之中	夹杂物常清晰显现，构造上有垂直大孔（肉眼可见）	即行崩散，分成散的有颗粒集团，在水面出现很多白色液体	搓条情况与正常的粉质黏土类似	一般黄土相当粉质黏土，干燥后强度很高，手指不易捻碎
泥炭	深灰或黑色	有半腐朽的动植物遗体，其含量超过60%	夹杂物有时可见构造上无规律	极易崩碎，变为细软淤泥，其余部分为植物根、动物残体、渣滓悬浮于水	一般能搓成1～3mm土条，但残渣很多时，仅能搓成3mm以上的土条	干燥后大量收缩，部分杂质脱落，故有时无定形

1.1.3　土壤的工程性质

土壤的工程性质与土方工程的稳定性、施工方法、工程量及工程投资有很大关系，也涉及工程设计、施工技术和施工组织的安排，因此，对土壤的工程性质进行研究是非常必要的。与园林工程有关的土壤的性质有：

1.1.3.1　土壤密度

土壤密度是指单位体积内天然状况下的土壤重量，单位为t/m^3。土壤密度可以作为土壤坚实度的指标之一。同等地质条件下，密度小的，土壤疏松；密度大的，土壤坚实。土壤密度的大小直接影响着施工的难易程度，密度越大挖掘越难。在土方施工中，施工技术和定额应根据具体的土壤类别来确定。八类土的顺序基本上是按照土壤密度由小到大排列的，其具体土壤密度参看表1-1。

1.1.3.2　土壤的自然倾斜角（安息角）

（1）土壤的自然倾斜角（α）：土壤自然堆积，经沉落稳定后的表面与地面所形成的夹角，就是土壤的自然倾斜角，以α表示（图1-1），$\tan\alpha = h/L$。在工程设计时，为了使工程稳定，边坡坡度数值应参考相应土壤的自然倾斜角的数值。另外，土壤的自然倾斜角还会受到土壤含水量的影响（表1-6）。

（2）边坡坡度：对于土方工程，稳定性是最重要的，所以无论是挖方或填方都需要有稳定的边坡。进行土方工程的设计或施工时，应结合工程本身的要求（如填方或挖方、永久性或临时性工程）和当地的具体条件（如土壤的种类、分层情况及压力情况等）使挖方或填方的坡度合

图1-1　土壤的自然倾斜角示意

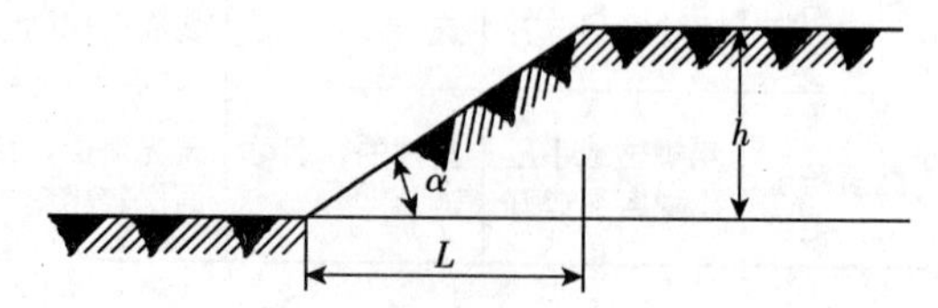

乎工程技术规范的要求，如果技术指标不在规范之内，则需进行实地勘测来决定。

边坡坡度是指边坡的高度和水平间距的比，习惯用1∶m表示，m是坡度系数。1∶m＝1∶L/h，所以，坡度系数是边坡坡度的倒数。例如：边坡坡度为1∶2的边坡，也可叫做坡度系数m为2的边坡。

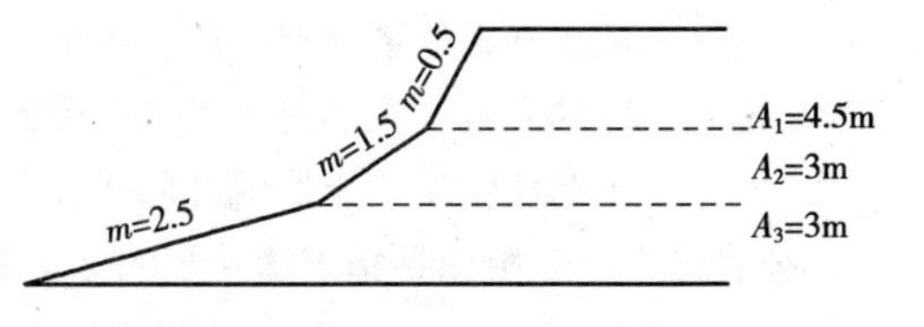

图1-2　填方的分层边坡

在填方或挖方时，应考虑各层分布的土壤性质以及同一土层中土壤所受压力的变化，根据其压力变化采取相应的边坡坡度。例如：填筑一座高10m的山，设其土壤质地都相同，因考虑到各层土壤所承受的压力不同，可按其高度分层确定边坡坡度（图1-2）。由此可见挖方或填方的坡度是否合理，直接影响着土方工程的质量和数量，因而也影响着工程的投资。

土壤的自然倾斜角　　**表1-6**

土壤名称	土壤含水量			土壤颗粒尺寸（mm）
	干的	湿的	潮的	
砾石	40°	40°	35°	2～20
卵石	35°	45°	25°	20～200
粗砂	30°	32°	27°	1～2
中砂	28°	35°	25°	0.5～1
细砂	25°	30°	20°	0.05～0.5
黏土	45°	35°	15°	<0.001～0.005
壤土	50°	40°	30°	
腐殖土	40°	35°	25°	

1.1.3.3　土壤含水量

土壤含水量是指土壤空隙中的水重和土壤颗粒重的比值。土壤含水量在5%以内称为干土；在30%以内称为潮土；大于30%的称为湿土。土壤含水量的多少，对土方施工的难易也有直接的影响。如果土壤含水量过少，土质过于坚实，就不易挖掘；如果土壤含水量过大，土壤泥泞，也不利于施工，都会降低人工或机械施工的工效。以黏土为例，当含水量在30‰以内时最容易挖掘，如果含水量过大，那么，土壤本身的性质就会发生很大的变化，并且会丧失稳定性，此时无论是填方或挖方，土壤坡度都会显著下降。因而含水量过大的土壤不宜作回填土。

1.1.3.4　土壤的相对密实度（D）

土壤的相对密实度是用来表示土壤在填筑后的密实程度的，可用下列公式表达：

$$D=(\varepsilon_1-\varepsilon_2)/(\varepsilon_1-\varepsilon_3)$$

式中　D——土壤相对密实度；

ε_1——填土在最松散状况下的孔隙比；

ε_2——经碾压或夯实后的土壤的孔隙比；

ε_3——最密实情况下土壤的孔隙比。

公式（注：孔隙比是指土壤孔隙的体积与固体颗粒体积的比值。）

在填方工程中，土壤的相对密实度是检查土壤施工中密实度的重要指标，为了使土壤达到设计要求，可以采用人工夯实或机械夯实。一般情况下采用机械夯实，其密实度可达到95%，人工夯实的密实度在87%左右。大面积填方（如堆山）时，通常不加以夯实，而是借助于土壤的自重慢慢沉落，久而久之也可达到一定的密实度。

1.1.3.5　土壤的可松性

土壤的可松性是指土壤经挖掘后，其原有的紧密结构遭到破坏，土体松散导致体积增加的性质。这一性质与土方工程量的计算，以及工程运输都有很大的关系。土壤可松性用可松性系数（K_p）来表示，具体可由下面的公式表示。各种土壤体积增加的百分比及其可松性系数见表1-7。

（1）最初可松性系数 K_p = 开挖后土壤的松散体积 V_2/开挖前土壤的自然体积 V_1

（2）最后可松性系数 K'_p = 运至填方区夯实后土壤的松散体积 V_3/开挖前土壤的自然体积 V_1

根据体积增加的百分比，可用下列公式表示：

（1）最初体积增加的百分比 = $V_2 - V_1/V_1 \times 100\% = (K_p - 1) \times 100\%$

（2）最后体积增加的百分比 = $V_3 - V_1/V_1 \times 100\% = (K'_p - 1) \times 100\%$

各级土壤的可松性系数　　　　**表1-7**

土壤的级别	体积增加百分比（%）		可松性系数	
	最初	最后	K_p	K'_p
Ⅰ（植物性土壤除外）	8～17	1～2.5	1.08～1.17	1.01～1.025
Ⅰ（植物性土壤、泥炭、黑土）	20～30	3～4	1.20～1.30	1.03～1.04
Ⅱ	14～28	1.5～5	1.14～1.30	1.015～1.05
Ⅲ	24～30	4～7	1.24～1.30	1.04～1.07
Ⅳ（泥灰岩蛋白石除外）	26～32	6～9	1.26～1.32	1.06～1.09
Ⅳ（泥灰岩蛋白石）	33～37	11～15	1.33～1.37	1.11～1.15
Ⅴ～Ⅶ	30～345	10～20	1.30～1.45	1.10～1.20
Ⅷ～ⅩⅥ	45～50	20～30	1.45～1.50	1.20～1.30

1.2　园林用地竖向设计

地形是风景组成的依托基础和底界面，也是整个园林景观的骨架。它以其富有变化的表现力，赋予园林以生机，是构成水平流动空间的要素之一。园林用地的竖向设计就是根据现状以及设计的主题和布局的需要，从功能和审美的角度出发，对原地形进行充分的利用和改造，合理安排各种园林要素在高程上的变化，创造出丰富多彩、协调统一的整体景观，使山、水、道路、广场、园林建筑、园林植物等都能够“不拘方向”、“得景随形”、“自成天然之趣”；同时，还要形成良好的排水工程坡面，避免形成过大的地表径流的冲刷，造成滑坡或塌方；形成良好的生态小气候，以满足游人对环境质量的要求。

竖向设计是规划设计中各阶段的重要内容之一。在总体规划阶段称“地形景观规划”，在修建性规划设计阶段称“标高设计”，在景观规划设计阶段称“地形地貌的设计”，而“竖向设计”是在详细规划阶段的称谓。

竖向设计的合理与否，不仅影响着整个园林绿地的景观和建成后的使用管理，而且直接影响着土方的工程量，同时与园林的基建费用也息息相关。一项好的竖向设计应该是以充分体现设计主旨为前提，而使土方量最少或较少的设计。

1.2.1 竖向设计的概念与作用

1.2.1.1 园林地形地貌的概念

园林绿地设计中习惯称为的“地形”是指测量学中地形的一部分——地貌，包括山地、丘陵、平原，也包括河流、湖泊。

1.2.1.2 园林地形地貌的作用

地形地貌的处理是园林绿地建设的基本工作之一。它们在园林中有如下作用：

（1）满足园林功能要求：利用不同的地形地貌，设计出不同功能的场所、景观。

（2）改善种植和建筑物条件：利用和改造地形，创造有利于植物生长和建筑的条件。

（3）解决排水问题。

1.2.2 竖向设计的原则和基本要求

园林地形是指园林用地范围内的峰、峦、坡、谷、湖、潭、溪、瀑等山水地形外貌。它是园林的骨架，是整个园林赖以存在的基础。按照园林设计的要求，综合考虑同造景有关的各种因素，充分利用原有地貌，统筹安排景物设施，对局部地形进行改进，使园内与园外在高程上具有合理的关系。这个过程叫做园林用地竖向设计。

1.2.2.1 园林用地竖向设计原则

园林用地竖向设计原则可概括为：

（1）因地制宜。园林地貌处理应遵循因地制宜的原则，宜山则山，宜水则水。以利用原地形为主，进行适当的改造。中国有不少古典园林是因地制宜造园的佳例。北京颐和园的万寿山（原称瓮山）是北京西山的余脉。在修建清漪园（颐和园前身）以前，山南地势低洼，附近的玉泉和龙泉泉水汇集，形成瓮山泊，乾隆十五年（1750年）兴修清漪园时，结合兴修水利进行了地形改造工程，加以浚深，并向东、西拓宽。挖出的湖土除留筑湖上三岛和东、西堤外，部分增筑于瓮山东麓。又在瓮山北麓挖出一条河（原称后溪河，即今后湖），所出土方沿北园墙堆筑了一列土丘。原来单调的地形经过这些改造，顿然改观，形成山环水抱之势。

（2）师法自然。园林地貌创作要借鉴自然，以多姿多彩的自然地貌为蓝本；即所谓“以真为假”来塑造园林地貌，而且要继承中国传统的掇山理水手法，“做假成真”，使园林地貌“虽由人做，宛自天开”、出于自然高于自然。

（3）顺理成章。在布置山水时，对山水的位置、朝向、形状、大小、高深、山与山之间、山与平地之间、山与水之间的关系等作通盘考虑。全园山水地貌的曲折变化、高低错落要符合自然规律。地貌创作要根据土壤的不同性质确定山体或水体岸坡的坡度，使之稳定持久。

（4）统筹兼顾。园林地貌除注意本身的造型外，还要为园中建筑及其他工程设施创造合适的场地，施工时注意保留表土以利植物的生长。在造景方面，地貌同其他景物要相互配合，山水需有建筑、植物等的点缀；园中建筑及其他设施也需要山水的烘托。

1.2.2.2　园林用地竖向设计步骤

1. 准备工作

（1）园林用地及附近的地形图。

（2）收集市政建设部门的道路、排水、地上地下管线及与附近主要建筑的关系资料。

（3）收集园林用地及附近的水文、地质、土壤、气象等现况和历史有关资料。

（4）了解当地施工力量。

（5）现场踏勘。

2. 设计阶段

（1）施工地区等高线设计图（或用标高点进行设计），图纸平面比例采用1:200或1:500，设计等高差为0.25～1m，图纸上要求表明各项工程平面位置的详细标高，并要表示出该地区的排水方向。

（2）土方工程施工图。

（3）园路、广场、堆山、挖湖等土方施工项目的施工断面图。

（4）土方量估算表。

（5）工程预算表。

（6）说明书。

为了方便土方量的计算和施工图的制作，地形设计图应单独编制，其比例尺与其他图纸相同；地形较复杂的图纸比例应适当放大。对于地形较简单、土方工程量不大的园林，地形设计也可与其他设计内容表达在同一张设计图上。土方量计算是园林地形设计工作不可缺少的一个内容，要求计算挖方和填方的具体数量，力求做到园内挖方量和填方量就地平衡。常用的计算方法有断面法（等高面法和垂直断面法）和方格网法，前者适用于自然山水园的土方量计算，后者适用于大面积场地平整的土方量计算。土方施工图是施工的主要依据。在园林地形设计图纸中，山体、水体的位置、形状、高深和地貌状态通常用等高线表示。有时为了更直观地了解设计的地形情况，可以根据设计图做成模型。

1.2.3 园林用地竖向设计的内容

竖向设计根据其设计内容，分为以下几种情况：

1.2.3.1 地形设计

地形的设计是竖向设计的一项重要内容，通过对地面不同坡度的连续变化处理，可以创造出丰富的地表特征，从而进行空间的初步围合与划分。地形设计的内容包括：山水布局，峰、峦、坡、谷、河、湖、泉、瀑等地貌小品的设置，以及它们之间的相对位置、高低大小、比例、尺度、外观形态、坡度的控制和高程关系等。在进行地形设计时应注意：

（1）控制土体的最大坡度：不同的土质具有不同的自然倾斜角，山体的坡度不宜超过相应土壤的自然倾斜角，见表 1-6。为防止雨水等对山体的冲刷，也可用大块的景石布置点缀在山体中，北京颐和园的万寿山后山就有这样的佳例。土石相得益彰，既有功能上的作用，又有审美上的作用。

（2）控制水体岸坡的坡度：水体的等深线和驳岸设计也是地形设计的内容之一，一个园子当中，常常是山水相依，有山就有水。如果是人工水面，那么，挖出的土正好用来堆山，这样土方就能就地平衡。水体岸坡的坡度，也要按有关的规范和规定进行设计和施工，水体的设计应解决水的来源、水位控制和多余水的排放等问题。

总之，地形设计总的原则就是多搞微地形，不搞大规模的挖湖堆山，这样既可以节约土方的工程量，同时微地形也比较容易与工程的其他部分取得协调。

1.2.3.2 道路、广场和桥涵的竖向设计

对园路、广场和桥涵进行竖向设计的目的是控制这些地区的坡度，以满足其功能要求。一般是在图纸上用设计等高线表示出道路、广场的纵横坡和坡向、道路和桥涵连接处及桥面的标高。在小比例图纸上则用变坡点标高来表示园路、广场的坡度和坡向。

园路除主路和部分次路，因运输和养护车辆的行车需要，要求较平坦，其余的园路则可依据地势，或蜿蜒起伏、有曲有深，或有峻有悬、有平有坦，自成天然之趣。在利用地形、地物等方面多下功夫，就可以避免大挖大填，减少土方的工程量。具体的设计坡度见表 1-8、表 1-9。

竖向设计坡度、斜率、倾斜角选用表　　表1-8

序号	边坡坡度 1:m	土壤自然倾斜角 α	坡值 tanα	适用范围
1	1:0.58	60°	1.73	游人磴道限值
2	1:0.62	58°	1.60	砖石路坡极值
3	1:1.00	45°	1.00	假石坡度宜值，干黏土坡角限值
4	1:1.23	39°	0.81	砖石路坡极值
5	1:1.43	35°	0.70	水泥路坡极值，梯级坡角终值
6	1:1.67	31°	0.60	之字形道路坡限值，沥青路坡极值
7	1:1.72	30°	0.58	梯形坡角始值，土坡限值，园林地形土壤自然倾斜角极值
8	1:2.14	25°	0.47	草坡极值（适用割草机）
9	1:2.74	20°	0.36	卵石坡角，中砂腐殖土坡角
10	1:3.08	18°	0.32	台阶设置坡度宜值，人感吃力坡度
11	1:3.27	17°	0.31	需设台阶、踏步
12	1:3.49	16°	0.29	礓磜（锯齿形坡道）终值
13	1:3.73	15°	0.27	湿黏土坡角
14	1:4.70	12°	0.21	坡道设置终值，丘陵坡度，台地、街坊、小区园路坡度终值，可开始设台阶
15	1:5.67	10°	0.18	粗糙及有防滑条斜坡道终值
16	1:7.12	8°	0.14	残疾人轮道限制，丘陵坡度始值
17	1:7.60	7.5°	0.13	老幼皆宜游览步道限值
18	1:8.14	7°	0.12	机动车限值，面层光滑的坡道终值
19	1:14.30	4°	0.07	自行车骑行极值、舒适坡道值
20	1:28.64	2°	0.035	手推车、非机动车限值
21	1:57.29	1°	0.017	土质明沟限值
22	1:260.43	0.22°	0.0038	草坪和轮椅车适宜坡值
23	1:333.11	0.172°	0.0030	最小地面排水坡值

地形设计中坡值的取用　　表1-9

项目＼坡值		适宜坡度（%）	极值（%）	特点说明
游览步道		≤8	≤12	设台阶或礓磜
散步步道		1~2	<4	
主园路（通机动车）		0.5~6（8）	0.3~10	当小于0.3%时，设计锯齿形边沟来排除地面径流
次园路（园务便道）		1~10	0.5~15	
次园路（不通机动车）		0.5~12	0.3~20	
广场与平台		1~2	0.3~3	地坡　平均台阶宽
台阶		33~50	25~50	1% >200m
停车场地		0.5~3	0.3~8	2% ≥100m
运动场地		0.5~1.5	0.4~2	3% ≥50m
游戏场地		1~3	0.8~5	
高尔夫球场地		2~3	1~5	
草坡		≤25~30	≤50	允许地坡起伏在1%~5%
种植林坡		≤50	≤100	
植被土坡		33	≤50	
理想自然草坪		2~3	1~5	有利于机械修剪草坪
明沟	自然土	2~9	0.5~15	
	铺砌	1~50	0.3~100	

1.2.3.3　园林建筑和园林小品的竖向设计

园林建筑不同于普通的建筑，它具有形式多样、变化灵活、因地制宜、与地形结合紧密的特点。进行竖向设计时，园林建筑和园林小品（如花架、宣传廊、纪念碑、雕塑等）应标出其地坪标高及其与周围环境的高程关系。大比例图纸应标注各角点的标高。例如，在坡地上的建筑，通过标高可看出究竟是随形就势，还是设台筑屋。在水边的建筑或小品，则要标明其与水体的高程关系。园林建筑如能紧密结合地形，其体形或组合随形就势，就可以在少动土方的前提下，获得最佳的景观效果。北京颐和园中的"画中游"、苏州留园的"见山楼"等都是建筑和地形结合的佳例。

1.2.3.4　植物种植在高程上的要求

植物是构成风景的重要因素。现代园林的发展方向是生态园林，植物造景是生态园林的重要特征，植物的生长所需要的环境，对竖向设计提出了较高的要求。在进行竖向设计时应充分考虑为不同的植物创造不同的生活环境条件。同时在植物栽植时，也应考虑地形地貌的影响，二者相辅相成。植物对地下水很敏感，不同的植物生长习性各不相同，有水生、沼生，有的耐水湿，有的耐干旱。在地下水位较高的地方，应选择栽植喜水的植物；在地下水位较低、较干旱的地方，可选择种植耐旱的树种。即使同为水生植物，每一种所要求的适宜深度也不同，例如，荷花的最佳栽植深度为60～80cm，而睡莲的适宜深度则为25～30cm。

在规划过程中，原地形上可能会保留一些十分有价值的老树，其周围的地面依设计如果需要增高或降低，应在图纸上标注出要保护的老树的范围、地面标高和适当的工程维护措施。

1.2.3.5　排水设计和管道综合

地面雨水的排除应在地形设计时考虑，具体内容见本书相关章节，一般规定无铺装地面的最小排水坡度为1%，而铺装地面则为0.5%。同时考虑绿地范围内的各种管道（如供水、排水、电力、电信、煤气管道等）的布置，这些管线的性能和用途各不相同，管线的设计和施工时间也先后不一，要综合解决这些管线在平面和空间的相互关系，使各种管线在埋设时不会发生矛盾，避免造成人力、物力及时间的损失，因此，有关专业部门必须遵照其专业规定，在完成各自的专项管线设计的基础上，由专门部门进行综合规划，对矛盾提出协调性的建议，使所有的管线工程都符合总体规划的要求，这项工作就是管线综合。

1.2.4　竖向设计的方法

竖向设计的方法有很多种，如等高线法、断面法、模型法等。最实用的是等高线法，下面简单介绍此种方法。

在园林设计的图纸中，一般的地形图都是用等高线或点标高来表示的。在绘有原地形等高线的地图上，用设计等高线进行地形改造或创作，在同一张图纸上便可表达原有地形、设计地形状况及绿地的平面布置、各部分的高程关系等许多内容，这样就大大方便了设计过程中进行方案的比较和修改，也便于进一步的土方量计算工作，因此是一种比较理想的设计方法，最适于绿地中有自然山水的土方设计。

1.2.4.1　等高线的概念

地表面上标高相同的点相连接而成的直线和曲线称为“等高线”。等高线是假想的“线”，是天然地形与某一高程的水平面相交所形成的交线并投影在平面图上的线。给等高线标注上数值，便可用它在图纸上表示地形的高低、陡缓、峰峦位置、坡谷走向及溪池的深度等内容，地形等高线图只有标注出比例尺和等高距后才有意义。一般的地形图中只有两种等高线，一种是基本等高线，又称首曲线，常用细实线表示；另一种是每隔4根首曲线加粗1根，并标注高程，称为计曲线。

1.2.4.2　等高线的特点

（1）同一条等高线上所有的点的标高相同。

（2）每一条等高线都是闭合的。由于用地范围或图框的限制，在图纸上不一定每根等高线都闭合，但实际上它还是闭合的。为便于理解，我们可以假设用地被沿边界或图框垂直下切，形成一个地块，没有在图面上闭合的等高线，都沿着被切割面闭合了。理解了这一点对以后的土方计算是有利的。如图1-3所示。

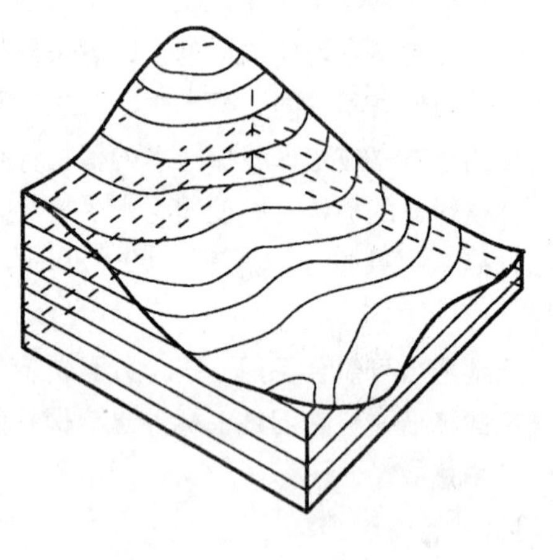

图1-3　等高线在切割面上闭合的情况

（3）等高线的水平间距的大小表示地形的缓或陡，疏则缓、密则陡；等高线间距相同时，表示地面坡度相等。

（4）等高线一般不相交、重叠或合并，只有在悬崖处的等高线才可能出现相交的情况。在某些垂直于地面的峭壁、土坎或挡土墙、驳岸处的等高线才会重合在一起。

（5）等高线与山谷线、山脊线垂直相交时，山谷线的等高线是凸向山谷线标高升高的方向，而山脊线的等高线是凸向山脊线标高降低的方向。

（6）等高线不能随便横穿过河流、峡谷、堤岸和道路等。由于以上地形单元或构筑物在高程上高出或低陷于周围地面，所以，等高线在接近低于地面的河谷时转向上游延伸直到重叠，然后穿越河床，再向下游走出河谷，此时河流相当于汇水线；如果遇到高于地面的堤岸或路堤时，等高线则转向下方，横过堤顶，再转向上方走向另一侧。

1.2.4.3　用等高线进行竖向设计

用等高线进行设计时，经常要用到以下两个公式，一个是用插入法求两相邻等高线之间任意点高程的公式，即：

$$H_x = H_a \pm X \cdot H/L$$

式中 H_x——任意点标高；

H_a——位于底边等高线的高程；

X——该点距底边等高线的距离；

H——等高距；

L——过该点的相邻等高线间的最小距离。用插入法求某点原地面高程，通常会遇到三种情况。

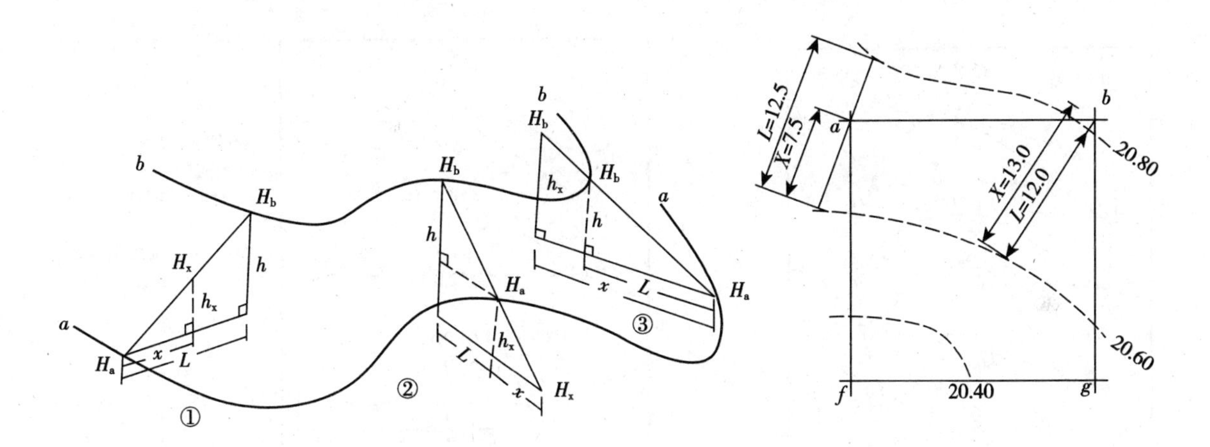

图 1-4　用插入法求原地形标高

①待求点标高 H_x 在两等高线之间。

$$H_x = H_a + X \cdot H/L \qquad (1\text{-}1)$$

②待求点标高 H_x，在低边等高线的下方。

$$H_x = H_a - X \cdot H/L \qquad (1\text{-}2)$$

③待求点标高 H_x 在高边等高线的上方。

$$H_x = H_a + X \cdot H/L \qquad (1\text{-}3)$$

我们结合下面的例题加以说明。

【例 1-1】 图 1-4为对某广场作边长为 20m 的方格控制网后，其中一边的四个角点的情况。

根据等高线求角点 a 和角点 b 的原地形标高。

【解】 本题中角点 a 属于第一种情况，过点 a 作相邻两等高线间距离的最短的线段。用比例尺量得 $X = 7.5\text{m}$，$L = 12.5\text{m}$，$H = 0.2\text{m}$，代入公式（1-1）

$$H_a = 20.60 + (7.5 \times 0.2)/12.5 = 20.72\text{m}$$

角点 b 则属于上述的第三种情况。用最短的直线连接 b 点及 20.60、20.80 等高线。由图上量得 $X = 13.0\text{m}$，$L = 12.0\text{m}$，代入公式（1-3）

$$H_b = 20.60 + (13 \times 0.2)/12.0 = 20.82\text{m}$$

角点 f 和角点 g 的原地形标高，可以通过等高线 20.20、20.40 以及 20.60 同理求得。其二是坡度公式，即：

$$i = h/L$$

式中　i——坡度（%）；

h——高差（m）；

L——水平距离（m）。

这两个公式在后面的土方量计算时，我们会具体应用并加以说明。

用等高线法可以使陡坡变缓坡或将缓坡改为陡坡，也可以平垫沟谷、削平山脊、平整场地。因为在图纸上可以通过等高间距的疏密来表示地形的陡缓，在设计时，如果高差不变，可用改变等高间距来减缓或增加地形的坡度。缩短等高线间距，使地形坡度变陡；反之，坡度减缓。如图1-5、图1-6所示。

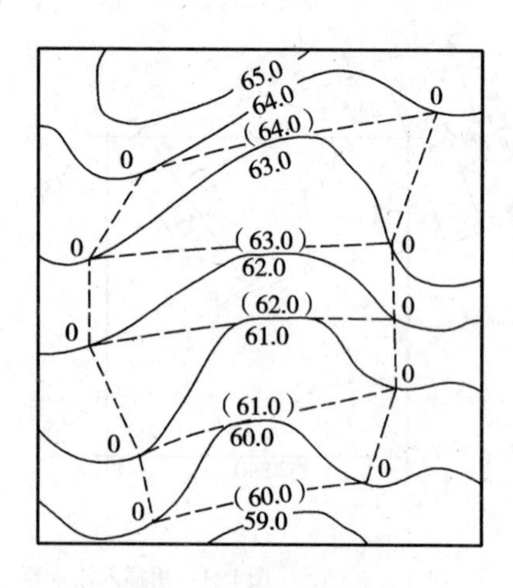

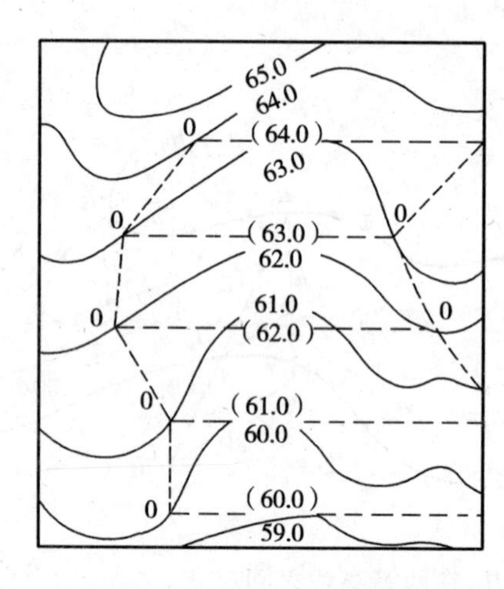

图1-5　平垫沟谷的等高线设计(左)

——63.0——
原地形等高线
——（64.0）——
设计地形等高线

图1-6　削平山脊的等高线设计(右)

1.2.5　园林模型制作方法

园林设计是在图纸上完成的二度空间作品，园林模型则是三度空间的艺术再现。因此，它对理解园林方案非常直接，在构思的每一个阶段中，它都对开拓设计思维、提高设计认识、变换设计手法起着积极的作用。

园林模型艺术，应善于充分发挥现代化包装材料及装饰材料的优势，合理运用各种材料的特性，从而促进模型制作水平的不断提高。作为立体形态的园林模型，它和园林实体是一种准确的缩比关系，诸如体量组合、方向性、量感、轮廓形态、空间序列等等在模型上也同样得到体现。因此当设计师在构思中进行体形处理时，可以首先在模型上推敲各个形式要素的对比关系，如：反复、渐变、微差、对位等联系关系，节奏和韵律、静和动的力感平衡关系，等差等比逻辑关系。

首先介绍一下基本工具：界刀、切圆器、45°切割刀、U胶、切割板、剪刀、尺子、乳胶、双面胶。接着介绍一下基本材料：各色卡纸、KT板、航模木板、塑料棒、透明胶片、磨砂胶片、草屑、色纸、树、黏土、丙烯颜料。

1.2.5.1　计划

在着手制作模型时，首先必须考虑的恐怕是模型的“利用方法”或者说“表现方法”问题，按照“利用方法”便可确定方针、比例等。城市绿地规划、住宅区绿地规划等大范围的模型，比例一般为1/5000～1/3000，楼房等建筑物则常为1/200～1/50，通常是采用与设计图相同的比例者居多。另外，若是住宅模型，这与其他建筑物的情况稍有不同，如果建筑物不是很大，则采用1/50，尽可能让人看得清楚。一般情况下，制作顺序是先确定比例，比例确定后，先做出园林用地的场地模型，模型的制作者也必须清楚地形高差、景观印象等，通过大脑进行计划立意处理，然后再多做几次研究分析，就可以着手制作模型了。

1.2.5.2　底座与园林场地

比例决定之后，就可着手做模型了，一般习惯先做模型底座与基地。如果园林场地是平坦的，则制作模型也简单易行。若场地高低不平，且表现要求上也有周围邻近的建筑物，则依测量方法的不同，模型的制作方法也有相应的区别。尤其是针对复杂地形和城市规划等大场地时，常常是先将地形模型事先做成，一边看着模型一边进行方案设计的情况较多，因而必须在地形模型的制作上多下些功夫，但也不需把地形做得过细。

1. 等高线做法（多层粘贴法）

场地高差较大，用等高线制作模型时，要事先按比例做成与等高线符合的板材，沿等高线之曲线切割，粘贴成梯田形式的地形。在这种情况下，所选用的材料以软木板和苯乙烯纸为方便，尤其方便的是苯乙烯吹塑纸板，做法可用电池火热切割器切割成流畅的曲线。

2. 草地做法

如果面积不大，可以选用色纸，面积稍大可以选用草皮或草屑，用草皮，直接粘在基地表面即可，如果用草屑，就要事先在基地表面涂一层白乳胶，然后再把草屑均匀洒在有草的地方，等乳胶干了即可。如果是表现整个大规模区域的较大型模型，则需要根据地形切割一块表现大片植被的材料，然后着色，干后涂一层薄薄的胶粘剂，再洒上形成地面的材料和彩色粉末，之后，再栽上一些用灌木丛做的小树堆，然后，可利用细锯末创造出一种像草丛的机理。

3. 水面做法

如果水面不大，则可用简单着色法处理。若面积较大，则多用玻璃板或丙烯之类的透明板，在其下面可贴色纸，也可直接着色，表示出水面的感觉。若希望水面有动感，则可利用一些反光纹材料作表面，下面同样着色，给人一种有水流动的感觉。

1.2.5.3　用卡纸做模型

卡纸是最常用的模型材料，可以根据需要选择不同的卡纸，如：白卡、灰卡、色卡。单层白卡通常用来做草模，双层白卡一般用来做正模，灰卡可以用来表现素混凝土的材质，色卡则用来表现不同饰面。表现混凝土的办法也很多，除了灰卡纸，还可选用软质木板所具有的粗糙特性，上色，制成纹理粗糙的模型，来表现平面的混凝土；也可用泡沫苯乙烯的板面上所固有的粗糙麻面，来表现混凝土。此外，还有一些橡树皮和胶合板等，其表面看上去像混凝土的材料，均可用来表现混凝土。要使卡纸做的模型比较好看，一是墙与墙的交接，一般都直接把墙垂直粘在一起，那样从外立面会看到另外一片墙，所以，在粘合之前，先把两片墙要粘合的地方切成45°，可以用界刀直接切出45°角，也可以用45°切割器切，那样交接缝会好看很多。二是切圆、切弧线时，一般按逆时针来切，用拇指、食指、中指夹刀，以小指作支点，切的时候刀绕小指指尖旋转，用无名指控制刀锋走向，就可切出比较圆滑的弧线。

1.2.5.4　用木板做模型

灵活运用轻木料木材所具有的柔软而粗糙的材质质感及加工方便的特点，可以做出各种不同的表现效果来。切割薄而细的软木材板料时，要尽可能使用薄形刀具，细小的软木在切割时，应使用安全刀片的刃口精心切下，切割范围很小时，应在木材下面贴上一层赛璐珞透明纸带，这样可以增加其强度，使切割不受影响。建议选用0.7~2mm的航模木板。不过要注意的是，垂直于木纹切割时不要太用力，否则很容易切坏。

1.2.5.5　用泡沫苯乙烯纸做模型

这种材料最适合做一些草模和研究模型，非常便于加工。

1.2.5.6　有机玻璃模型

由于这种材料很难切割，要用专门的刀才能切开，这种材料由于很透明，通常用来做外表面，可以看到内部空间。也可用来做一些研究性模型。

1.2.5.7　塑料板模型

这种材料模型公司用得多，非常正式的模型才会用，加工起来很麻烦。

1.3　土方量计算

1.3.1　土方量计算的意义

在满足设计意图的前提下，如何尽量减少土方的施工量、节约投资和缩短工期，这是土方工程始终要考虑的问题，也是一个关键性的问题。要做到这一点，对土方的挖填运输都应进行必要的计算，做到心中有数，以提高工作效率和保证工程质量。

土方量计算一般是在有原地形等高线的设计地形图上进行的，通过计算，有时反过来又可以修订设计图中的不合理之处，使图纸更臻完善。另外，土方量计算所得资料又是建设投资预算和施工组织设计等项目的重要依据，所以，土方量的计算在园林设计工作中，是必不可少的。

1.3.2　土方量计算方法

计算土方体积的方法很多，常用的大致可归为以下四类：用体积公式估算、断面法、等高面法、方格网法。

土方量的计算工作，就其要求精确度不同，可分为估算和计算两种。在规划阶段，土方计算无需过分精细，只作估算即可。而在作施工图时，土方量的计算精度要求较高。

1.3.2.1 用体积公式估算

在土方工程当中，不管是原地形还是设计地形，经常会遇到一些类似锥体、棱台等几何形体的地形单体，如类似锥体的山丘、类似棱台的池塘等。这些地形单体的体积可以采用相近的几何体公式进行计算，表1-10中所列公式可供选用。这种方法简易便捷，但精度较差，所以多用于规划阶段的估算。

1.3.2.2 断面法

断面法是用一组等距或不等距的互相平行的截面将要计算的地块、地形单体（如山、溪涧、池、岛等）和土方工程（如堤、沟、渠、路堤、路堑、带状山体等）分截成段，分别计算这些段的体积，再将这些段的体积加在一起，便可求得该计算对象的总土方量。所以，这种方法适用于计算长条形地形单体的土方量。用断面法计算土方量，其精度主要取决于截取的断面的数量，多则较精确，少则较粗。基本计算方法如下：

当 $S_1=S_2$ 时

$$V=S\times L \tag{1-4}$$

当 $S_1\neq S_2$ 时

$$V=1/2\ (S_1+S_2)\times L \tag{1-5}$$

式中 S——断面面积（m^2）；

S_1——土体第一断面面积（m^2）；

S_2——土体第二断面面积（m^2）；

L——两相邻断面之间的距离（m）。

公式（1-5）虽然简便，但在 S_1 和 S_2 的面积相差较大，或两相邻断面之间的距离 L 大于50m时，计算所得误差较大，遇到这种情况时，可改用下面的公式进行运算：

$$V=1/6\ (S_1+S_2+4S_0)\times L \tag{1-6}$$

式中中截面积 S_0 有两种求法。

（1）用中截面积公式计算

$$S_0=1/4\ [S_1+S_2+2\ (S_1+S_2)]\ \times L \tag{1-7}$$

（2）用 S_1 及 S_2 各相应边的平均值求 S_0 的面积。此法适用于堤或沟渠。

用求体积公式估算土方量 **表1-10**

序号	几何体名称	几何体形状	体积
1	圆锥	h, S, r	$V=1/3\pi r^2 h$
2	圆台	S_1, r_1, h, S_2, r_2	$V=1/3\pi h\ (r_1^2+r_2^2+r_1r_2)$

续表

序　号	几何体名称	几何体形状	体　积
3	棱锥		$V=1/3Sh$
4	棱台		$V=1/3h\ (S_1+S_2+\sqrt{S_1S_2})$
5	球缺		$V=1/6\pi h\ (h^2+3r^2)$
	V——体积；r——半径；S——底面积；h——高； r_1、r_2——分别为上、下底半径；S_1、S_2——上、下底面积		

【例 1-2】 有一土堤，要计算的两断面呈梯形，S_1 及 S_2 各边的数值如图1-7所示，求 S_0。

【解】 S_0 的上底为：$(5+3)/2=4\text{m}$

下底为：$(10+8)/2=9\text{m}$

高为：$(2+1.8)/2=1.9\text{m}$

所以 $S_0=[(4+9)\times1.9]/2=12.35\text{m}^2$

断面法也可以用于平整场地的土方计算，其计算步骤结合实例说明如下：

【例 1-3】 现有一张场地平整设计草图，设计等高线及原地形等高线如图1-8所示，试求其挖方及填方量。

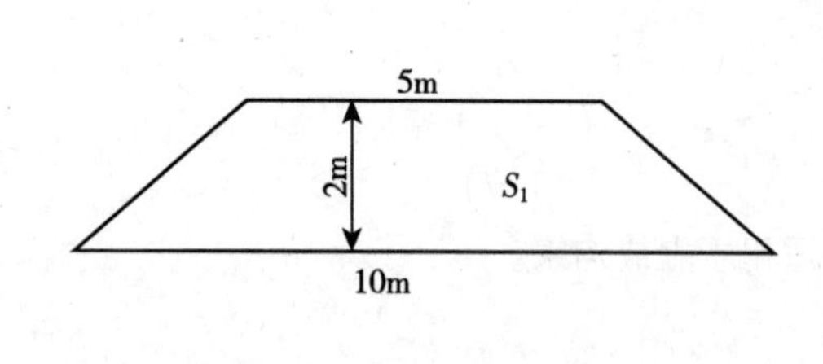

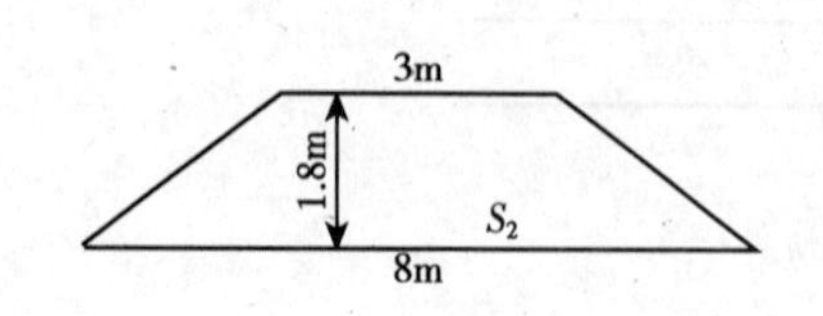

图1-7　中间面积 S_0 的计算方法（左）

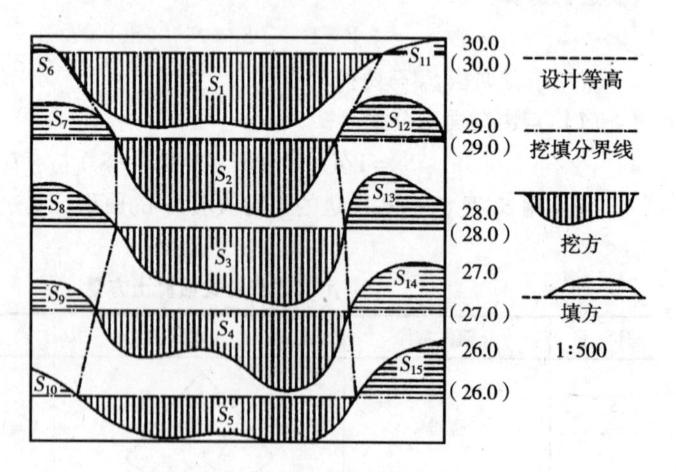

图1-8　场地平整计算（右）

【解】（1）找“零点线”。在图上找出“零点”，即不挖不填的点，并连接成线，这条线就是挖方和填方的边界，在图上确定出挖方区和填方区。$S_1\sim S_5$是挖方区；$S_6\sim S_{10}$是填方区；$S_{11}\sim S_{15}$是填方区。

（2）计算各断面面积。分别计算各断面面积，并依次填入计算表格。

(3) 计算土方量。用公式（1-5）进行土方计算，并将得数填入计算表，见表1-11。同法可求填方 $S_6 \sim S_{10}$，及 $S_{11} \sim S_{15}$ 的体积，结果如下：

挖方体积：$+V_{S_1 \sim S_5} = 566.5\text{m}^3$

填方体积：$-V_{S_6 \sim S_{10}} = 73.0\text{m}^3$

填方体积：$-V_{S_{11} \sim S_{15}} = 162.0\text{m}^3$

(4) 比较挖方及填方数值的大小，挖方多于填方，所以有余土。即：

$$566.5 - (73.0 + 162.0) = 331.5\text{m}^3$$

如果是估算或只求土方体积总数时，可直接用下面介绍的公式（1-8）进行运算，简便迅速，结果相同。

断面面积及挖方体积　　表1-11

断面	面积（m^2）	断面面积平均值（m^2）	断面间距（m）	挖方体积（m^3）	填方体积（m^3）
S_1	185	164.5	1.0	164.5	
S_2	144	142.0	1.0	142.0	
S_3	140	137.5	1.0	137.5	
S_4	135	122.5	1.0	122.5	
S_5	110				
			总计	566.5	

1.3.2.3　等高面法

等高面法最适于大面积的自然山水地形的土方计算。等高面法是沿等高线截取断面，等高距即为二相邻断面的高，如图1-9所示，计算方法同断面法。其计算公式如下：

$$\begin{aligned} V &= (S_1 + S_2)h/2 + (S_2 + S_3)h/2 + \cdots + (S_{n-1} + S_n)h/2 + S_n h/3 \\ &= [(S_1 + S_n)/2 + S_2 + S_3 + S_4 + \cdots + S_{n-1}]\ h + S_n h/3 \end{aligned} \quad (1\text{-}8)$$

式中　V——土方体积（m^3）；

S——断面面积（m^2）；

h——等高距（m）。

我国园林崇尚自然，山水布局都有讲究，地形的设计要因地制宜，充分利用原地形，以节约工力。同时，为了造景的需要又要使地形起伏多变，因此，计算土方量时，必须考虑到原有地形的影响，这也是自然山水园林土方工程计算较繁杂的原因。由于园林设计图纸上的原地形和设计地形都是用等高线表示的，因而采用等高面法进行计算最为方便。其计算步骤及

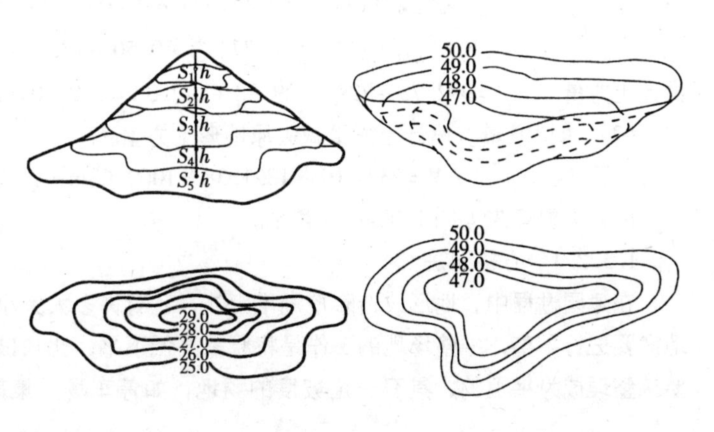

图1-9　沿等高线截取断面

方法结合以下例题加以说明。

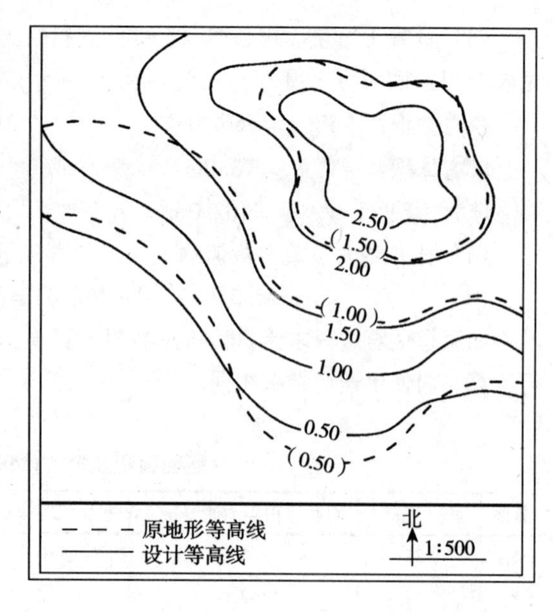

图1-10 等高面法计算微地形处理的土方量

【例1-4】 某地原来的地形变化较平缓，如图1-10所示。为丰富景观拟按设计的等高线做微地形处理，需运来多少土方。

【解】（1）求原地形土方量。先逐一求出原地形各等高线所包围的面积，面积可用方格纸或求积仪求取。

$S_{0.50}=2170\text{m}^2$

$S_{1.00}=1314\text{m}^2$

$S_{1.50}=487.5\text{m}^2$

代入公式（1-5），$V=1/2\ (S_1+S_2)\times L$，把公式中的L改为h，分别计算出各层的土方量。

$$S_{0.50}=2170\text{m}^2$$

$$S_{1.00}=1314\text{m}^2$$

$$h=1.00-0.50=0.50\text{m}$$

则 $V_{0.50\sim1.00}=(2170+1314)/2\times0.50=871\text{m}^3$

同理可求得：$V_{1.00\sim1.50}=(1314+487.5)/2\times0.50=450.38\text{m}^3$

原地形土方量 $V=871+450.38=1321.38\text{m}^3$

（2）求设计土方量。方法同上。

$$S_{0.5}=2262\text{m}^2$$

$$S_{1.00}=1709\text{m}^2$$

$$S_{1.50}=1207\text{m}^2$$

$$S_{2.00}=512.5\text{m}^2$$

$$S_{2.50}=177\text{m}^2$$

代入公式（1-5）：

$$V_{0.50\sim1.00}=(2262+1709)/2\times0.50=992.75\text{m}^3$$

$$V_{1.00\sim1.50}=(1709+1207)/2\times0.5=729\text{m}^3$$

$$V_{1.50\sim2.00}=(1207+512.5)/2\times0.50=429.88\text{m}^3$$

$$V_{2.00\sim2.50}=(512.5+177)/2\times0.50=172.38\text{m}^3$$

设计土方量　$V=992.75+729+429.88+172.38=2324.01\text{m}^3$

（3）求填方量。设计土方量减去原地形土方量：

$$V=2324.01-1321.38=1002.63\text{m}^3$$

所以需要运来大约1000m^3的客土。

1.3.2.4 方格网法

在建园过程中，地形改造除挖湖堆山外，还有许多大大小小的地坪、缓坡地需要进行平整，平整场地的工作是将原来高低不平、比较破碎的地形按设计要求整理成为平坦的、具有一定坡度的场地，如停车场、集散广场、体育场、露天剧场等等。整理这类地形的土方计算最适宜用方格网法。

方格网法是把平整场地的设计工作和土方量计算工作结合在一起进行的。其工作程序是：

（1）在附有等高线的施工现场地形图上作方格网，控制施工场地。方格网边长数值，取决于所求的计算精度和地形变化的复杂程度，在园林工程中一般采用 20～40m。

（2）在地形图上用插入法求出各角点的原地形标高，或把方格网各角点测设到地面上，同时测出各角点的标高，并记录在图上。

（3）依设计意图，如地面的形状、坡向、坡度值等，确定各角点的设计标高。

（4）比较原地形标高和设计标高，求得施工标高。

（5）土方计算。我们结合下面的例题加以说明。

【例 1-5】 某公园为了满足游人游园活动的需要，拟将一块地面平转为三坡向两面坡的“T”字形广场，要求广场具有 1% 的纵坡和横坡，土方就地平衡。试求其设计标高并计算其土方量（图 1-11）。

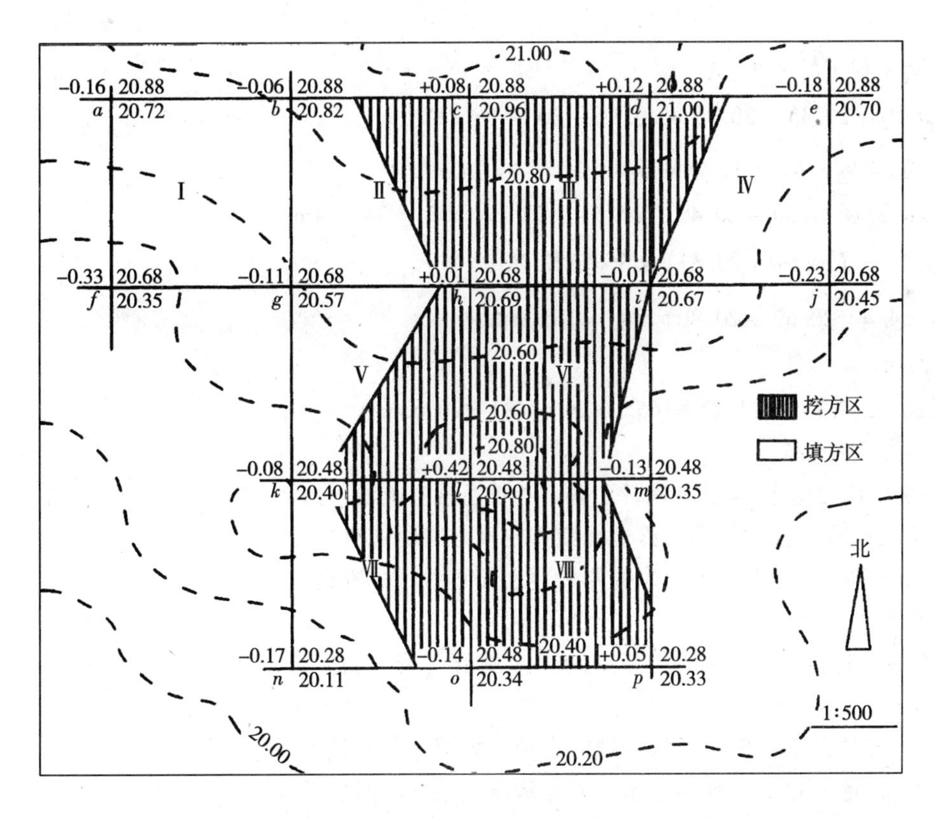

图 1-11 “T”形广场的土方量计算

【解】 1）求原地形标高。按正南北方向或根据场地具体情况决定，作边长为 20m 的方格控制网。将各角点测设到地面上，同时测量各角点的地面标高，并将标高值标记在图纸上，这就是该角点的原地形标高，标法如图 1-12 所示。如果有比较精确的地形图，可用插入法由图上直接求得各角点的原地形标高（插入法求标高的方法前面已介绍），依次将其余各角点求出，并标在图上。

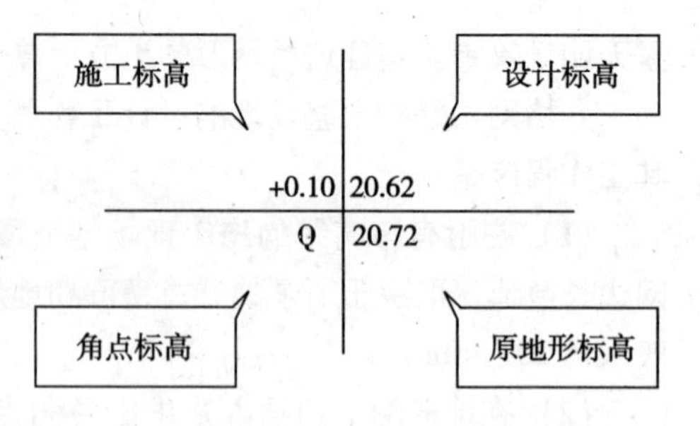

图 1-12 Q 点的几种标高的表示方法

2）求平整标高。平整标高又称计划标高，平整在土方工程的意义就是，把一块高低不平的地面在保证土方平衡的前提下，挖高垫低使地面成为水平的。这个水平地面的高程就是平整标高。设计中通常以原地面高程的平均值（算术平均值或加权平均值）作为平整标高。

设平整标高为 H_0，则：

$$H_0 = (\sum h_1 + 2\sum h_2 + 3\sum h_3 + 4\sum h_4)/4N \quad (1\text{-}9)$$

式中 H_0——平整标高；

N——方格数；

h_1——计算时使用一次的角点高程；

h_2——计算时使用二次的角点高程；

h_3——计算时使用三次的角点高程；

h_4——计算时使用四次的角点高程。

例题中：

$$\sum h_1 = h_a + h_e + h_f + h_j + h_n + h_p$$
$$= 20.72 + 20.70 + 20.35 + 20.45 + 20.11 + 20.33 = 122.66\text{m}$$

$$2\sum h_2 = (h_b + h_c + h_d + h_k + h_m + h_o) \times 2$$
$$= (20.82 + 20.96 + 21.00 + 20.40 + 20.34 + 20.35) \times 2 = 247.74\text{m}$$

$$3\sum h_3 = (h_g + h_i) \times 3 = (20.57 + 20.67) \times 3 = 123.72\text{m}$$

$$4\sum h_4 = (h_h + h_l) \times 4 = (20.69 + 20.80) \times 4 = 165.96\text{m}$$

代入公式（1-9），$N = 8$

$$H_0 = (122.66 + 247.74 + 123.72 + 165.96)/(4 \times 8) = 20.63\text{m}$$

20.63m 就是所求的平整标高。

3）确定 H_0 的位置。H_0 的位置确定得是否正确，不仅直接影响着土方计算的平衡，虽然通过不断调整，设计标高最终也能使挖方填方达到（或接近）平衡，但这样做必然要花费许多时间，而且也会影响平整场地设计的准确性。确定 H_0 位置的方法有两种：

（1）图解法：图解法适用于形状简单规则的场地，如正方形、长方形、圆形等，见表 1-12。

（2）数学分析法：此法适用于任何形状场地的定位。数学分析法是假设一个和我们所要求的设计地形完全一样的土体（包括坡度、坡向、形状和大小），再从这块土体的假设标高反过来求平整标高的位置。

若设 a 点的设计标高为 x，依据给定的坡向、坡度和方格边长，根据坡度公式可以算出其他各角点的假定设计标高，b、c、d、e 点的设计标高为 x，f、g、h、i、j 点的设计标高 $x-0.2$，k、l、m 点的设计标高 $x-0.4$，n、o、p 点

的设计标高 $x-0.6$。将各角点的假设设计标高代入公式（1–9）。

$$\sum h_1 = x + x + x - 0.2 + x - 0.2 + x - 0.6 + x - 0.6 = 6x - 1.6$$

$$2\sum h_2 = (x + x + x + x - 0.4 + x - 0.4 + x - 0.6) \times 2 = 12x - 2.8$$

$$3\sum h_3 = (x - 0.2 + x - 0.2) \times 3 = 6x - 1.2$$

$$4\sum h_4 = (x - 0.2 + x - 0.4) \times 4 = 8x - 2.4$$

$$H_0 = (6x - 1.6 + 12x - 2.8 + 6x - 1.2 + 8x - 2.4)/(4 \times 8) = x - 0.25$$

4）求设计标高。由上述计算已知 a 点的设计标高为 x，而 $x-0.25 \approx 20.62$，所以 $x=20.87$，根据坡度公式，可推算出其余各角点的设计标高。

b、c、d、e 点的设计标高为 20.87；f、g、h、i、j 点的设计标高为 20.67；k、l、m 点的设计标高为 20.47；n、o、p 点的设计标高为 20.27。

5）求施工标高。施工标高 = 原地形标高 − 设计标高。得数为“+”号的是挖方，得数为“−”号的是填方，如图 1–12 所示。

6）求零点线。所谓零点就是不挖不填的点，零点的连线就是零点线，它是挖方区和填方区的分界线，因而零点线就是土方计算的重要依据之一。在相邻的两角点之间，如果施工标高一个为“+”值，一个为“−”值，则它们之间必有零点存在，其位置可由下面的公式求得。

$$x = ah_1/(h_1 + h_2) \tag{1-10}$$

式中　x——零点距 h_1 一端的水平距离（m）；

$h_1 + h_2$——方格相邻角点的施工标高的绝对值（m）；

a——方格边长（m）。

例题中：以方格 $bcgh$ 的 b、c 为例，求其零点。b 点的施工标高为 -0.06m，c 为 $+0.08$m，分别取绝对值，代入公式（1–10）。

$$x = 0.06 \times 20/(0.06 + 0.08) = 10\text{m}$$

所以零点位置在距 b 点 10m 处（或距 c 点 10m 处）。同理将其余各零点的位置求出，并依地形的特点，将各点连接成零点线，把挖方区和填方区分开，以便于计算，如图 1–11 所示。

7）土方计算。零点线为计算提供了填方和挖方的面积，而施工标高为计算提供了挖方和填方的高度。依据这些条件，便可用棱柱体的体积公式，求出各方格的土方量。由于零点线切割方格的位置不同，形成各种形状的棱柱体。现将各种常见的棱柱体及其计算公式列表见表 1–13。

图解法求简单规则场地的 H_0 位置　　　　**表 1–12**

（引自《园林工程》，孟兆祯等 1985）

坡地类型	平面图式	立体图式	H_0 点（或线）的位置	备　注
单坡向一面坡	A B D C	B A C D	B C H_0 H_0 A D O	场地形状为正方形、矩形 $H_A = H_B$，$H_C = H_D$ $H_A > H_D$，$H_B > H_C$

续表

坡地类型	平面图式	立体图式	H_0 点（或线）的位置	备　注
双坡向 两面坡	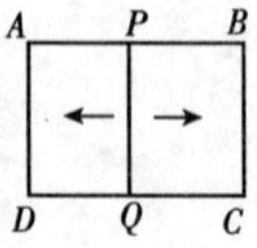	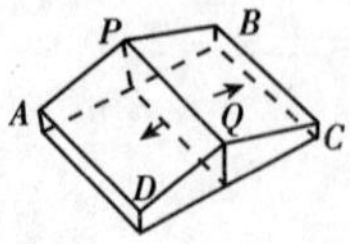	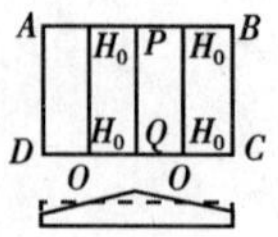	场地形状同上 $H_P = H_Q$ $H_A = H_B = H_C = H_D$ H_P（或 H_Q）$> H_A$ 等
双坡向 一面坡	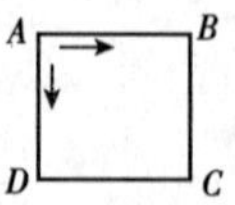	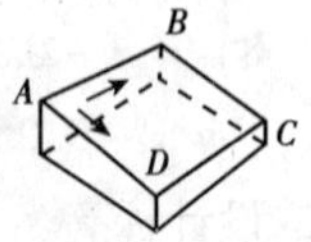	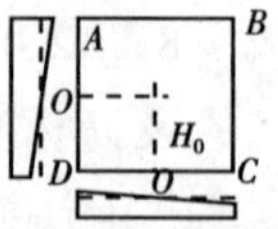	场地形状同上 $H_A > H_B$，$H_A > H_D$ $H_B \geqslant H_D$ $H_B \geqslant H_C$，$H_D > H_C$
三坡向 两面坡	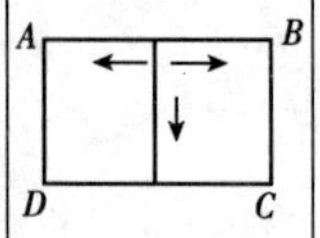	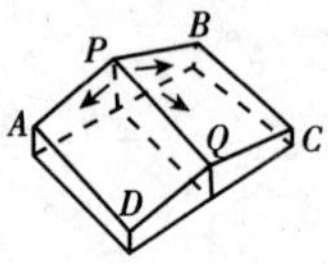	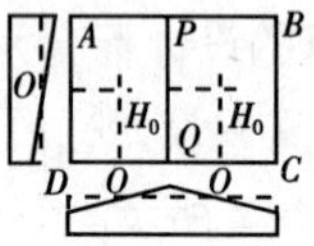	场地形状同上 $H_P > H_Q$，$H_P > H_A$ $H_P > H_B$ $H_A \geqslant H_D \geqslant H_B$ $H_A > H_D$，$H_B > H_C$ $H_Q > H_C$（或 H_D）
四坡向 四面坡	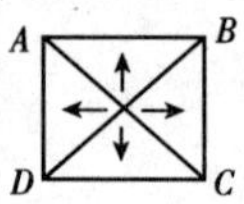	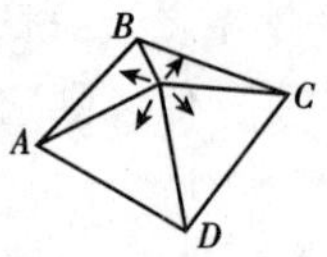	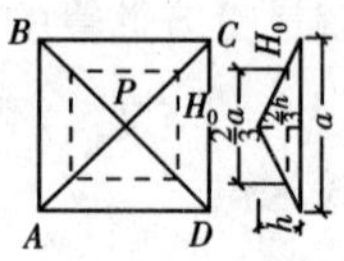	场地形状同上 $H_A = H_B = H_C = H_D$ $H_P > H_A$
圆锥状	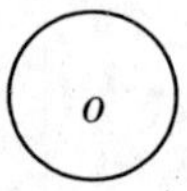	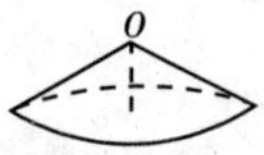	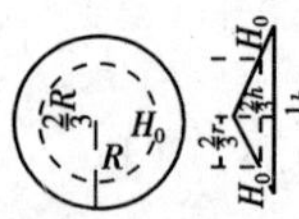	场地形状为圆形 半径为 R 高度为 h 的圆锥体

设计中单纯追求数字的绝对平衡是没有必要的，因为作为计算依据的地形图本身就存在一定的误差，施工中，多挖几锹、少挖几锹也是难于觉察出来的。在实际计算土方量时，虽然要考虑平衡，但更应重视在保证设计意图的基础上，如何尽可能地减少动土量和不必要的搬运。

土方计算公式　　　　**表 1-13**

项　目	图　形	计　算　公　式
一点填方或挖方 （三角形）	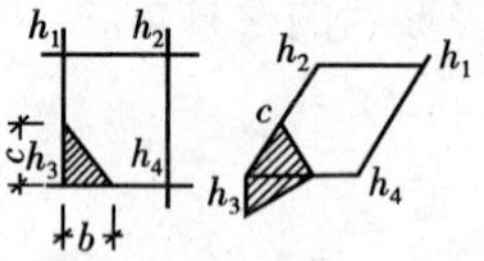	$V = \frac{1}{2}bc\frac{\sum h}{3} = \frac{bch_3}{6}$　(1-11) 当 $b = c = a$ 时，$V = \frac{a^2h_3}{6}$　(1-12)
二点填方或挖方 （梯形）	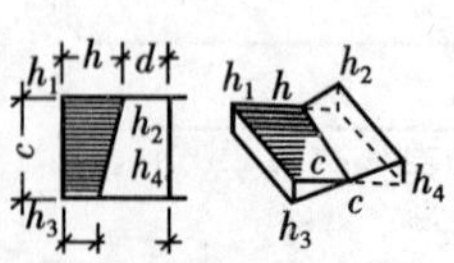	$V = \frac{b+c}{2}a\frac{\sum h}{4} = \frac{a}{8}(b+c)(h_1+h_3)$　(1-13) $V = \frac{b+c}{2}a\frac{\sum h}{4} = \frac{a}{8}(d+c)(h_2+h_4)$　(1-14)

续表

项　目	图　形	计 算 公 式
三点填方或挖方（五角形）		$V_{+} = (a^2 - \frac{bc}{2}) \frac{\sum h}{5} (a^2 - \frac{bc}{2}) \frac{h_1 + h_2 + h_3}{5}$ （1-15）
四点填方或挖方（正方形）		$V = \frac{a^2}{4} \sum h = \frac{a^2}{4} (h_1 + h_2 + h_3)$ （1-16）

土方量的计算是一项繁琐单调的工作，特别对大面积场地的平整工程，其计算量是很大的，费时费力，而且容易出差错，为了节约时间和减少差错，可采用两种简便的计算方法。

（1）使用土方工程量计算表。用土方计算表求土方量，既迅速又比较精确，有专门的《土方量工程计算表》可供参考。

（2）使用土方量计算图表，用图表计算土方量，方法简单便捷，但相对精度较差。

8）绘制土方平衡表或土方调配图。土方调配图是施工组织设计不可缺少的依据，从土方调配图上可以看出土方调配的情况：如土方调配的方向、运距和调配的数量。土方平衡表及土方调配图的具体做法，我们将在下面的土方平衡与调配问题中作具体阐述。

1.3.3　土方的平衡与调配

土方平衡调配工作是土方规划设计的一项重要内容，其目的在于使土方运输量或土方成本为最低的条件下，确定填方区和挖方区土方的调配方向和数量，从而达到缩短工期和提高经济效益的目的。

土方的平衡与调配的步骤是：在计算出土方的施工标高、填方区和挖方区的面积、土方量的基础上，划分出土方调配区；计算各调配区的土方量、土方的平均运距；确定土方的最优调配方案；绘制出土方调配图。

1.3.3.1　土方的平衡与调配的原则

进行土方平衡与调配，必须考虑工程和现场情况、工程的进度要求和土方施工方法以及分期分批施工工程的土方堆放和调运问题。经过全面研究，确定平衡调配的原则之后，才能着手进行土方的平衡与调配工作。土方的平衡与调配的原则有：

（1）挖方与填方基本达到平衡，减少重复倒运。

（2）挖（填）方量与运距的乘积之和尽可能为最小，即总土方运输量或运输费用最小。

（3）分区调配与全场调配相协调，避免只顾局部平衡、任意挖填，而破坏全局平衡。

(4) 好土用在回填质量要求较高的地区，避免出现质量问题。

(5) 调配应与地下构筑物的施工相结合，有地下设施的填土，应留土后填。

(6) 选择恰当的调配方向、运输路线、施工顺序，避免土方运输出现对流和乱流现象，同时便于机具调配和机械化施工。

(7) 取土或去土应尽量不占用园林绿地。

1.3.3.2 土方的平衡与调配的步骤和方法

土方平衡与调配的步骤如下：

1) 划分调配区：在平面图上先划出挖方区和填方区的分界线，并在挖方区和填方区划分出若干调配区，确定调配区的大小和位置，划分时应注意以下几点：

(1) 划分应考虑开工及分期施工顺序。

(2) 调配区大小应满足土方施工使用的主导机械的技术要求。

(3) 调配区范围应和土方工程量计算用的方格网相协调。一般可由若干个方格组成一个调配区。

(4) 当土方运距较大或场地范围内土方调配不能达到平衡时，可考虑就近借土或弃土，一个借土区或一个弃土区，可作为一个独立的调配区。

2) 计算各调配区土方量：根据已知条件计算出各调配区的土方量，并标注在调配图上。

3) 计算各调配区之间的平均运距（即指挖方区土方重心至填方区土方重心的距离）：取场地或方格网中的纵横两边为坐标轴，以一个角作为坐标原点（图1-13），按下面的公式求出各挖方或填方调配区土方重心的坐标（X_0，Y_0）以及填方区和挖方区之间的平均运距 L_0。

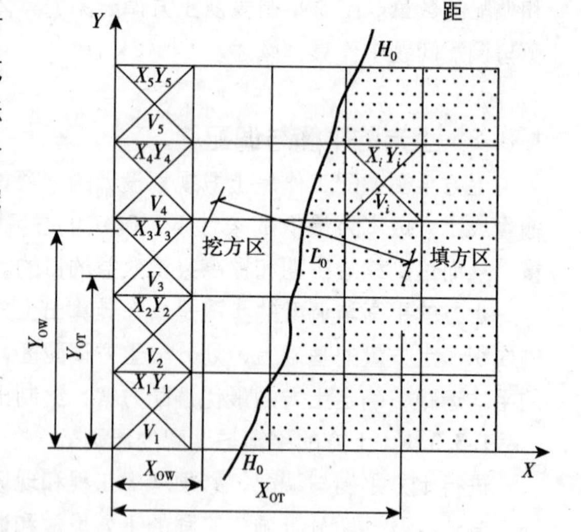

图1-13 土方调配区间的平均运距

$$X_0 = \sum (X_i V_i) / \sum V_i$$

$$Y_0 = \sum (Y_i V_i) / \sum V_i$$

式中 X_i、Y_i——i 块方格的重心坐标；

V_i——i 块方格的土方量。

$$L_0 = [(X_{OT} - X_{OW})^2 + (Y_{OT} - Y_{OW})^2]^{1/2}$$

式中 X_{OT}、Y_{OT}——填方区的重心坐标；

X_{OW}，Y_{OW}——挖方区的重心坐标。

一般情况下，也可以用作图法近似地求出调配区的重心位置，以代替重心坐标。重心求出后，标注在图上，用比例尺量出每对调配区的平均运输距离（L_{11}，L_{12}，L_{13}…）。所有填挖方调配区之间的平均运距均需一一计算，并将计算结果列于土方平衡与运距表内（表1-14）。

土方平衡与运距表 **表 1-14**

挖方区 \ 填方区	B_1	B_2	B_3	B_j	……	B_n	挖方量 (m^3)
A_1	L_{11} X_{11}	L_{12} X_{12}	L_{13} X_{13}	L_{1j} X_{1j}		L_{1n} X_{1n}	a_1
A_2	L_{21} X_{21}	L_{22} X_{22}	L_{23} X_{23}	L_{2j} X_{2j}		L_{2n} X_{2n}	a_2
A_3	L_{31} X_{31}	L_{32} X_{32}	L_{33} X_{33}	L_{3j} X_{3j}		L_{3n} X_{3n}	a_3
A_i	L_{i1} X_{i1}	L_{i2} X_{i2}	L_{i3} X_{i3}	L_{ij} X_{ij}		L_{in} X_{in}	a_i
……							
A_m	L_{m1} X_{m1}	L_{m2} X_{m2}	L_{m3} X_{m3}	L_{mj} X_{mj}		L_{mn} X_{mn}	a_m
填方量 (m^3)	b_1	b_2	b_3	b_j		b_n	$\sum a_i = \sum b_j$

注：L_{11}，L_{12}，L_{13}，…挖填方之间的平均运距；X_{11}，X_{12}，X_{13}，…调配土方量。

4）确定土方最优调配方案：用“表上作业法”求解，使总土方运输量为最小值，即为最优调配方案。

5）绘出土方调配图：根据以上计算，标出调配方向、土方数量及运距（平均运距再加上施工机械前进、倒退和转弯必需的最短长度）。

下面以一道例题来说明。

【例 1-6】 有一矩形广场，各调配区的土方量和相互之间的平均运距，如图 1-14 所示，试求最优调配方案和土方总运输量及平均运距。

【解】（1）先将图 1-14 中的数值标注在填挖方平衡及运距表（表 1-15）中。

土方最优调配方案 **表 1-15**

挖方区 \ 填方区	B_1	B_2	B_3	挖方量 (m^3)
A_1	50 400	70 100	100	500
A_2	70	40 550	90	550
A_3	60 400	110	70 50	450
A_4	80	100	40	400

续表

填方区 \ 挖方区	B_1	B_2	B_3	挖方量（m^3）
			400	
填方量（m^3）	800	650	450	1900 \ 1900

（2）采用“最小元素法”，编初始调配方案，即根据对应于最小的 L（平均运距）尽可能最大的 X_{ij} 值的原则进行调配。首先在运距表内的小方格中找一个 L 最小数值，如表1-14 中的 $L_{22}=L_{43}=40$。任取其中一个，如 L_{43}，先确定 L_{43} 的值，使其尽可能地大，即 $X_{43}=\max$（400，500）$=400$，由于 A_4 挖方区的土方全部调到 B_3 填方区，所以 $X_{41}=X_{42}=0$。将 400 填入 X_{43} 格内，加一个括号，同时在 X_{41}、X_{42} 格内打个“×”号，然后在没有“( )”和“×”的方格内重复上面的步骤，依次地确定其余的 X_{ij} 数值，最后得出初始调配方案。

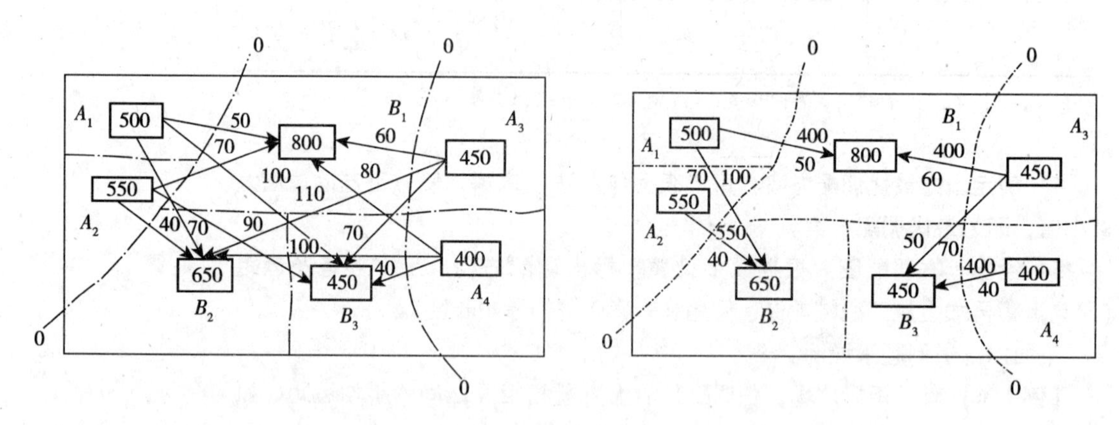

图1-14 各调配区的土方量和平均运距(左)

图1-15 土方调配图(右)

（3）在此基础上，再进行调配、调整，用“乘数法”比较不同调配方案的总运输量，取其最小者，求得最优调配方案（表1-15）。

该土方最优调配方案的土方总运输量为：

$$W=400\times50+100\times70+550\times40+400\times60+50\times70+400\times40=92500m^3$$

总的平均运距为：$L_0=W/V=92500/1900=48.68m$

最后将表1-15 中的土方调配数值绘成土方调配图，如图1-15 所示。

本章小结

土方工程是园林工程的基础工程，土方工程设计的基础是土壤性质和土壤工程性质的了解，设计的重点是园林用地的竖向设计，竖向设计的目的是为园林造景、植物种植、园林给水排水提供必要的基础条件。中国园林历来重视地形地势的创造，挖湖堆山因地制宜、师法自然、顺理成章、统筹兼顾是园林竖向设计的基本原则，在设计方法上以等高线法为主要方法，同时结合断面法和模型法。本章另一个重点是土方工程量计算，以方格网法为重点，方格网法是集平整场地与土方量计算于一体的方法，同时也利于土方的调配。

复习思考题

1. 土壤的工程分类主要分类方法有哪些，是如何划分的？
2. 如何现场鉴别土的质地、密实度、黏性？
3. 土的工程性质有哪些？
4. 什么是边坡坡度，如何表示？它与土壤自然倾斜角的关系是什么？
5. 什么是园林用地竖向设计？有什么作用？基本原则和要求是什么？
6. 叙述园林用地竖向设计的步骤。
7. 园林用地竖向设计的方法有哪些？
8. 什么是等高线，它有哪些性质？如何计算等高线间的任意点的高程？
9. 土方工程量的计算方法有哪些？它们各自适合在什么情况下应用？
10. 用断面法计算土方量时，中截面积 S_0 的两种计算方法是什么？
11. 如何利用地形现状图，计算方格网上各角点的原地形标高？有几种情况？
12. 用方格网法计算土方量时，每一角点的各种标高是如何标注的？画图示意。
13. 土方平衡与调配的原则有哪些？
14. 举例说明如何做土方最优调配方案？
15. 土方调配图的作用是什么？

■ 实习实训

实训一　地形设计与模型制作

目的及要求：理解和掌握竖向设计的基本理论和方法，能够独立完成土山模型制作。

材料及用具：橡皮泥（或黄泥）、苯板/吹塑纸、大头钉、颜料、毛笔及绘图纸、笔。

内容及方法：（1）用等高线在图纸上设计一处土山地形。

（2）把平面等高线测放到苯板上。

（3）根据设计等高线用吹塑纸按比例及等高距制作土山骨架，固定在苯板上。

（4）用橡皮泥（或黄泥）完善土山骨架，根据需要涂色，完成土山模型的制作。

实训二　用方格网法计算土方量

目的及要求：掌握用方格网法计算土方量的步骤和方法。

材料及用具：附有原地形等高线的地形设计图纸、硫酸纸、坐标纸等。

内容及方法：(1) 将设计图描绘到硫酸纸上。

(2) 根据土方计算范围及要求，绘制方格网。

(3) 按步骤进行计算。包括每一角点的原地形标高、设计标高、施工标高及土方量。

(4) 绘制土方平衡表及土方调配图。

(5) 检查计算步骤、方法及计算结果。

第2章　园林给水排水工程设计

水是生活中不可缺少的物质要素，随着社会的发展，人对水的要求越来越高。园林是为人提供休闲、娱乐、旅游等活动的场所，对给水排水工程要求也随之越来越高，要求在工程设计中，既满足游人的需要，又不造成资源、财产的浪费，同时还能适应发展的要求。完善的给水排水工程，对园林的保护、发展和风景旅游活动的开展都具有重要的意义。

本章主要讲述园林中给水排水工程设计基本原理、工程计算的简单方法、给水排水设施的具体选用和设计等。

2.1 给水工程设计

公园及风景区是人们休闲、游览、活动的场所，同时又是树木、花卉较集中的地方，给水工程必须满足人们活动、植物生长以及水景用水所必需的水量、水压及水质要求。

2.1.1 概述

2.1.1.1 园林给水的分类及要求

公园和风景区的用水与城市用水一样，由于使用对象不同，其用水的水量、水质、水压等要求亦不同，园林中常把用水分为以下几种类型：

(1) 生活用水：生活用水是指人们日常生活用水，在园林中指饮用、烹饪、洗涤、清洗卫生等用水，包括办公室、生活区、餐厅、茶室、展览馆、小卖部等用水以及园林卫生清洗设施和特殊供水（如游泳池等）。生活饮用水水质关系到人体健康，其水质标准应符合《生活饮用水卫生标准》GB 5749—2006。

(2) 养护用水：养护用水是指植物的灌溉、动物笼舍的清洗以及其他用水（如夏季园路、广场的清洗等）。水质要求不高，但用水量大，在有地表水的位置可以用水泵直接抽水满足需求。

(3) 造景用水：园林中各种水体（包括溪流、湖泊、池塘、瀑布、喷泉等）的补充用水。其水质、水量要求不高，自然的水体一般不需补充，人工造景的水体采取循环用水，减少补充用水量，有条件的地方可以利用风景区建筑的中水进行造景用水补充。

(4) 消防用水：消防用水指扑灭火灾时所需要的用水。对水质没有特殊的要求，但由于其不经常应用，为了节省管网投资，消防给水可与生活用水系统综合考虑。

2.1.1.2 园林给水特点

(1) 用水点分散：遍布全园或整个风景区，如生活用水由于生活、管理设施的分散布置，要求每个点上都必须有水点，用水量不大，但须布置管网。

(2) 用水点高程变化大：特别是风景区、山地公园，由于地形地貌的影响，造成山顶与山脚高差大。

（3）水质可以分别处理：用水对象不同，对水质要求也不同。

（4）用水高峰时间可以错开：生活用水主要是中午至下午，而养护用水可以根据情况错开至早上或晚上。

2.1.1.3 给水水源的选择

1）给水水源的分类与特点：地球的水资源很丰富，广义地讲，地球上的各种水体都是水资源，如海洋、冰川、地下水、河湖江川、大气水等都是水源。但淡水只占2.53%，且能被人类利用的只占淡水总储量的0.34%，还不到全球总水量的万分之一。狭义的水源一般指清洁淡水，即传统意义上的地表水和地下水。园林中的给水水源除地表水和地下水外，还有城市自来水。

（1）地表水。地表水指江、河、湖、水库等地表水源，由于受地面各种因素的影响，具有浑浊度较高、水温变幅大、易受污染、季节性变化明显等特点，但地表径流量大，矿化度和硬度低，含锰量低。采取地表水作生活用水时，必须对其作严格的处理，投资和运行费用较大，因此，一般在园林中只能作养护用水。

（2）地下水。地下水指埋藏在地下孔隙、裂隙、溶洞等含水层介质中的储存运移的水体，地下水按埋藏条件可分为：包气带水、潜水、承压水（图2-1）。

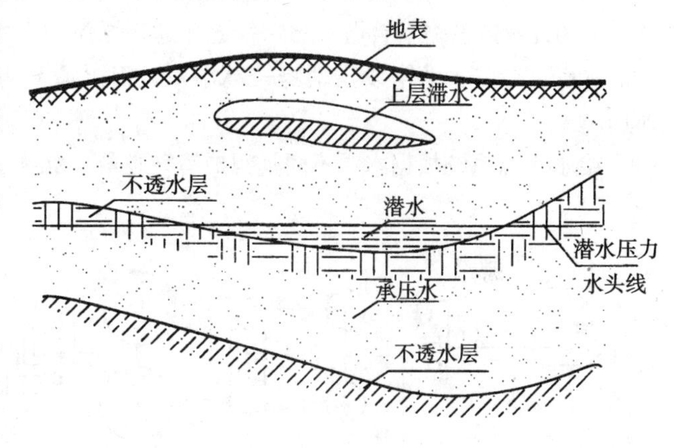

图2-1 地下水位置图

包气带水：含在土壤表层的水，包括：土壤水、上层滞水、多年冻土区中融冰层水、沙漠及滨海沙丘中的水等。这种地下水含量少，不能作为水源。

潜水：地下第一个不透水层承托的含水层。

承压水：存在于两个不透水层之间并受到压力的含水层，泉水多为承压水。

地下水具有水质清洁、水温稳定、分布面广等特点，一般可经过消毒处理作为水源，但有些地区地下水矿化度和硬度较高或其他物质含量较高，须经过认真的水文、地质勘察，以便合理开发利用。

（3）城市自来水。直接引入作生活用水。

2）给水水源选择：选择给水水源，首先应满足水量、水质的要求，注重安全防护、经济，并结合公园、风景区发展。

（1）城市公园或近郊风景区可直接从城市的给水管网系统中接入，也可从水厂接入。

（2）没有城市给水管网或给水管网水量不能满足园林要求的，可优先考虑地下水（包括泉水），其次考虑江、河、湖、水库等地表水。

确定水源时，其水质能满足园林用水需要，但随着公园、风景区的建设和发展，用水量的增长及水污染的加剧，会出现水质恶化和水量减少的情况。在开发利用时，必须严格保护，做到利用与保护相结合，水源地的卫生防护可以参照国家有关法规和标准。

2.1.1.4　给水系统的组成及布置形式

1）给水系统的组成：给水工程按其工作过程大致可分为三个部分：取水工程、净水工程和输配水工程，并用水泵联系，组成一个供水系统。

（1）取水工程。包括选择水源和取水地点，建造相应的取水构筑物，主要任务是保证园林用水量。

（2）净水工程。建造给水处理构筑物，对天然水质进行处理，以满足生活饮用水水质标准或工业生产用水水质标准要求。

（3）输配水工程。将足够的水量输送和分配到各用水地点，并保证水压和水质，为此需敷设输水管道、配水管道和建造泵站以及水塔、水池等调节构筑物。水塔、高位水池常设于地势较高地点，借以调节用水量并保证管网中的水压。

给水工程系统根据水源不同其组成有些差异，如图2-2（*a*）、（*b*）所示。

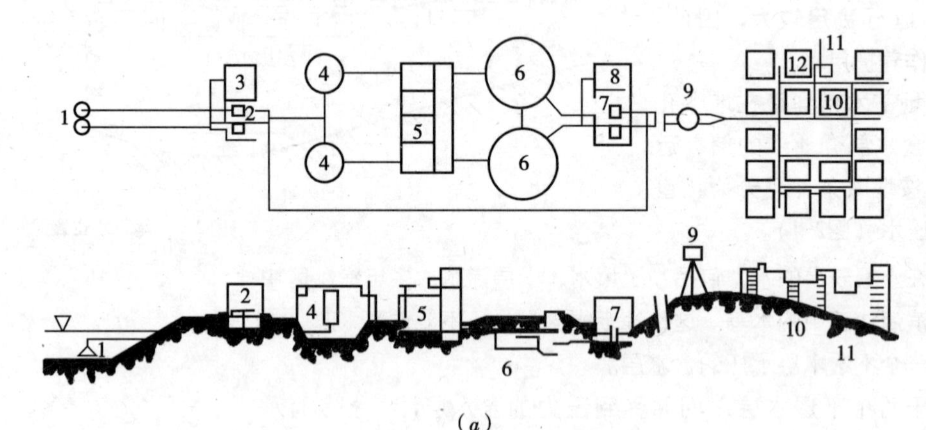

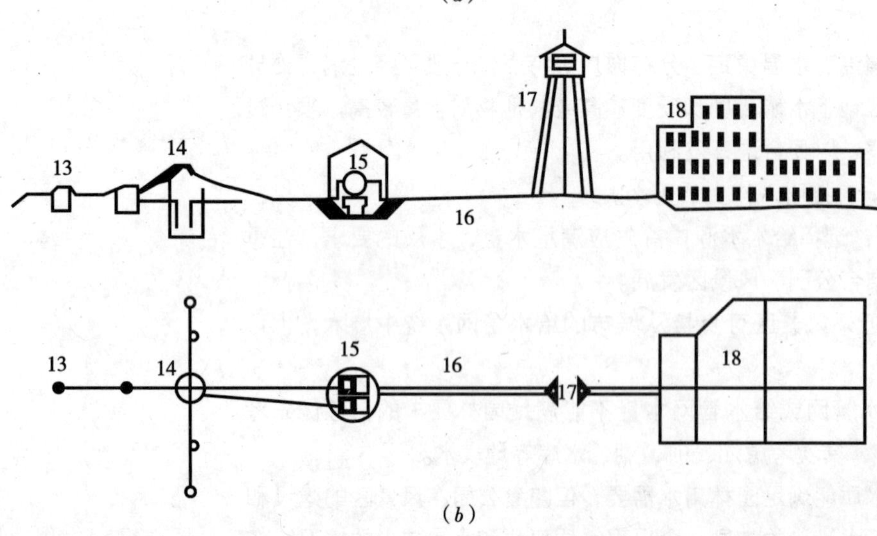

图2-2　给水系统示意
（*a*）地面水源；（*b*）地下水源
1—汲水管；2—一级泵站；3—加氯间；4—澄清池；5—滤池；6—清水池；7—二级泵站；8—水塔；9—输水管；10—配水管网；11—进户管；12—室外消火栓；13—水井；14—集水井；15—泵站；16—输水管；17—水塔；18—管网

2）给水系统的布置形式：在城市的给水系统中，其布置形式有多种，应根据城市总体规划布局以及其自然条件、各用户对水质的要求不同等确定。而园林中根据基址选择不同，给水系统形式如下：

（1）统一给水系统。各类用水均按生活饮用水水质标准，用统一的给水管网供给用户的给水系统，称为统一给水系统。对于城市小游园或者水面较小的公园，大多采用这种给水系统。

（2）分质给水系统。取水构筑物从水源地取水，经过不同的净化过程，用不同的管道分别将不同水质的水供给各用户，这种系统称分质给水系统。有大型自然水面的公园或风景区等，可以采取这种给水系统，生活用水和养护、造景用水可分质供给。

（3）分区给水系统。将整个给水系统分为几个系统，系统之间保持适当联系，可保证供水安全和调度的灵活性。城市特大型公园及风景区，根据其分区的设施状况，可采用从不同的地点进水或取水，并自成系统的分区给水系统。另外，还有分压给水系统、循环给水系统等。

2.1.2 园林给水管网的布置

园林给水管网的布量，需要了解园林的用水特点、总体规划的要求、公园或风景区周边的给水系统情况（包括管网流量、水压、水质等），遵循给水管网的布置原则，确定给水管网的布置形式，城市中小公园的给水可由一点引入，而大公园或风景区有条件的尽可能考虑多点引水，这样可以节约管件投资，减少水头损失。

2.1.2.1 给水管网的布置原则

给水管网的布置要求供水安全可靠、投资节约，应遵循以下原则：

（1）按照总体规划布局的要求布置管网。并且需要考虑分步建设。

（2）干管布置方向应按供水主要流向延伸，而供水流向取决于最大的用水点和用水调节设施（如高位水池和水塔）的位置，即管网中干管输水距它们距离最近。

（3）管网布置必须保证供水安全可靠，干管一般按主要道路布置，宜布置成环状，但应尽量避免布置在园路和在铺装场地下敷设。

（4）力求以最短距离敷设管线，以降低管网造价和供水能量费用。

（5）在保证管线安全不受破坏的情况下，干管宜随地形敷设，避开复杂地形和难于施工的地段，减少土方工程量。在地形高差较大时，可考虑分压供水或局部加压，不仅能节约能量，还可以避免地形较低处的管网承受较高压力。

（6）为保证消火栓处有足够的水压和水量，应将消火栓与干管相连接，消火栓的布置，应先考虑主要建筑。

2.1.2.2 给水管网的布置形式

给水管网的布置形式主要有树枝状管网（图2-3）和环状管网（图2-4）两种。

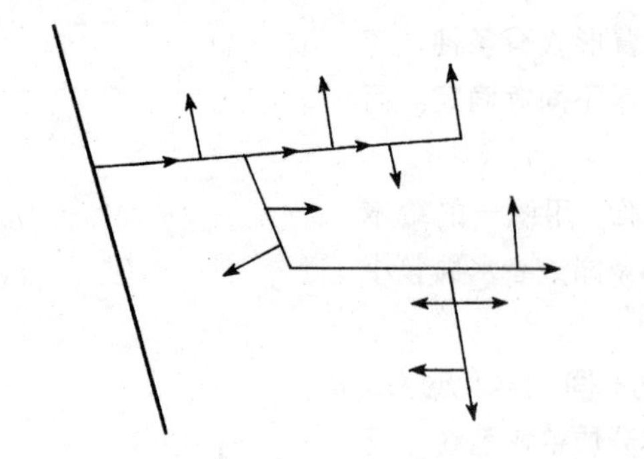

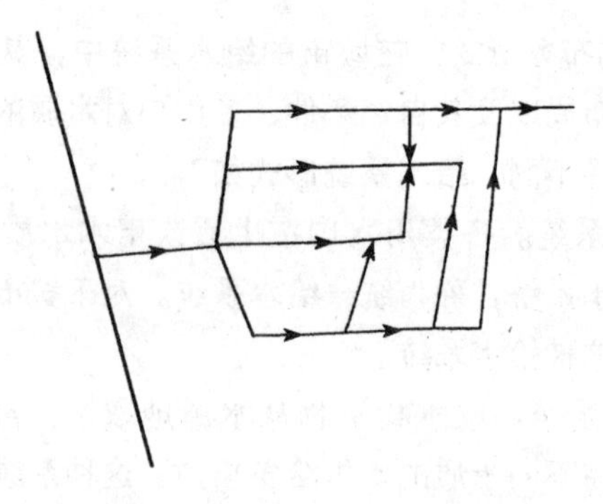

图2-3　树枝状管网（左）
图2-4　环状管网(右)

（1）树枝状管网：从引水点至用水点的管线布置成树枝状，管径随用水点的减少而逐步变小。它适合于用水点较分散的情况，对分期发展的公园有利。树状网构造简单，造价低，管线长度短；但供水的安全可靠性差，并且在树状网末端，因用水量小，管中水流缓慢，甚至停滞，致使水质容易变坏，易出现浑浊水和红水。

（2）环状管网：给水管线纵横相互接近，形成闭合的环状管网。环状管网中任何管道都可由其余管道供水，保证供水的可靠性，环状管网还可降低管网中的水头损失，减轻水压造成的影响；但环状网增加了管线长度，投资增加。

2.1.3　园林给水管网的水力计算

确定园林给水管网的布置形式后，需要对给水管网进行水力计算。给水管网水力计算的目的在于，由最高日最高时用水量确定管段的流量，继而确定管段管径，再计算管网的水头损失，确定所需供水水压；如公园给水管网自设水源供水，则需确定水泵所需扬程及水塔（或高位水池）所需高度。

2.1.3.1　用水量的确定

1）用水标准：进行管网布置时，首先应求出各点的用水量，管网根据各用水点的需要量供水。各用水点由于用途不同，其用水量也不同。用水量的计算，以用水定额为依据，用水定额亦称用水量标准，它是对不同的用水对象，在一定时期内制定的相对合理的单位用水量的数值标准，是国家根据我国各地区、城镇的性质、生活水平、习惯、气候、建筑卫生设备设施等不同情况而制定的。由于我国幅员辽阔，各地具体情况差异较大，因此，用水量标准也不尽相同，表2-1是《室外给水设计规范》GB 50013—2006 所规定的城市居民生活用水量标准，可以作为参考。

居民生活用水量标准　表2-1

城市规模	特大城市		大城市		中、小城市	
用水情况／分区	最高日	平均日	最高日	平均日	最高日	平均日
一	180～270	140～210	160～250	120～190	140～230	100～170
二	140～200	110～160	120～180	90～140	100～160	70～120
三	140～180	110～150	120～160	90～130	100～140	70～110

国家用水定额较多，参照《室外给水设计规范》GB 50013—2006、《建筑给水排水设计规范》GB 50015—2003 等列出与园林及风景区相关的项目，见表 2-2。

用水定额及小时变化系数　　　　表 2-2

序号	名称		单位	生活用水定额（最高日）（L）	小时变化系数
1	普通住宅	有大便器、洗涤器、无沐浴设备	每人每日	85～150	3.0～2.5
		有大便器、洗涤器、热水器、沐浴设备		130～300	2.8～2.3
		有大便器、洗涤器、沐浴器和热水供应		180～320	2.5～2.0
2	别墅		每人每日	200～350	2.3～1.8
3	集体宿舍	有盥洗室	每人每日	50～100	3.0～2.5
		有盥洗室和浴室		80～130	3.0～2.5
4	餐厅		每顾客每次	40～60	1.5～1.2
	内部食堂			20～25	1.5～1.2
	茶室			5～15	1.5～1.2
5	电影院、剧场		每观众每场	3～5	1.5～1.2
6	普通旅馆、招待所	有集中盥洗室	每床每日	100～150	3.0～2.5
		有盥洗室和浴室		120～200	3.0～2.5
7	宾馆	旅客 设有浴盆的客房	每床每日	250～400	2.5～2.0
		员工	每人每日	80～100	2.5～2.0
8	医院、疗养院、休养所	有集中盥洗室	每病床每日	50～100	2.5～2.0
		有集中盥洗室和浴室		100～200	2.5～2.0
		设有浴盆的病房		250～400	2.0
9	办公楼		每人每班	30～50	2.5～2.0
10	体育场	运动员淋浴	每人每次	30～40	1.2
		观众	每人每场	2.0～3.0	1.2

2）日变化系数和时变化系数：园林中的用水量，不是固定不变的，一年中随着气候、游人量以及人们不同的生活方式而不同，把一年中用水量最多的一天的用水量称为最高日用水量，最高日用水量与平均日用水量的比值，叫日变化系数，以 K_d 表示。

$$日变化系数\ K_d = 最高日用水量/平均日用水量$$

K_d 值在城镇约为 1.2～2.0，在农村约为 1.5～3.0。在园林中，由于节假日游人较多，其值约在 2～3 之间。

一天中由于公园的营业时间、游人的需要，每个小时的用水量也不相同，把用水量最高的那天用水最多的一小时的用水量称为最高时用水量，它与这一天平均时用水量的比值，叫时变化系数，以 K_h 表示。

时变化系数 K_h = 最高时用水量/平均时用水量

K_h 值在城镇约为 1.3～2.5，农村约为 5～6。在园林中，由于白天、晚上差异较大，其值约在 4～6 之间。

为保证用水高峰时水的正常供应，需要计算和汇总公园或风景区的最高时用水量，可以编制逐时用水量表求得。

3）设计用水量的计算：在给水系统的设计中，年限内的各种构筑物的规模是按最高日用水量来确定的，而给水管网的设计是按最高日最高时用水量来计算确定的，最高日最高时管网中的流量就是给水管网的设计流量。

（1）最高日用水量 Q_d（m^3/d）

$$Q_d = m \cdot q_d/1000$$

式中　m——用水单位数（人、床等）；

q_d——用水定额（L/(人·d)）。

（2）最高时用水量 Q_h（m^3/h）

$$Q_h = Q_d/T \cdot K_h = Q_p \cdot K_h$$

式中　T——建筑物或其他用水点的用水时间；

K_h——时变化系数；

Q_p——平均时用水量（m^3/h）。

在计算用水时间时，要切合实际，否则会误差过大，造成管网的供水不足或投资浪费。

（3）未预见用水量。这类用水包括未预见的突击用水、管道漏水等，根据《室外给水设计规范》GB 50013—2006 规定，未预见用水量按最高日用水量的 15%～25% 计算。

（4）计算用水量

计算用水量 =（1.15～1.25）$\sum Q_h$，换算成管道设计所需的秒流量 q_g（L/s），则有：

$$q_g = (1.15 \sim 1.25) \sum Q_h 1000/3600$$

如果公园或风景区是分期发展、分期建设，在管网计算时，必须考虑近远期相结合，不要使管网一次建设投资太大，但必须保证能适应发展的需要。

2.1.3.2　管段流量的确定

管网的水力计算主要针对干管网。管网由多个管段组成，沿线流量是指供给该管网两侧用户所需流量。节点流量是从沿线流量计算得出的，并且假设水的流量是均匀的。管网水力计算，须先求出沿线流量和节点流量，再进一步求得各管段的计算流量。

1）沿线流量：在城市给水管网中，干管接出许多支管（配水管），配水管上接出许多用户，供水沿管线配水。管线上各用户用水量差异较大，间距也不等。其中，工厂、学校、机关等用水量大，但数量较少，易计算；而居民和小用户用水量少，但数量多，计算很复杂。

如图2-5所示，沿线既有大用户的集中流量 Q_1、Q_2……，也有数量较多的小用户沿线流量 q_1、q_2……。若按实际情况计算，非常复杂且没有必要。简化方法即假定用水量均匀地分布在全部干管上，得出单位长度的流量，称为长度比流量（线比流量）。

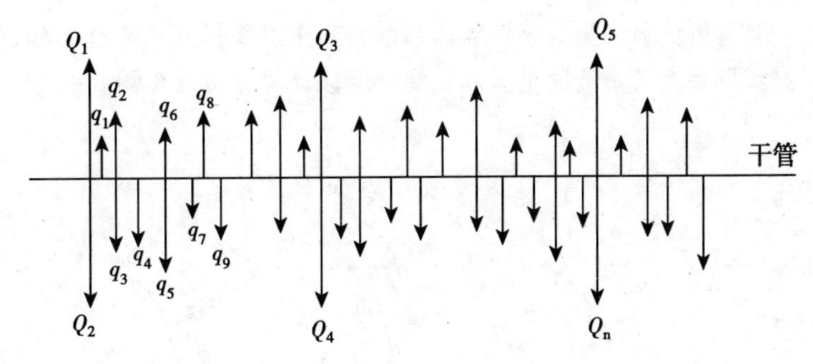

图2-5　干管配水情况

$$q_s = (Q - \sum q) / \sum L$$

式中　q_s——长度比流量（L/s·m）；

Q——管网总用水量（L/s）；

$\sum q$——集中流量之和（L/s）；

$\sum L$——干管总长度（m），不包括穿越广场、湖面等无配水要求地区的管线，只有一侧配水的管线，长度按一半计算。

以线比流量求出管段沿线流量公式如下：

$$q_l = q_s l$$

式中　q_l——沿线流量（L/s）；

l——该管段的长度（m）。

2）节点流量：每一管段的流量包括沿线流量 q_l 和流入下游管线的传输流量 q_t，q_l 从管段开始逐渐减少至零，q_t 在整个管段中不变，如图2-6（a）所示，由于沿线流量是沿管段变化的，难以确定供水管径和水头损失，所以有必要把沿线流量简化为从节点流出的节点流量，即沿线不再有流量流出，而是从管段的始、末两点流出，如图2-6（b）所示，这样管段的流量不再沿管线变化，就可由流量求出管径。简化的原理是求出一个沿线不变的折算流量 q，使它产生的水头损失等于实际上沿管线变化的流量产生的水头损失。

$$q = q_t + 1/2 q_l$$

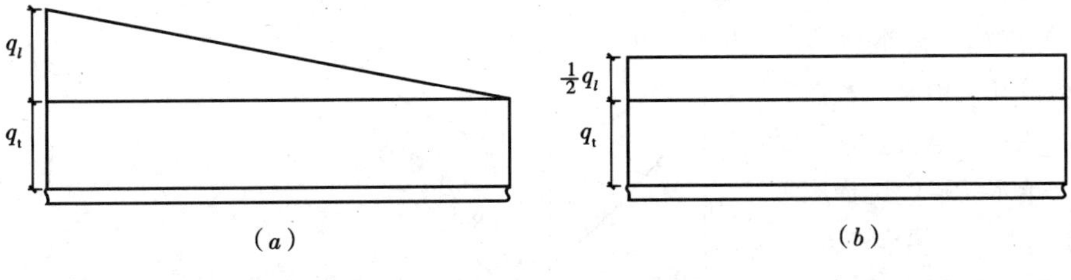

q_l　q_t　（a）　$\frac{1}{2}q_l$　q_t　（b）

图2-6　节点流量示意
（a）管段均匀配水示意；
（b）管段计算流量示意

3）管段的计算流量：管网各管段的沿线流量简化成节点流量后，每一管段就可拟定水流方向和计算流量 Q_j。

树枝状管网各管段的计算流量容易确定，供水管网送水至每个用水点只能沿唯一一条管路通道，管网中每一管段的水流方向和计算流量都是确定的，每一管段的计算流量等于该管段后的各集中流量和节点流量之和，图2-7为某树枝状网最高日最高时的节点流量和管段计算流量分布图。

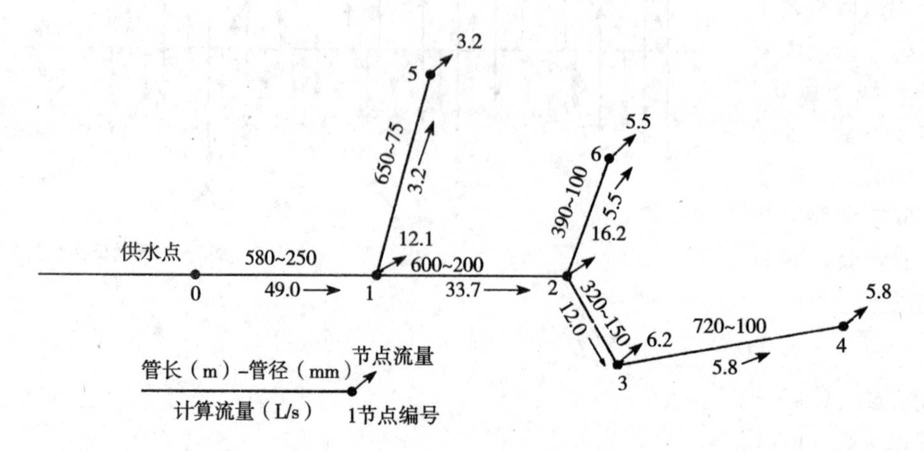

图2-7 树枝状管网的节点流量计算流量和管径

环状网各管段的计算流量不是唯一确定解，不像树枝状网那样容易确定。配水干管相互连接环通，环路中每一用户所需水量可以沿两条或两条以上的管路通道供给，各管环每条配水干管管段的水流方向和流量值都是不确定的，拟定和计算各管段的流量比较复杂，这里不加介绍。

2.1.3.3 管径确定

管网中用水量各管段计算流量分配确定后，一般就作为确定管径 d 的依据（管网中有的管段从供水安全等考虑，需适当放大管径）。

$$d=(4Q/\pi v)^{1/2}$$

式中 d——管段管径（m）；

Q——管段的计算流量（m^3/s）；

v——管内流速（m/s）。

前面已经讲述如何计算流量，但必须有一个恰当合理的流速才能确定管径。关于管内流速，应从技术和经济两方面恰当选用。从技术上说，为防止给水管流速过大导致管道爆裂，一般流速不得大于2.5~3m/s；浑水输水管为防止泥沙等淤积，流速不得小于0.5m/s。从经济上说，应根据当地的管网造价和输水电价，选用经济合理的流速。流量一定时，如选用流速过小，虽然水头损失小，输水电费节省，但管径大，管网造价高；相反，若输水管径小，造价低，但所耗输水电费多，从而增加经营费用。因此，给水管径的选择应考虑管网造价和年经营费用两种主要经济因素，按不同的流量范围，在一定计算年限内（称为投资偿还期）管网造价和经营管理费用（主要是电费）二者总和为最小时的流速（称为经济流速 V_e）来确定管径。如图2-8所

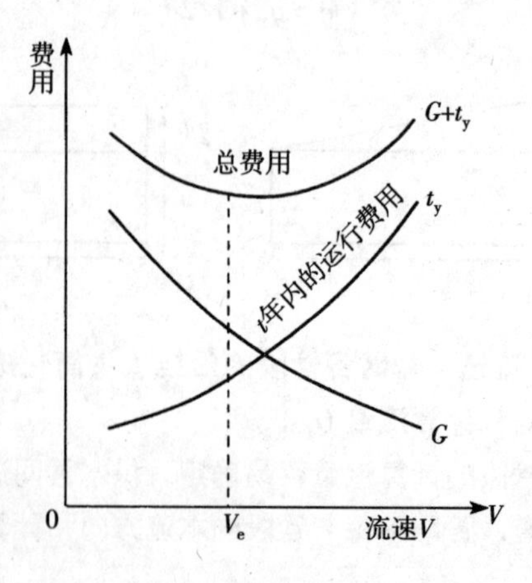

图2-8 经济流速的确定

示，G 表示管网造价，t_y 表示每年的管理费用，t 表示投资偿还期，V 代表流速，当流量一定时，可根据当地资料绘制图形，以总费用最低点的流速为 V_e，即为经济流速。如缺乏资料，经济流速可参照下述范围数值。

$$d=100\sim350\text{mm 时，}V_e=0.6\sim1.1\text{m/s}$$

$$d=350\sim600\text{mm 时，}V_e=1.1\sim1.6\text{m/s}$$

$$d=600\sim1000\text{mm 时，}V_e=1.6\sim2.1\text{m/s}$$

图2-7的管道采取铸铁管，各管段管径即参考上述流速范围，并查水力计算表选得。

2.1.3.4 水头损失计算

水力计算主要是在管网布置、计算节点流量、确定各管段计算流量和管径的基础上，根据管道材料和管段长度进行各段水头损失计算，结合整个管网地形情况等，保证管网中供水最不利点的水压，从而确定引水点的水压或加压装置所需扬程及水塔高度。

水压及水头损失：在给水管网上安装一个压力表，就可测到一个读数，这个数字就是该点的水压。水压通常用 kg/cm^2 或 kPa 来表示，$1kg/cm^2$ = 100kPa，为了便于计算，也把水压称为“水柱高”，水力学上又称“水头”，其单位换算关系为 $1kg/cm^2$ = 10m 水头 = 100kPa。

水流在运动过程中单位质量液体的机械能的损失称为水头损失，水头损失包括沿程水头损失和局部水头损失。

1）沿程水头损失。沿程阻力是发生于水流全部流程的摩擦阻力，为克服这一阻力而引起的水头损失称为沿程水头损失，用 h_y 表示。

$$h_y=i\times L$$

式中 h_y——管段的沿程水头损失（m）；

i——单位管段长度的水头损失，或称水力坡降（mH_2O/m）；

L——管段长度（m）。

不同给水管的 i 值或 $1000i$ 值可由各水力计算表查出。

2）局部水头损失。水流因边界的改变而引起断面流速分布发生急骤的变化，从而产生的阻力为局部阻力，其相应的水头损失称为局部水头损失，通常用 h_j 表示，出现在管径变化、三通弯头、阀门等处，大小与管线长度无关，其计算较为复杂，通常简化计算采取经验数值——沿程水头损失的百分数来估算，见表2-3。

局部水头损失占沿程水头损失的百分数 表2-3

管网类型		局部水头损失占沿程水头损失的百分数（%）	备注
独用	生活给水管网	25~30	
	生产给水管网	20	
	消火栓消防给水管网	10	
	自动喷水灭火系统消防栓水管网	20	

续表

管网类型		局部水头损失占沿程水头损失的百分数（%）	备注
共用	生活、消防共用给水管网 生产、消防共用给水管网 生活、生产、消防共用给水管网	20 15 20	根据组成共用给水管网的不同比例确定

2.1.3.5　管网水力计算

1. 管网设计和计算步骤

（1）图纸、资料的收集。主要为公园或风景区的设计图纸、说明书等；了解各用水点的用水要求、标高；公园周边城市给水管网情况，包括位置、管径、流量、水压及引用的可能性。如大型公园或风景区采取自设取水设施，必须了解水源的水质状况、流量变化以及取水点、储水位置等。

（2）布置管网。可以是树枝网或环状网或两者结合。在公园设计平面图上，定出给水干管的位置、走向，并对节点进行编号。

（3）定出干管的总计算长度以及各管段的计算长度。

（4）根据输水路线最短的原则，定出各管段的水流方向。

（5）确定管网总流量，求出比流量、各管段沿线流量和节点流量。

（6）根据管网的总流量，作出整个管网的流量分配，并根据经济流速，确定每一管段的管径。除满足经济流速外，还需要保证公园消防要求的水压和流量。

（7）计算各管段的水头损失和各点地形标高，算出水塔高度和水泵的扬程。

2. 树枝网的水力计算

树枝网因每一管段计算流量是确定值，水力计算工作较为简单，从供水量最不利点（即水力控制点）算起，沿线返回，一直算到进水点或二级泵房，算出各管段水头损失、各节点的自由水头以及引水点的水压要求等。

公园引水点所需水压值（或水泵扬程）H:

$$H = H_1 + H_2 + H_3 + H_4$$

式中　H_1——引水点与供水最不利点之间的高程差（m）；

H_2——计算配水点与建筑物进水管的高差（m）；

H_3——计算配水点所需流出的水头（水压）值（mH_2O），随阀门类型而定，一般可取 1.5～2mH_2O 高；

H_2+H_3——计算用水点处的构筑物从地面算起所需的水压值，可参考以下数值：

按建筑物的层数确定从地面算起的最小保证水头值：

平房 10mH_2O，二层 12mH_2O，三层 16mH_2O，以后每增加一层增加 4mH_2O；

H_4——水管沿程水头损失与局部水头损失之和。

$$H_4 = h_y + h_j$$

有条件时，适当考虑一定的富裕水头。

仍以图2–7为例：首先找出管网供水最不利点，从图2–7可以看出，节点4是供水最远最高的控制点，也就定出了管线0–1–2–3–4是整个管网的主干管线，该线逐步按经济管径方法选定管径（图2–7），并从铸铁管水力计算表查得该条管段的水力坡度1000*i*和算出水头损失*h*（表2–4）。

树枝管网各管段的水力坡度和水头损失 **表2–4**

管段编号	管长（m）	流量（m^3/s）	管径（mm）	水力坡度1000*i*	水头损失（m）	流速（m/s）
1	580	49.0	250	6.78	3.89	1.01
2	600	33.7	200	10.60	6.36	1.09
3	320	12.0	150	6.55	2.10	0.69
4	720	5.8	100	13.2	9.50	0.75
5	650	3.2	75	18.8	12.22	0.74
6	390	5.5	100	12.0	4.68	0.72

注：水头损失计算未包括局部水头损失。

按控制点4满足自由水头$H=16m$，则节点4的水压高程为44.69+16.00=60.69m。于是根据各管段的水头损失和各节点的地面高程，可依次算出节点3、2、1的水压高程和自由水头高程，列入表2–5中。

树枝网各节点地面高程和自由水头 **表2–5**

节点编号	地面高程（m）	水压高程（m）	自由水头（m）
1	42.95	78.65	35.70
2	43.81	72.29	28.48
3	43.88	70.19	26.31
4	43.69	60.69	16
5	44.24	66.43	22.19
6	44.67	67.61	22.96

树枝网主干管线各管段的管径、水头损失和各节点水压高程确定后，即可计算最高日最高时引入点的水压或水塔高度。已知0点地面高程为42.08m，点4用水处为三层楼，那么，$H_1 = 44.69 - 42.08$，按规定$H_2 + H_3 = 16$，$H_4 = 3.89 + 6.36 + 2.10 + 9.50$，所以：

$$\begin{aligned} H_p &= H_1 + H_2 + H_3 + H_4 \\ &= (44.69 - 42.08) + 16 + (3.89 + 6.36 + 2.10 + 9.50) \\ &= 40.46\text{m} \end{aligned}$$

式中 H_p——水压或水塔高度

如果采取二级泵站汲水，必须加上水泵的汲水深度。

至于该管网其他支干管段“1－5”、“2－6”的管径，应是在满足支干管各用户不低于要求的自由水头的前提下（如 $H_e=16m$），尽量利用可用的水头值来选择较小管径，降低管网造价。

以管段1－5为例。节点5的水压高程不低于44.24＋16＝60.24m，而1点的高程为78.65m，管段“1－5”之间的可使用水头为78.65－60.24＝18.41m，管段“1－5”的管长为650m，则可选用1000*i*尽量接近但不超过18.41/0.65＝28.32的较小管径，但考虑为支干管，管径不宜太小，故管段“1－5”选用 $d=75mm$，$1000i=18.8$，小于28.32，符合要求，同样选“2－6”管径 $d=100mm$。列入表2-4和表2-5中。最后的结果绘成图2-9。

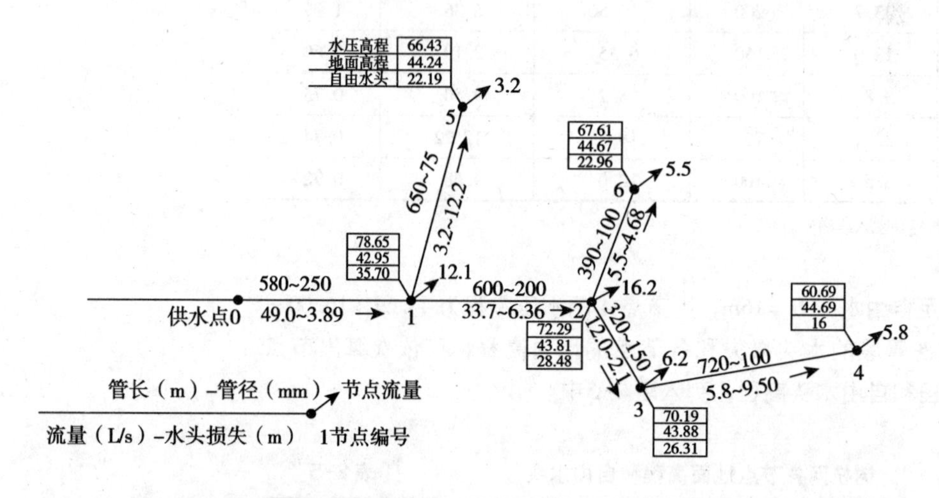

图2-9 给水管网布置图

2.1.4 给水管材和管网敷设

2.1.4.1 给水管材、管件及阀门

给水工程中，管网投资约占工程费的50%～80%，而管道工程总投资中，管材费用至少在1/3以上。

管材对水质有影响，管材的抗压强度影响管网的使用寿命。管网属于地下永久性隐蔽工程设施，要求很高的安全可靠性，管材的配件（包括阀门、接头等）均对管网造成影响。目前常用的给水管材有下列几种：

1）铸铁管：铸铁管分为灰铸铁管和球墨铸铁管。灰铸铁管具有经久耐用、耐腐蚀性强、使用寿命长的优点，但质地较脆，不耐振动和弯折，重量大；球墨铸铁管在抗压、抗振上有很大提高。灰铸铁管是以往使用最广的管材，主要用在*DN*80～1000的地方，但运用中易发生爆管，不适应城市的发展，在国外已被球墨铸铁管代替。球墨铸铁管节省材料，现已在国内一些城市使用。

2）钢管：钢管有焊接钢管和无缝钢管两种。焊接钢管又分为镀锌钢管（白铁管）和非镀锌钢管（黑铁管）。钢管有较好的机械强度，耐高压、振动，重量较轻，单管长度长，接口方便，有强的适应性，但耐腐蚀性差，防腐造价高。镀锌钢管就是防腐处理后的钢管，它防腐、防锈、不使水质变坏，并延长了使用寿命，是室内生活用水的主要给水管材。

3）钢筋混凝土管：钢筋混凝土管防腐能力强，不需任何防腐处理，有较好的抗渗性和耐久性，但水管重量大，质地脆，装卸和搬运不便。其中自应力钢筋混凝土管会后期膨胀，可使管疏松，不用于主要管道；预应力钢筋混凝土管能承受一定压力，在国内大口径输水管中应用较广，但由于接口问题，易爆管、漏水。为克服这个缺陷现采用预应力钢筒混凝土管（PCCP 管），是利用钢筒和预应力钢筋混凝土管复合而成，具有抗振性好、使用寿命长、耐腐蚀、抗渗漏的特点，是较理想的大水量输水管材。

4）塑料管：塑料管表面光滑，不易结垢，水头损失小，耐腐蚀，重量轻，加工连接方便，但管材强度低，性质脆，抗外压和冲击性差。多用于小口径，一般小于 *DN*200，同时不宜安装在车行道下。国外在新安装的管道中占 70% 左右，国内许多城市已大量应用，特别是绿地、农田的喷灌系统中。

5）其他管材：玻璃钢管价格高，且刚刚起步。石棉水泥管易破碎，已逐渐被淘汰。

管材选用取决于承受的水压、价格、输送的水量、外部荷载、埋管条件、供应情况等，可参照表 2-6 中各种管材的特性，其大致适应性如下：

（1）长距离大水量输水系统。若压力较低，可选用预应力钢筋混凝土管，若压力较高，可采用预应力钢筒混凝土管和玻璃钢管。

（2）城市输配水管道系统。可采用球墨铸铁管和玻璃钢管。

（3）室内、小区、绿地中内部。可采用塑料管和镀锌钢管。

6）管件：给水管的管件种类很多，不同的管材有些差异，但分类差不多，有接头、弯头、三通、四通、管堵以及活性接头等。每类又有很多种，如接头分内接头、外接头、内外接头、同径或异径接头等等。图 2-10 为钢管部分管件图。

管材选用 **表 2-6**

管　径	主　要　管　材
≤50	1. 镀锌钢管 2. 硬聚氯乙烯等塑料管
≤200	1. 连续浇注铸铁管，采用柔性接口 2. 塑料管价低，耐腐蚀，使用可靠，但抗压较差
300～1200	1. 铸铁管较为理想，但目前产量少，规格不多，价高 2. 铸铁管价格较便宜，不易爆管，是当前可选用的管材 3. 质量可靠的预应力和自应力钢筋混凝土管，价格便宜可以选用
>1200	1. 薄型钢筋预应力混凝土管，性能好，价格适中，但目前产量较低 2. 钢管性能可靠，价贵，在必要时使用，但要注意内外防腐 3. 质量可靠的预应力钢筋混凝土管是较经济的管材

7）阀门：阀门的种类很多，园林给水工程中常用的阀门按阀体结构形式和功能可分为截止阀、闸阀、蝶阀、球阀、电磁阀等。按照驱动动力分为手

动、电动、液动和气动4种方式。按照承受压力分为高压、中压、低压3类，园林中大多为中低压阀门，以手动为主。

2.1.4.2　管网附属设施

(1) 地下龙头：一般用于绿地浇灌，它由阀门、弯头及直管等组成，通常用*DN*20或*DN*25。一般把部件放在井中，埋深300～500mm，周边用砖砌成井，大小根据管件多少而定，以能人为操作为宜，一般内径（或边长）300mm左右。地下龙头的服务半径50m左右，在井旁应设出水口，以免附近积水。

(2) 阀门井：阀门是用来调节管线中的流量和水压的，主管和支管交接处的阀门常设在支管上。一般把阀门放在阀门井内，其平面尺寸由水管直径及附件种类和数量定，一般阀门井内径1000～2800mm（管径*DN*75～1000时），井口一般*DN*600～800，井深由水管埋深决定。

(3) 排气阀井和排水阀井：排气阀装在管线的高起部位，用以排出管内空气。排水阀设在管线最低处，用以排除管道中沉淀物和检修时放空存水。两种阀门都放在阀门井内，井的内径为1200～2400mm不等，井深由管道埋深确定。

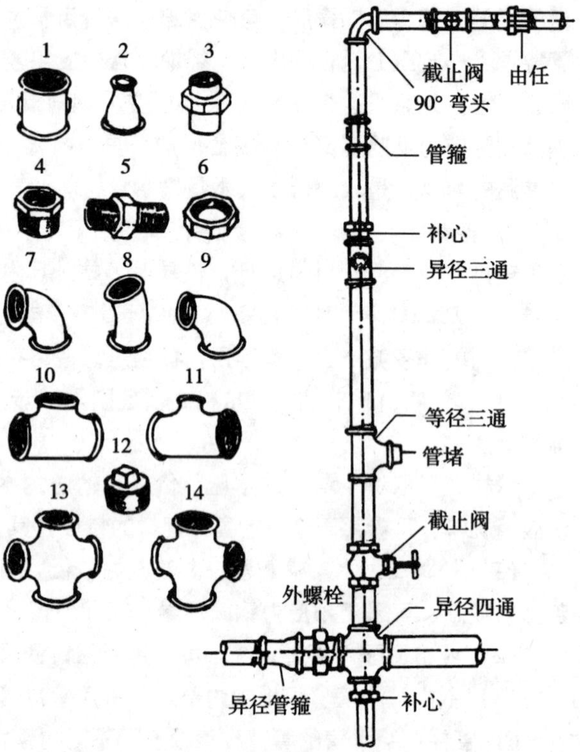

图2-10　钢管管件图
1、3—外接头；2—异径外接头；4—外螺栓；5—内接头；6—外强丝；7、8—弯头；9—异径弯头；10—三通；11—异径三通；12—管堵；13—四通；14—异径四通

(4) 消火栓：分地上式和地下式，地上式易于寻找，使用方便，但易碰坏。地下式适于气温较低地区，一般安装在阀门井内。在城市，室外消火栓间距在120m以内，公园或风景区根据建筑情况而定。消火栓距建筑物在5m以上；距离车行道不大于2m，便于消防车的连接。

(5) 其他：给水管网附属设施较多，还有水泵站、泵房、水塔、水池等等，由于在园林中很少应用，在这不详细说明。

2.1.4.3　给水管网的敷设

城市给水管线基本上埋在道路、绿地下，特殊情况时（如过桥）才考虑敷设在地面上。在公园，绝大部分都在绿地下，部分穿越道路、广场时才设在硬质铺地下；在风景区，部分由于山势、溪河等影响，在气候温暖地区，为节省土方工程，有时设在地面上。

1. 给水管线敷设原则

(1) 水管管顶以上的覆土深度，在不冰冻地区由外部荷载、水管强度、土壤地基与其他管线交叉等情况决定。金属管道一般不小于0.7m，非金属管道不小于1.0～1.2m。

(2) 冰冻地区除考虑以上条件外，还须考虑土壤冰冻深度，一般水管的埋深在冰冻线以下的深度：管径 $d=300\sim600$mm 时，为 $0.75d$，$d>600$mm 时为 $0.5d$。

（3）在土壤耐压力较高和地下水位较低时，水管可直接埋在天然地基上。在岩基上应加垫砂层。对承载力达不到要求的地基土层，应进行基础处理。

（4）给水管道相互交叉时，其净距不小于0.15m，与污水管平行时，间距取1.5m，与污水管或输送有毒液体管道交叉时，给水管道应敷设在上面，且不应有接口重叠，当给水管敷设在下面时，应采用钢管或钢套管。给水管与城市其他构筑物的关系，见表2-7。

给水管与构筑物之间的最小水平净距（m）　　表2-7

构筑物名称	与给水管道的水平净距（L）	构筑物名称	与给水管道的水平净距（L）
铁路钢轨（或坡脚） 道路侧石边缘 建筑物（$D\leqslant200$mm） 建筑物（$D>200$mm） 污水雨水排水管（$D\leqslant200$mm） 污水雨水排水管（$D>200$mm）	5 1.5 1 3 1.0 1.5 0.5 1.0	高压煤气管 热力管 乔木（中心）、灌木 通讯及照明杆 高压铁塔基础边 电力电缆 电信电缆	1.5 1.5 1.5 0.5 3.0 0.5 1.0
低、中压煤气管次高压煤气管			

注：公园的管网由于压力小，其规定可适当降低。

2. 给水管线施工

（1）熟悉设计图纸：熟悉管线的平面布局、管段的节点位置、不同管段的管径、管底标高、阀门井以及其他设施的位置等等。

（2）清理施工场地：清除场地内有碍管线施工的设施和建筑垃圾等。

（3）施工定点放线：根据管线的平面布局，利用相对坐标和参照物，把管段的节点放在场地上，连接邻近的节点即可。如是曲线可按其相关参数或格网放线。

（4）抽沟挖槽：根据给水管的管径确定挖沟的宽度

$$D=d+2L$$

式中　D——沟底宽度（cm）；

d——水管设计管径（cm）；

L——水管安装工作面（cm，一般为30～40cm）。

沟槽一般为梯形，其深度为管道埋深，如遇岩基和承载力达不到要求的地基土层，应挖得更深一些，以便进行基础处理；沟顶宽度根据沟槽深度和不同土壤的放坡系数（参考土方工程的有关章节）决定。

（5）基础处理：水管一般可直接埋在天然地基上，不需要做基础处理；遇岩基或承载力达不到要求的地基土层，应做垫砂或基础加固等处理。处理后需要检查基础标高与设计的管底标高是否一致，有差异需要作调整。

（6）管道安装：在管道安装之前，要准备管材、安装工具、管件和附件等，管材和管件根据设计要求，工具主要有管丝针、扳手、钳子、车丝钳和车床等，附件有浸油麻丝和生料带等；如果其接口不是螺口，而是承插口（如铸铁管、UPVC管等）和平接口（钢筋混凝土管），则须准备密封圈、密封条和胶粘剂等。

材料准备后，计算相邻节点之间需要管材和各种管件的数量，如果是用镀锌钢管则要进行螺纹丝口的加工，再进行管道安装。安装顺序一般是先干管、后支管、再立管，在工程量大和工程复杂地域可以分段和分片施工，利用管道井、阀门井和活接头连接。施工中注意接口要密封稳固，防止水管漏水。

（7）覆土填埋：管道安装完毕，通水检验管道渗漏情况再填土，填土前用砂土填实管底和固定管道，不使水管悬空和移动，防止在填埋过程中压坏管道。

（8）修筑管网附属设施：在日常施工中遇到最多的是阀门井和消火栓，要按照设计图纸进行施工。地上消火栓主要是管件的连接，注意管件连接件的密封和稳定，特别是消火栓的稳固更重要，一般在消火栓底部用C30混凝土作支墩与钢架一起固定消火栓。地下消火栓和阀门一样都设在阀门井内，阀门井由井底、井壁、井盖和井内的阀门、管件等组成；阀门、管件等的安装与给水管网的水管一样，主要是连接的密封和稳定；阀门井的井底在有地下水的地方用C15~C20厚60~80mm素混凝土，在没有地下水的地方可用碎石或卵石垫实；井壁用MU5左右的黏土砖砌筑，表面用1∶3的水泥砂浆饰面；井盖用预制钢筋混凝土或金属井盖。

2.2 喷灌设计

园林绿地中的灌溉方式原来一直是人工施管浇灌，劳动强度大，浪费时间和精力，同时用水也不经济。近年来，随着经济、社会的发展、人们对绿地、环境的要求越来越高、城市绿化广场（特别是草坪面积）的增加、高标准的运动场（足球场、高尔夫球场、网球场）等的兴起以及城市水资源的缺乏，一种新型的灌溉方式——喷灌逐渐发展起来。

喷灌和其他灌溉方式比较具有许多优点，如有利于浅浇勤灌、节约用水、改善小气候、减少劳动强度等；它是一种先进的灌溉方式，现在已广泛地运用在公园、城市广场以及农业生产上。因喷灌近似于天然降水，对植物全株进行灌溉，可以洗去植株叶面上的尘土，增加空气湿度，但相对而言初期的投资较大。

喷灌系统布置与给水系统相似，由于是生产用水，其水源可以是城市自来水，也可以是地表水及地下水。喷灌系统提供喷头正常工作所必要的工作压力，保证喷头能正常工作。同时喷灌管网可以利用阀门分片、分区或分线路控制喷头工作，这样可以节省管材、减少投资。

2.2.1 喷灌形式

依喷灌方式，喷灌系统可分为移动式、半固定式、固定式三种。

（1）移动式喷灌系统：这种喷灌系统适合有天然水源（池塘、河流等）的园林绿地灌溉。其动力（电动机、发电机等）、水泵、管道和喷头等都是可以移动的，由于设备、管道等不必埋在地下，所以投资较省、机动性较强。但操作不便，移动管子时容易损坏作物并使土壤板结。

（2）固定式喷灌系统：这种喷灌系统有固定的泵房，阀门设备、管道都埋在地下，喷头固定在立管上，有时也可以临时安装。现在运用较多的地埋伸缩式喷头，连喷头也埋在地下，平时缩入套管或检查井内，工作时，利用水压，喷头上升一定高度后喷洒。现在公园、广场、运动场等的草坪上应用较广。

固定式喷灌系统设备费用较高，一次投资较多。但节省人工、水量，便于实现自动化和遥控操作，从长远角度看还是比较经济的。

（3）半固定式喷灌系统：其泵房、干管固定或埋入地下，支管和喷头可以移动，优缺点介于以上两者之间。多应用在大型花圃、苗圃以及菜地，公园的树林区也可以运用。

以上三种形式根据基地条件灵活采用。这里主要介绍固定式喷灌系统。

2.2.2 固定式喷灌系统设计

2.2.2.1 基础资料的收集

（1）地形图：比例尺为 1/1000～1/500 的地形图，了解设计区域的形状、面积、位置、地势等。

（2）气象资料：包括气温、雨量、湿度、风向风速等，其中风对喷灌影响最大。

（3）土壤资料：主要是土壤的物理性能，包括土壤的质地、持水能力、土层厚度、汲水能力等，土壤的物理性能是确定喷灌强度和灌水定额的依据。

（4）植被情况：植被的种类、种植面积、根系情况等。

（5）水源条件：城市自来水或天然水源。

（6）动力来源：电力或柴油机。

2.2.2.2 喷灌喷头的布局

固定式喷灌系统引水方式一般是：外部引水至泵房，通过水泵加压再输送给主管，主管输给（次主管至）支管，支管上竖立管再接喷嘴，在次主管或支管上设阀门控制喷嘴数量和喷洒面积。

（1）喷洒方式：喷嘴喷洒的形状有圆形和扇形，一般扇形只用在场地的边角上，其他用圆形。

（2）喷头布置形式：也叫喷头的组合形式，指各喷头的相对位置的安排。在喷头射程相同的情况下，不同的布置形式，其支管和喷头的间距也不相同。表 2-8是常用的几种喷头布置形式和有效控制面积及使用范围。

几种喷头布置形式　　表 2-8

序号	喷头组合形式	喷洒方式	喷头间距 L、支管间距 b、喷头射程 R 的关系	有效控制面积 S	应用范围
A		全圆	$L=b=1.42R$	$S=2R^2$	在风向改变频繁的地区效果较好
B		全圆	$L=1.73R$ $b=1.5R$	$S=2.6R^2$	在无风的情况下喷洒的效果最好
C		扇形	$L=R$ $b=1.73R$	$S=1.73R^2$	较 A、B 节省管道，但多用了喷头
D		扇形	$L=R$ $b=1.87R$	$S=1.87R^2$	较 A、B 节省管道，但多用了喷头

(3) 喷头及支管间距：在确定喷头的布置形式后，选择合适的喷嘴，每个正规厂家的产品都标明了喷嘴的型号、射程、喷嘴流量、工作压力等，然后根据喷嘴的射程 R 确定喷头的间距 L 和支管间距 b。在确定布置形式和间距时，必须考虑风的影响，在不同的风力条件下，喷洒的效果大不相同，这是一个有待研究的课题。表 2-9是美国"Rainbird"公司的喷头组合间距建议值。

风速与喷洒间距　　表 2-9

平均风速（m/s）	喷头间距 L	支管间距 b	平均风速（m/s）	喷头间距 L	支管间距 b
<3.0	$0.8R$	$1.3R$	4.5～5.5	$0.6R$	R
3.0～4.5	$0.8R$	$1.2R$	>5.5	不宜喷灌	

2.2.2.3　喷灌系统的计算

在确定喷灌的布置形式、选择合适的喷嘴后，须确定立管、支管、主管的管径、每次喷灌所需要的时间、每管段的水头损失、引水点或泵房所需要的工作压力和扬程。

1. 选择管径

根据所选喷嘴流量 Q_p 和接管管径，确定立管管径。按照布置形式、支管上喷嘴的数量，得出支管的水流量 Q。

$$Q = \sum Q_p$$

流量 Q 计算出来后，查水力计算表，即可得到支管的流速 v 和管径 DN。

主管管径 DN 的确定与主管上连接支管的数量以及设计同时工作的支管的数量有关，主管的流量 Q 随同时工作的支管数量变化而变化。

【例 2-1】 一根喷灌主管上接有 8 根支管，每根支管上有 4 个喷嘴，已选喷嘴的流量 $Q_p = 0.9\text{m}^3/\text{h}$，喷嘴的连接管 $DN = 20\text{mm}$，设计要求至少 2 组喷嘴能同时工作，求出立管、支管和主管管径。

【解】 $Q_p = 0.9\text{m}^3/\text{h}$

每根支管的流量：$Q = 4Q_p = 4 \times 0.9 = 3.6\text{m}^3/\text{h}$

主管的设计流量：$Q_z \geqslant 2Q = 7.2\text{m}^3/\text{h}$

喷灌系统为便于安装和运输，一般多用钢管和 UPVC 塑料管，现采用镀锌钢管，查钢管水力计算表得：

立管 $DN = 20\text{mm}$，支管 $DN = 40\text{mm}$，主管 $DN = 50\text{mm}$。

2. 计算喷灌时间

每次给草坪或花圃等灌溉有一定时间，既能保证草皮或花卉的需要，又不造成水量过多而流失。喷头的喷洒时间可用下列公式计算：

$$t = mS/(1000Q_p)$$

式中 t——喷灌时间（h）；

m——设计喷灌定额（mm）；

S——喷头有效控制面积（m^2）；

Q_p——喷头喷水量（m^3/h）。

1）设计灌水定额。灌水定额是指一次灌水的水层深度（单位：mm）或一次灌水单位面积的用水量（m^3/hm^2）。而设计灌水定额是指作为设计依据的最大灌水定额。计算设计灌水定额的目的是：既能保证草皮或花卉的需要，又不造成水量过多而浪费。计算的方法有下列两种：

一是利用土壤田间持水量资料计算：田间持水量是指在排水良好的土壤中，排水后不受重力影响而保持在土壤中的水分含量，通常以占干土重量的百分比表示，也可以用体积的百分比表示。植物主要根系活动层土壤的田间持水量，对于确定灌水时间和灌水水量是一个重要指标。

土壤含水量超过田间持水量时，多余的水形成重力水下渗，不能为植物所利用。土壤水分占田间持水量的 80% ~ 100% 时，一般认为此时为最佳湿度，也就认定为灌水的上限；土壤含水量低于田间持水量的 60% ~ 70% 时，植物汲水困难，需给土壤补充水分，就认定为灌水的下限。根据植物根系活动深度、田间持水量、土壤密度得出设计灌水定额 m 如下（表 2-10）：

$$m = 10rh\ (P_1 - P_2)/\eta$$

式中 m——设计灌水定额（mm）；

r——土壤密度（g/cm^3）；

h——计算土层深度，即植物主要根系活动层深度（cm），草坪、花卉可取 $h=20 \sim 30cm$；

P_1——适宜的土壤含水量上限（重量百分比），取田间持水量80%～100%；

P_2——适宜的土壤含水量下限（重量百分比），取田间持水量60%～70%；

η——喷灌时水的利用系数，一般取 $\eta=0.7 \sim 0.9$。

几种常见土壤的密度和田间持水量 **表2-10**

土壤质地	密度（g/cm^3）	田间持水量		土壤质地	密度（g/cm^3）	田间持水量	
		重量（%）	体积（%）			重量（%）	体积（%）
紧砂土	1.45～1.60	16～22	26～32	重粉质黏土	1.38～1.54	22～28	32～42
粉土	1.36～1.54	22～30	32～42	轻黏土	1.35～1.45	28～32	40～45
轻壤土	1.40～1.52	22～28	30～36	中黏土	1.30～1.45	25～35	35～45
中壤土	1.40～1.55	22～28	30～35	重黏土	1.32～1.40	30～35	40～45

公式中的 P_1、P_2（重量百分比），也可以改用 P_1'、P_2'（体积百分比）进行计算：$P'=r \cdot P$，上述公式改为：

$$m=h\ (P_1'-P_2')\ /\eta$$

式中，h 的单位改为mm，其他不变。

二是利用土壤有效持水量资料计算设计灌水定额。有效持水量是指可以被植物吸收的土壤水分。灌溉应当是补充土壤中的有效水分，因此，可根据有效持水量来计算灌水定额。在计算时还要考虑到土壤有效持水量是边被植物消耗边进行补充的。不同的土壤，栽植的植物不同，其允许消耗占有效持水量的百分比也不同。通常消耗有效持水量的1/3～2/3时，需补充水分。

$$m=1000\alpha hP/\eta$$

式中 m——设计灌水定额（mm）；

α——允许消耗的水分占有效持水量的百分比，见表2-11；

P——土壤的有效持水量（体积百分比），见表2-12；

h——计算土层深度（m）；

η——灌水利用系数，$\eta=0.7 \sim 0.9$。

土壤水分允许消耗值 **表2-11**

植物种类	允许土壤消耗占有效持水量的百分比
生产价值高，对水分敏感的植物（如花卉、蔬菜等）	33
生产价值与根深中等的植物	50
生产价值低，抗旱性强的根深植物（耐旱的草坪与大田作物等）	67

几种常见土壤的有效持水量 **表 2-12**

土壤类别	有效持水量（体积百分比）		土壤类别	有效持水量（体积百分比）	
	范围	平均值		范围	平均值
粗砂土	3.3~6.2	4.0	中壤土	12.5~19.0	16.0
细砂土和壤砂	6.0~8.5	7.0	黏壤土	14.5~21.0	17.5
粉土	8.5~12.5	10.5	黏土	13.5~21.0	17.0

以上计算的结果是设计灌水定额，也就是最大灌水定额，实际上植物在不同的生长发育阶段和一年不同的季节，对水量的要求也不同。为了方便，都按设计灌水定额计算。以下为灌水定额的参考数值：小麦、玉米等大田作物一般为225~375m^3/hm^2，蔬菜为75~150m^3/hm^2，草坪和灌木，温暖地区为25mm/周，炎热地区为44mm/周。

2）设计灌水周期。灌水周期也称轮灌期。在喷灌系统设计中，需要确定植物消耗水分最多时的水量和允许最大灌水间隔时间。灌水周期可以用下列公式表示：

$$T = m \times \eta / n$$

式中 T——灌水周期（d）；

m——灌水定额（mm）；

n——植物日平均耗水量或土壤水分消耗速率（mm/d）；

η——喷灌水利用系数取0.7~0.9。

以上公式只能粗略估算灌水周期，因为植物消耗水分难以计算准确，不能正确反映某地块的具体灌溉情况，需要经常测定土壤水分和物理性能，以便掌握适当的灌水时间。目前，园林上还没有具体的灌水周期，农业上，大田作物一般为5~10d，蔬菜为1~3d。

3）喷灌强度及喷灌有效面积。单位时间喷洒于田间的水层深度称喷灌强度ρ，单位一般用mm/h表示。喷灌系统中，喷头的实际控制面积即为喷灌有效面积。一个喷头的流量确定后，其喷灌强度和喷灌有效面积互为倒数的关系：即喷灌强度越大则喷灌有效面积越小，反之喷灌强度越小则喷灌有效面积越大。喷灌强度选择很重要，强度过大，水分不能完全被植物和土壤吸收，形成地表径流或积水，造成水土流失；相反则喷灌时间太长，水量蒸发损失大，效果不好。喷头的喷灌强度由喷头的性能确定，喷灌系统的组合喷灌强度除喷头的性能外，还与喷头的布置形式、间距等有关；同样，喷灌的有效面积也与这些因数有关。

$$\rho = 1000 Q_p / S$$

式中 ρ——喷灌强度（mm/h）；

Q_p——喷头喷水量（m^3/h）；

S——喷头控制面积（m^2）。

喷头的喷灌强度由喷嘴的型号决定，是指喷头作圆形喷洒时计算的强度。

$S=\pi r^2$（r 为射程），$\rho_s=1000Q_p/\pi r^2$。在喷灌系统中，单个喷嘴的实际控制面积并不是 πr^2，其组合喷灌强度可用下列公式计算：

$$\rho=C_\rho\times\rho_s$$

式中 ρ——喷灌系统的组合喷灌强度（mm/h）；

C_ρ——换算系数；

ρ_s——喷头设计喷灌强度（mm/h）。

换算系数是喷头以射程为半径作全圆喷洒时的面积与喷头的实际控制面积的比值。$C_\rho=\pi r^2/S$，所以，它与喷洒方式、同时工作的喷头的布置形式以及喷头间距有关。由此看来，只要知道喷嘴的性能和某种喷洒组合形式的换算系数，就可得出喷灌强度以及喷头的实际控制面积。

喷头组合形式和喷洒方式可分为：单喷头喷洒、单行多喷头喷洒和多行多喷头喷洒三种。

（1）单喷头喷洒：计算方便，喷头作全圆喷洒时，其喷灌强度 $\rho=\rho_s$。作扇形喷洒时与喷洒的角度有关（表 2-13）。

单喷头喷洒的 C_ρ 值 **表 2-13**

扇形中心角 θ（°）	C_ρ	扇形中心角 θ（°）	C_ρ
360	1.0	240	1.50
300	1.2	180	2.00
270	1.34	90	4.00

（2）单行多喷头喷洒：这种喷灌方式可用在单支管的移动喷灌管道系统和支管逐条轮灌或间支轮灌的固定喷灌管道系统，其组合喷灌强度决定于喷头间距 a。

设：$a=Kr$

式中 a——喷头间距（m）；

K——喷头间距与喷头射程的比值；

r——喷头射程（m）。

C_ρ 是 K 的函数，其关系如图 2-11 所示。

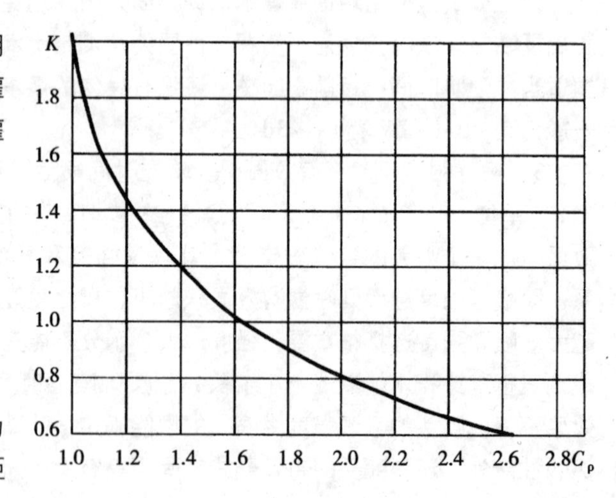

图 2-11 单行多喷头全圆周喷洒时 K—C_ρ 关系

【例 2-2】 有一支管，采用喷头的流量为 $Q_p=2.0\text{m}^3/\text{h}$、射程 $r=12\text{m}$，喷头的间距 $a=15\text{m}$。求该支管的组合喷灌强度和每个喷头的实际控制面积。

【解】

$$\rho_s=1000Q_p/(\pi r^2)$$
$$=1000\times2/(3.14\times12^2)$$
$$=4.42\text{mm/h}$$
$$K=a/r=15/12=1.25$$

查 $K—C_\rho$ 关系图

$$C_\rho = 1.35$$

$$\rho = C_\rho \times \rho_s = 5.97\text{mm/h}$$

$$S = \pi r^2 / C_\rho = 334.93\text{m}^2$$

③多行多喷头喷洒：相邻多行支管上的多个喷头使用时作全圆形喷洒。

$$S = a \times b$$

$$\rho = 1000Q_p / S = 1000Q_p / ab$$

式中 S——喷头的实际控制面积（m^2）；

a——喷头间距（m）；

b——支管间距（m）；

ρ——喷灌组合强度（mm/h）；

Q_p——喷灌流量（m^3/h）。

3. 喷灌管道的水力计算

喷灌系统与给水管道系统相仿，喷头工作也需要工作压力，而喷灌管道同样有水阻，水在管道内流动也会有水头损失，需要计算水头损失来确定引水点的水压或加压泵的扬程，以便选择合适的水泵型号。

水头损失包括沿程水头损失和局部水头损失。沿程水头损失可以查管道水力计算表，也可以用下列公式计算；局部水头损失一般计算较繁琐，可以估算为沿程水头损失的10%～15%。

$$h_f = LV^2 / C^2 R \text{（谢才公式）}$$

式中 h_f——沿程水头损失（m）；

L——管道长度（m）；

V——管中水流平均速度（m/s）；

R——水力半径（m），对于圆管 $R = d/4$，d 为水管的计算半径（m）；

C——谢才系数（m/s），常用满宁公式计算。

$$C = R^{1/6} / n$$

n 为粗糙系数（表2-14）。

各种管材的粗糙度系数 *n* 值 **表2-14**

管道种类	n
各种光滑的塑料管（如PVC、PE管）	0.008
玻璃管	0.009
石棉水泥管、新钢管、新的铸造很好的铁管	0.012
铝合金管、镀锌钢管、棉塑软管、涂釉缸瓦管	0.013
使用多年的旧钢管、旧铸铁管、离心浇筑的混凝土管	0.014
普通混凝土管	0.015

将上述公式的有关数值代入并化简：

$$h_f = 10.28n^2LQ^2/d^{5.33}$$

设 $S_{of} = 10.28n^2/d^{5.33}$，$S_{of}$称为单位（或每米）管长沿程阻力系数（表2-15）。

$$h_f = S_{of}LQ^2$$

式中　L——管长（m）；

　　Q——管中流量（m^3/s）。

喷灌管道系统的水力计算与给水管道系统基本相同，但还有它的特殊性。在喷灌管道系统中，一根支管上有许多立管和喷头，在喷头工作时，支管上每隔一段距离都有水喷出，其支管上的水量由干管接口处到支管末端是渐渐减少的。在求取它们的水头损失时，应该分段计算，但这种计算很麻烦，为简化计算程序，引入“多口系数”的概念。“多口系数”是假定支管上各孔口的流量相同，依孔口数目求得的一个折算系数。

单位管长沿程阻力系数 S_{of}值（s^2/m^6）　　**表2-15**

管内径 d（mm）	粗糙系数 n							
	0.008	0.009	0.010	0.011	0.012	0.013	0.014	0.015
25	227940	288200	355900	431000	512500	602500	697500	774000
40	183850	23270	28700	34800	41400	48600	56250	64600
50	5600	7060	8710	10550	12600	14750	17120	19590
75	658	824.8	1015	1221	1480	1738	2015	2270
80	470	591	729	884	1057	1240	1440	1638
100	140	179	221	268	315	370	429	479
125	43.0	54.1	66.8	80.9	96.8	113.6	131.8	150.0
150	16.3	20.5	25.3	30.7	36.7	43	49.9	56.9
200	3.46	4.38	5.41	6.55	7.80	9.15	10.60	12.15
250	1.06	1.33	1.645	1.99	2.39	2.80	3.26	3.70
300	0.404	0.505	0.623	0.755	0.908	1.066	1.237	1.400
350	0.178	0.228	0.282	0.341	0.400	0.470	0.545	0.634
400	0.088	0.110	0.135	0.163	0.197	0.232	0.269	0.304
450	0.0467	0.0595	0.0735	0.089	0.105	0.123	0.143	0.165
500	0.0266	0.0335	0.0411	0.0498	0.0597	0.0701	0.0813	0.0925
600	0.01005	0.0128	0.0158	0.0191	0.0226	0.0265	0.0308	0.0354
700	0.00442	0.00559	0.0069	0.00835	0.00993	0.01166	0.01352	0.0155
800	0.00216	0.00274	0.00338	0.00405	0.00487	0.00572	0.00663	0.00761
900	0.00115	0.00146	0.0018	0.00218	0.00259	0.00305	0.00354	0.00405
1000	0.00066	0.00083	0.00103	0.00124	0.00148	0.00174	0.00202	0.00231

使用表2-16时，应先计算支管第一个喷头至支管进口的距离与喷头间距

的比值 X，然后查表得出相应的 F 值。

【例 2-3】 设有一长 56m 的喷灌支管，管径为 50mm 的 PVC 管，管上装有 4 个喷头，第一喷头距干管 8m，喷头间距为 16m，每个喷头喷水量为 $4.5m^3/h$，求支管的沿程水头损失。

【解】 进入该支管的流量 Q 为 $4.5m^3/h \times 4 = 18m^3/h$

用谢才公式求 h_f，从表 2-15 查得 $S_{of} = 5600s^2/m^6$

$$h_f = 5600 \times 56 \times (0.005m^3/s)^2 = 7.84m$$

喷头数为 4，$X = 8/16 = 1/2$

由表 2-16 中 $m = 2$ 查得多口系数 $F = 0.393$，故支管沿程水头损失为：

$$h_f = 7.84m \times 0.393 = 3.08m$$

上面讲叙的是喷灌的基本知识，其实喷灌系统的设计较复杂，它与基地的形状、坡度、风向等有关。

园林中运用的喷嘴有：摇摆式喷头（用于苗圃、花圃和树林中等）、地埋式喷头（用于运动场、大草坪等）、孔管式喷头、微喷头（用于温室、小块绿地、宅院等）和滴灌喷头（用于盆花、研究室等），如图 2-12 所示。

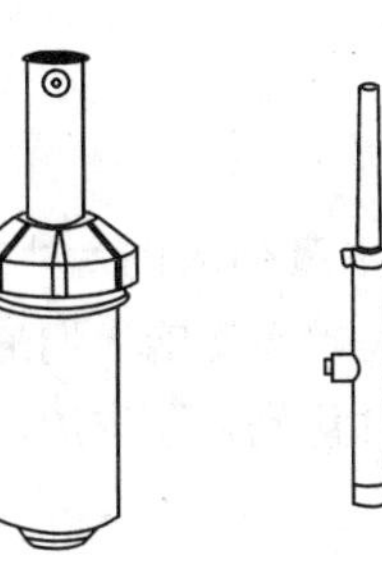

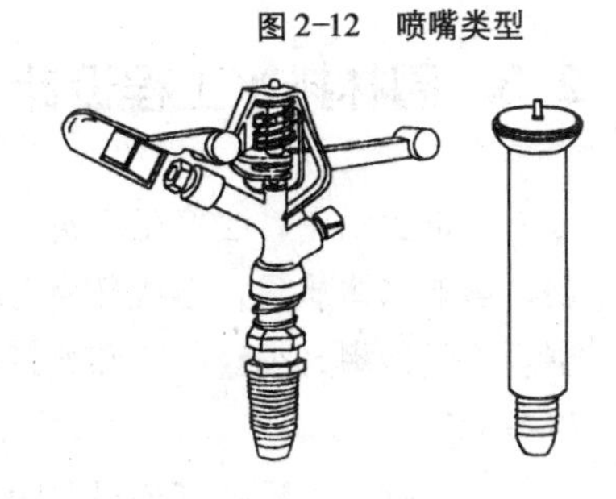

图 2-12　喷嘴类型

多口系数 F 值　　　　表 2-16

孔口数 N	多口系数 F					
	X=1			X=1/2		
	m=2.0	m=1.90	m=1.875	m=2.0	m=1.90	m=1.875
2	0.625	0.634	0.639	0.500	0.512	0.516
3	0.518	0.528	0.535	0.422	0.434	0.442
4	0.469	0.480	0.486	0.393	0.405	0.413
5	0.440	0.451	0.457	0.378	0.390	0.396
6	0.421	0.433	0.435	0.369	0.381	0.385
7	0.408	0.419	0.425	0.363	0.375	0.381
8	0.398	0.410	0.415	0.358	0.370	0.377
9	0.391	0.402	0.409	0.355	0.367	0.374
10	0.385	0.396	0.402	0.353	0.365	0.371
11	0.380	0.392	0.397	0.351	0.363	0.368
12	0.376	0.388	0.393	0.349	0.361	0.366
13	0.373	0.384	0.391	0.348	0.360	0.365
14	0.370	0.381	0.387	0.347	0.358	0.364
15	0.367	0.379	0.384	0.346	0.357	0.363
16	0.365	0.377	0.382	0.345	0.357	0.362

续表

孔口数 N	多口系数 F					
	X = 1			X = 1/2		
	m = 2.0	m = 1.90	m = 1.875	m = 2.0	m = 1.90	m = 1.875
17	0.363	0.375	0.380	0.344	0.356	0.361
18	0.361	0.373	0.379	0.343	0.355	0.361
19	0.360	0.372	0.377	0.343	0.355	0.360
20	0.359	0.370	0.376	0.342	0.354	0.360
21	0.357	0.368	0.374	0.341	0.353	0.359

注：m = 2.0 适用于谢才公式；m = 1.90 适用于斯柯贝公式；m = 1.875 适用于哈 - 威公式。

2.3 园林排水工程设计

日常生活中，会产生大量与用水量相应的污水，其中含有大量的有害物质，影响水体质量，造成环境污染，严重影响人们的身体健康，阻碍社会的发展。这些污水必须经收集和处理，才能利用和排放，以保持良好的自然生态环境条件。

公园排水工程的任务是：收集污水，利用管渠排入城市排水体系中去，疏导雨水排入公园水体或城市排水系统，风景区由于离城市较远，需自设污水处理及设施，以便保持风景区洁净的环境。

2.3.1 概述

2.3.1.1 污水的分类

污水按照来源和性质分为三类：生活污水、工业废水和降水。

(1) 生活污水。指人们在日常生活中所使用过的水，主要包括从住宅、机关、学校以及其他公共建筑和工厂内人们日常生活所排出的水。在园林中主要是指从办公楼、餐厅、茶座、厕所排出的水。生活污水中含有许多有机物和病原微生物等，需要经过处理后才能排入水体、浇灌农田、绿地或再利用。

(2) 工业废水。指工业生产过程中产生的或使用过的水，来自车间、矿场等地。其水质随工业性质、工业过程以及生产管理水平不同有很大差异，根据其污染程度不同，又分为生产废水和生产污水，这类废水在园林中不多。

(3) 降水。降水指在地面上径流的雨水和冰雪融化水，降水的特点是集中，径流量大。降水一般较清洁，但初期的雨水，由于淋洗大气及冲洗建筑物、地面等带来的各种污染物，通常比较脏，会有较多污染物。

园林中排水主要是排除生活污水和降水，否则将影响环境卫生、污染水体、造成路面或场地积水，影响使用和植物的生长。

2.3.1.2 排水工程系统的组成

在园林中主要是排除生活污水和降水，那么，就有生活污水排水系统和雨水排水系统。

1）生活污水排水系统。它的任务是收集园林中各类建筑的污水，排至城市生活污水管道系统或自行处理。包括下面几个方面：

（1）污水管道系统和设备。收集建筑室内生活污水并将其排出至室外庭院的污水管道中。

（2）室外污水管道系统。分布在房屋出户管以外，布置在公园中、埋在地下靠重力流输送，生活污水经园内污水管道系统再流向城市管道系统。城市污水管道系统也属于室外污水管道系统。

在城市园林中，污水管道系统只包括上述两项，在离城市较远地段的风景区须自行设置以下部分：

（1）污水泵站及压力管道。污水一般以重力流排除，但受到地形等条件的限制需把低处的污水向上提升，需设泵站，并相应地设压力管道。

（2）污水处理与利用建筑物。城市的污水处理厂和风景区的污水处理设施。

（3）出水口。经过处理的污水排入自然水面的出口。

2）雨水排水系统。园林中的雨水排水系统主要用来收集径流的雨水，将其排入园林中的水体或城市雨水排水系统。包括：

（1）房屋雨水管道系统和设备。收集房屋的屋面雨水，包括天沟、竖管及房屋周边的雨水沟。

（2）公园雨水管渠系统。包括雨水管渠、雨水井、检查井、跌水井等等。

（3）出水口。雨水排入天然水体的出口。

2.3.1.3　排水工程系统的体制

对生活污水、工业废水和降水所采用的不同的排除方式所形成的排水系统，称为排水体制，又称排水制度。可分为合流制和分流制两类。

（1）合流制排水系统。将生活污水、工业废水和雨水混合在一个管渠内排除的系统。又分为直排式合流制、截流式合流式和全处理合流制。

（2）分流制排水系统。将生活污水、工业废水和雨水分别在两个或两个以上各自独立的管渠内排除的系统。又可分为：完全分流制、不完全分流制和半分流制。

2.3.2　园林排水特点及排水方式

2.3.2.1　园林排水特点

（1）排水主要是雨水和少量污水。

（2）公园、风景区大多具有起伏的地形和水面，有利于地面积水和雨水的排除。

（3）园林中有大量的植物，可以吸收部分雨水，同时还需考虑旱季植物对水的需要，要注意保水。

（4）园林排水方式可采取多种形式，在地面上的形式应尽可能结合园林造景。

2.3.2.2　园林排水方式

园林排水特点决定园林的排水方式：以地面排水方式为主，结合沟渠和管道排水，我国大部分公园绿地中都是采用的这种方式。

1）地面排水。有效地利用园林中的地形条件，通过竖向设计将谷、涧、沟、道路等加以组织，划分排水区域，并就近排入园林水体或城市雨水干管。

地面排水方式可以归结为四个字：拦、蓄、分、导。

（1）拦：把地表水有组织地拦截，减少地表径流对园林建筑及其他重要景点的影响。

（2）蓄：利用绿地保水、蓄水和地表洼地与池塘蓄水。

（3）分：用山石、地形、建筑墙体将大股地表径流分成多股细流以减少危害。

（4）导：把多余的地表水或造成危害的地表径流通过地表、明沟和管渠及时排至水体或城市雨水干管。

2）明沟排水。利用各种明沟，将地表水有组织地排放，明沟的坡度根据材料而定，不小于0.4%，常见的明沟断面形式如图2-13所示。

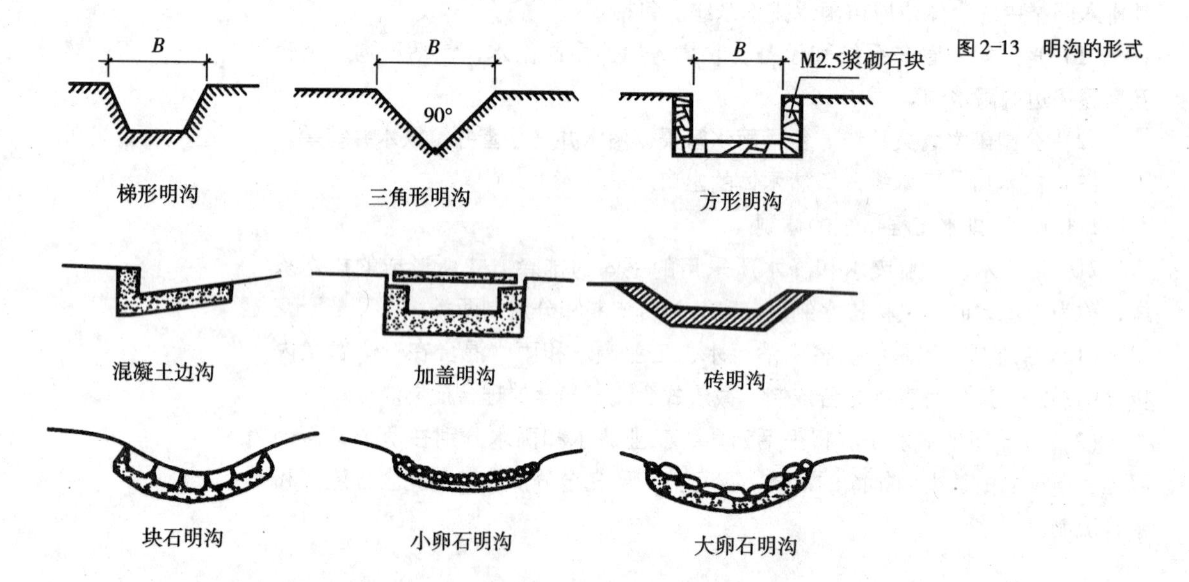

图2-13　明沟的形式

3）管道排水。主要用于排除园林生活污水、低洼地雨水或公园中没有自然水体时的雨水。在园林中雨水排放尽可能利用地面和沟渠排水方式，管道排水只是辅助方式，一方面是经济条件的原因，另一方面园林由于地形多变，可以利用山谷、磴山道进行排水，不但解决了排水的工程问题，而且可以结合造景。在自然环境申明沟可以做成自然式浅沟，结合道路的曲折变化成为一景。

2.3.3　地表径流的排除

地表径流是指经土壤、地被物吸收、填充洼地及在空气中蒸发后余下的在地表面流动的那部分降水。地表径流的总量并不大，但全年的雨水绝大部分常在极短时间内倾泻而下，形成过大的流速，从而冲蚀地表土层，造成危害。自然界中的山洪暴发就是由于这种原因造成的，在公园中（尤其是风景区），处理得不好，也会发生一定程度的危害。解决的方法有下列几个方面：

2.3.3.1　竖向设计

（1）控制地面坡度，使之不要过陡，不至于造成过大的地表径流速度。如果坡度大而不可避免，需设加固措施。

（2）同一坡度（即使坡度不大）的坡面不宜延续过长，应有起伏变化，坡度陡缓不一，以免地表径流一冲到底，造成大的地表径流。

（3）利用顺等高线的盘谷山道、谷线等组织拦截，分散排水。

2.3.3.2　工程措施

在园林中，除了在竖向设计中考虑外，有时还必须采取工程措施防止地表冲刷，也可以结合景点设置。常用的工程措施有：

（1）消能石（谷方）。在山谷及沟坡较大的汇水线上，容易形成大流速地表径流，为防止其对地表的冲刷，在汇水区布置一些消能叠石，减缓水流的冲力，保护地表。自然界中河流中的小洲、溪涧中的分水石是例。消能石需深埋浅露，布置得当，还能成为园林中动人的水景。

（2）挡水石和护土筋。利用山道边沟排水，坡度变化较大时，为减少流速大的水流对道路的冲击，常在道路旁或陡坡处设挡水石，结合道路曲线和植物种植可形成小景（图2-14）。

利用山道边沟排水，坡度大或同一坡度很长时，为减少水流对边沟的冲刷以及形成大的地表径流，往往在边沟中设置护土筋，用砖石或其他块材成行布置，露出地面30～50mm，每隔一定距离（10～20m）设置3～4道，与道路中线成75°左右布置，成鱼骨状，如图2-15所示。在山道边沟排水中，还可以用石衬砌，减少水土冲刷。

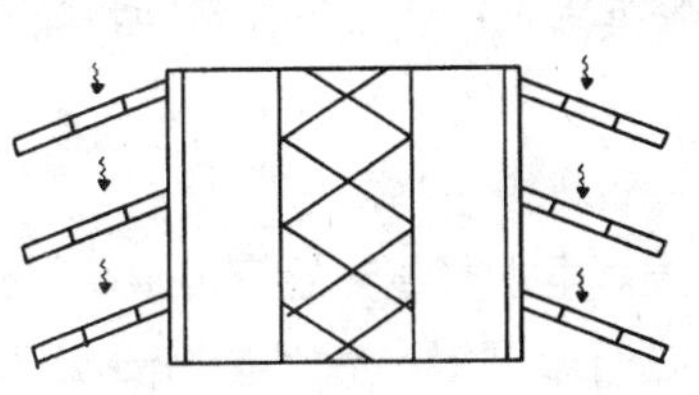

图2-14　路旁挡水石（左）

图2-15　边沟护土筋（右）

(3) 出水口。园林中利用地面或明渠排水，在排入园内水体时，为了保持岸坡结构稳定，可结合造景，对出水口做一些消能处理（图2-16）。园林排水应结合理水、道路布局等，布置成各种不同的水景（图2-17）。

2.3.3.3　利用植物

园林中要求没有裸露地面，一方面是为了减少扬尘，另一方面就是减少地表冲刷。同时植物可以吸收一部分水分，植物防地表冲刷主要是利用草皮和地被植物。

2.3.3.4　埋管排水

在地势低洼处，无法用地面排水时，可采用管渠进行排水，尽快地把公园内的积水排入园内水体或城市排水管道中。

水体
水体
消力阶
消力块
拦栅式
礓礤

图2-16　出水口消能方式

下
下
台阶
石桌
石凳
台阶
水面
平面图
效果图

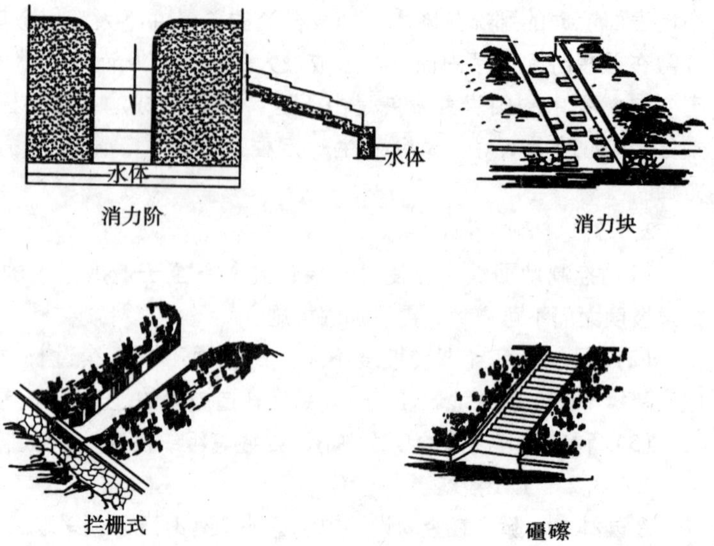

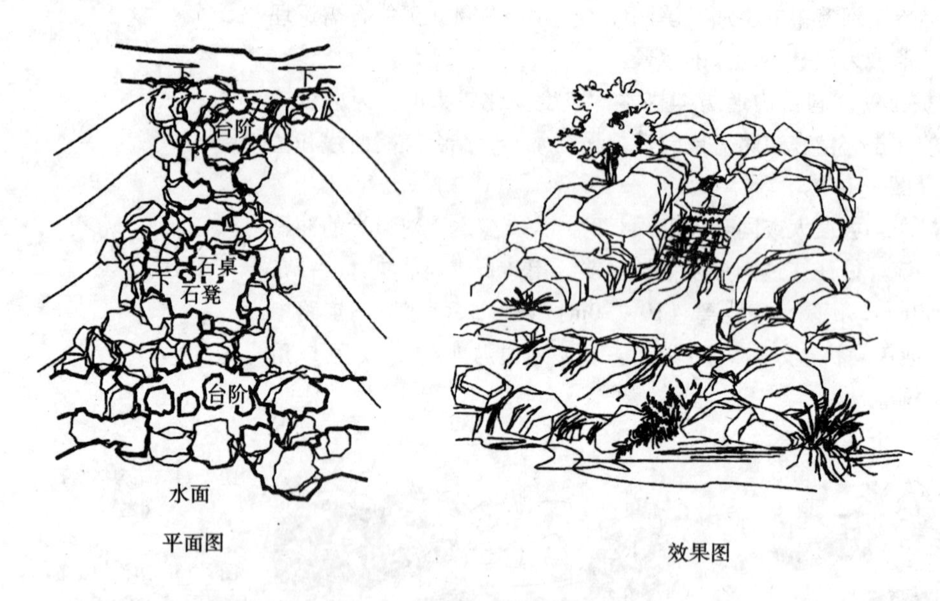

图2-17　道路结合排水的处理

2.3.4　雨水管渠设计

公园绿地中，雨水主要靠地表排除，但局部地区，如广场、建筑和难以利用地表排水地段，需采取管渠排水形式，以便尽快排除公园绿地中的雨水。

2.3.4.1　布置原则

(1) 充分利用地形，就近排入水体。

(2) 结合道路规划布局。雨水管道一般宜沿道路设置。

(3) 结合竖向设计。进行公园竖向设计时应充分考虑排水的要求，以便能合理利用地形。

(4) 雨水管渠形式的选择。自然或面积较大的公园绿地中，宜多采取自然明沟形式，在城市广场、小游园以及没有自然水体的公园中可以采取盖板明沟和雨水暗管相结合的形式排水。

(5) 雨水口布置。应使雨水不致漫出道路影响游人行走，在汇水点、低洼处要设雨水口，注意不要设在使游人不便的地方。道路雨水口的间距，取决于道路坡道，汇水面积及路面材料、一般在25～60m范围内设雨水口一个。

2.3.4.2　雨水管渠设计流量确定

要确定雨水管渠的断面尺寸和坡度，必先确定管渠的设计流量，而雨水管渠的设计流量与所在地区降雨强度、地面状况、汇水面积等有关。

(1) 暴雨强度公式。雨量分析的目的是分析多年的降雨资料，找出表示暴雨特征的降雨历时、降雨强度与降雨重现期之间的关系作为雨水管渠设计的基础。

降雨强度指某一连续降雨时段内的平均降雨量。

$$i = h/t$$

式中　i——降雨强度（mm/min）；

t——降雨历时，即连续降雨的时间（min）；

h——降雨历时内的降雨量（用深度mm表示）。

降雨强度也可用单位时间内单位面积上的降雨体积 q ［$L/(s \cdot hm^2)$］表示。q 与 i 的关系如下：

$$q = 1 \times 1000 \times 10000 \times i/(1000 \times 60) = 167i$$

在设计雨水管渠时，根据各地的雨量资料，可以推算出暴雨的强度公式。按照规划，暴雨公式一般采用下列形式：

$$q = \frac{167A_1 \ (1 + c\lg P)}{(t + b)^n}$$

式中　q——暴雨强度［$L/(s \cdot hm^2)$］；

P——重现期（年）（也可用 T 表示）；

t——降雨历时（min）；

A_1、c、b、n——地方参数，由统计方法确定。

我国幅员辽阔，地方差异较大，因此，暴雨强度计算公式也有差异。

(2) 重现期 P。暴雨强度的频率是指等于或大于该暴雨强度发生的机会，而暴雨强度的重现期指等于或大于该暴雨强度发生一次的平均间隔时间，以 P 表示，以年为单位。暴雨强度的频率与重现期互为倒数。强度大的暴雨出现的频率越少其重现期也就越长，强度越小的暴雨频率越多重现期越短。针对不同重要程度地区的雨水管渠，应采取不同的重现期来设计。因为重现期过大，会造成雨水管渠投资过高，若取得过小，会造成重要区域（如城市中心区、干道等）经常遭受积水危害。规范规定一般地区设计重现期为0.5～3年，重要地区为2～5年，园林中一般1～3年。表2-17列出降雨重现期的取值要求：

设计降雨重现期 **表 2-17**

地形		地区使用性质		
地形分级	地面坡度	一般居住区 一般道路	中心区、工厂区、 仓库、干道、广场	特别重要 地区
有两向地面排水出路的平缓地形	<0.002	0.333～0.5	0.5～1	1～2
有一向地面排水出路的谷线	0.002～0.01	0.5～1	1～2	2～3
没有地面排水出路的洼地	>0.1	1～2	2～3	3～5

注："地形分级"与"地面坡度"是地形条件的两类分类标准，符合某一种情况，即可选用。如两种同时占有，取数据最高值。

（3）集水时间。连续降雨的时段称为降雨历时，降雨历时可以指全部降雨的时间，也可以指其中任一时段。设计中通常用汇水面积最远点雨水流到设计断面时的集水时间作为设计降雨历时。

雨水管渠的设计降雨历时由两部分组成：包括从汇水面积最远点流到第一个雨水口的地面集水时间 t_1 和雨水在设计雨水管的上游管段内的流行时间 t_2，可用公式表示：

$$t = t_1 + mt_2$$

式中 t——设计降雨历时（min）；

t_1——地面集水时间（min）；

t_2——雨水在设计管段上游管段流行的时间（min）；

m——延缓系数，管道 $m=2$，明渠 $m=1.2$。

地面集水时间 t_1 受地形、地面铺砌材料、地面种植情况以及汇水面积大小等因素的影响，规范规定 t_1 一般采用 5～15min。地形较陡、建筑密度大或其他重要地区 t_1 取 5～10min。而平坦地势、次要地区可 t_1 取 10～15min。而雨水在管段中流水时间 t_2 可依下式计算，t_2 的单位为 min。

$$t_2 = \sum \frac{L}{60v}$$

式中 L——上游各管渠的长度（m）；

v——上游各管渠的设计流速（L/s）。

（4）径流系数。降落到地面的雨水，只有一部分径流入雨水管道，其径流量与降雨量的比值就是径流系数 Ψ，与地表渗水性、地表材料、地面坡度等有关，同时也受降雨历时、暴雨强度的影响。

不同材料的覆盖表面的径流系数见表 2-18。由不同种类地面组成的汇水区，其径流系数 Ψ 采用加权平均法计算获得的平均径流系数 Ψ_p：

$$\Psi_p = \frac{\sum f_i \Psi_i}{\sum f_i}$$

式中 f_i——汇水面积上各类地面的面积；

Ψ_i——各类地面相应径流系数；

$\sum f_i$——汇水总面积。

不同覆盖表面的径流系数 表2-18

覆盖种类	径流系数	覆盖种类	径流系数
各种屋面、混凝土、沥青路面	0.90	干砌砖面和碎石路面	0.40
大块石路面、沥青表面处理的碎石路面	0.60	非铺砌路面	0.30
级配砂石路面	0.45	绿地和草地	0.15

（5）雨水管渠设计流量公式：

$$Q = 167\Psi F_i = \Psi F_q$$

式中 Q——雨水设计流量（L/s）；

F——设计管段排水面积（hm^2）；

i——设计降雨强度（mm/min）；

q——设计降雨强度［$L/(s \cdot hm^2)$］；

Ψ——径流系数。

2.3.4.3 雨水管渠水力计算

1）雨水管渠水力计算的设计数据。雨水管道一般采用圆形断面，但当直径超过2m时，也可用矩形、半圆形和马蹄形。明渠一般采用矩形或梯形，也可以是三角形或自然弧形，材料的种类可以选用石料、混凝土和三合土等。为便于维修和排水通畅，矩形或梯形断面底宽不小于0.3m，边坡视土壤及护面材料而不同（表2-19）。用砖石或混凝土块铺砌的明渠，一般采用1:0.75～1:1的边坡。为保证雨水管渠正常工作，避免发生淤积、冲刷等情况，规范对有关数据作了规定。

梯形明渠的边坡 表2-19

明渠土质	边坡	明渠土质	边坡
粉砂	1:3.5～1:3	砂质黏土和黏土	1:1.5～1:1.25
松散的细砂、中砂、粗砂	1:2.5～1:2	砾石土与卵石土	1:1.5～1:1.25
细实的细砂、中砂、粗砂	1:2.0～1:1.5	半岩性土	1:2.0～1:0.5
黏质砂土	1:2.0～1:1.5		

（1）设计充满度。在设计流量下，管道中的水深 h 和管径 D 之比值称设计充满度。雨水管按满流计算，即设计充满度为1，明渠超高应大于或等于0.2m（即水面高度与明渠顶的高差）。

（2）设计流速。满流时管道内最小设计流速不小于0.75m/s；起始管段地形平坦，最小设计流速不小于0.6m/s。最大设计流速：金属管不大于10m/s，非金属管不大于5m/s。

明渠的最小设计流速不得小于0.4m/s，最大设计流速根据明渠材料不同而异（表2-20）。

明渠允许最大流速　　表2-20

土质或构造	水深 h 为0.4~1m时的流速（m/s）	土质或构造	水深 h 为0.4~1m时的流速（m/s）
粗砂及贫砂土黏土	0.8	草坡护面	1.6
砂质黏土	1.0	干砌块面	2.0
黏土	1.2	浆砌砖	3.0
石灰岩或中砂岩	4.0	浆砌块石或混凝土	4.0

（3）最小管径和最小设计坡度。街坊、厂区、绿地的雨水管道最小管径为200mm，相应最小设计坡度为0.004；街道下的雨水管道最小管径为250mm，最小设计坡度为0.003；雨水支干管最小管径为300mm，最小设计坡度为0.002；雨水口连接管最小管径为200mm，最小设计坡度为0.01。明渠的最小坡度为0.003。

（4）覆土深度与埋深。最小覆土深度在车行道下不小于0.7m，在冰冻深度小于0.6m地区，可采取无覆土的地雨式暗沟。雨水管道最大覆土深度不超过0.6m。理想的覆土深度为1~2m。

（5）管道在检查井内的连接。一般都采用管顶平接，局部采取水面平接，有极少部分由于坡度的原因或者覆土深度的罢求，也可采取管底平接，但下游的管底不能高于上游管段的管底。

2）钢筋混凝土圆管（满流 $n=0.013$）水力计算

计算公式：

$$Q=\omega v$$

$$v=1/nR^{2/3}i^{1/2}$$

$$\omega=\pi/4\cdot D^2$$

$$X=\pi D$$

$$R=D/4$$

式中 D——管径（m）；

n——粗糙系数（表2-21）；

i——水力坡降（排水坡度）；

X——湿周（m）；

v——流速（m/s）；

Q——流量（m^3/s）；

ω——水流断面（m^2）；

R——水力半径（m）。

从公式得出：Q、v、D、I 为函数关系，在 n 一定的前提下可得出钢筋混凝土管（满流，$n=0.013$）水力计算图（图2-18）。

排水管渠粗糙系数表　　　　表 2-21

管渠种类	n 值	管渠种类	n 值
陶土管	0.013	浆砌砖渠道	0.013
混凝土和钢筋混凝土管	0.013 ~ 0.014	浆砌块石渠道	0.017
石棉水泥管	0.012	干砌块石渠道	0.020 ~ 0.030
铸铁管	0.013	土明渠	0.025 ~ 0.030
钢管	0.012	木槽	0.012 ~ 0.014
水泥砂浆抹面渠道	0.013 ~ 0.014		

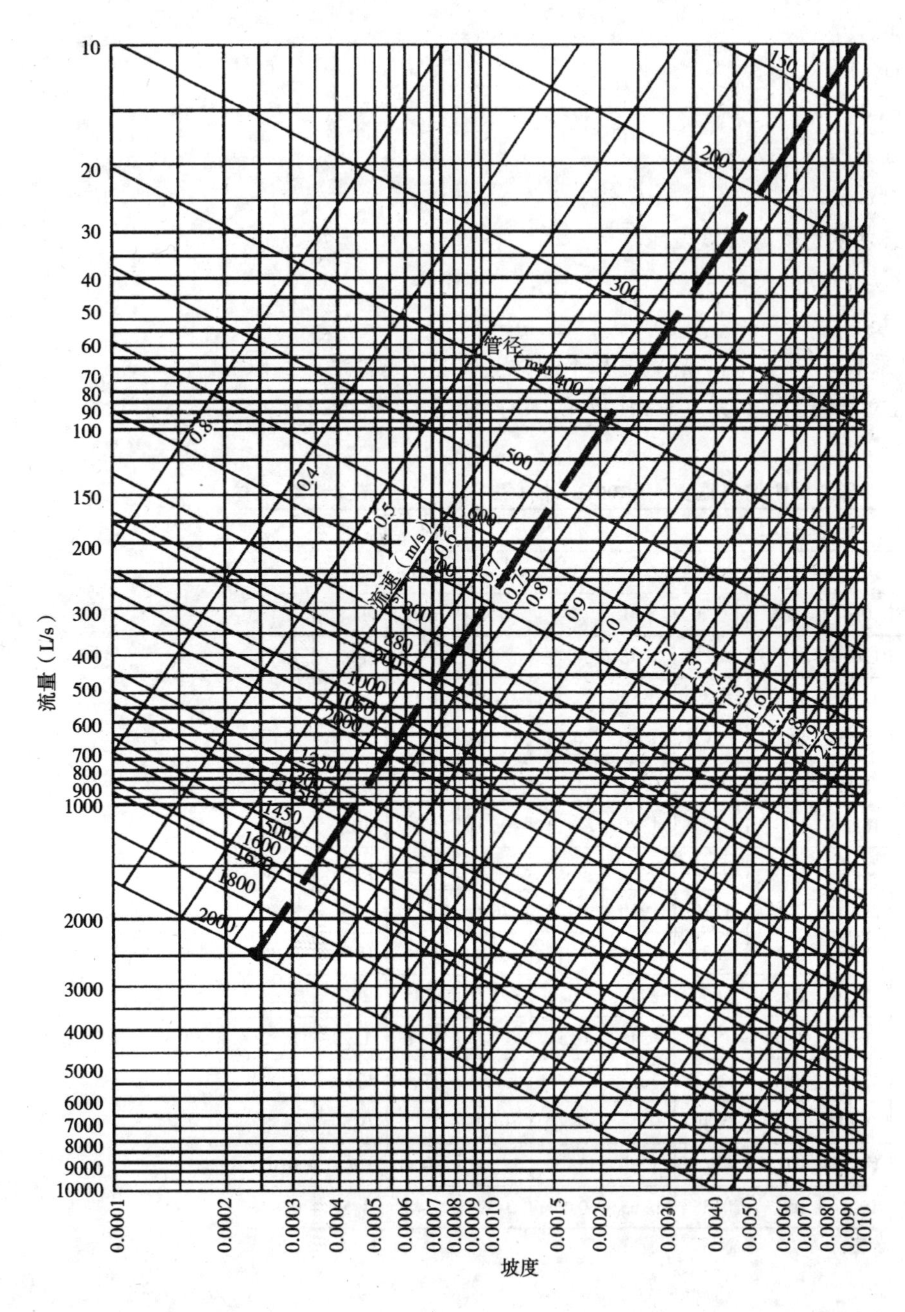

图 2-18　钢筋混凝土圆管（满流 $n=0.013$）水力计算图

3）梯形断面水力计算

计算公式：$Q=Wv$

$$v=\frac{1}{n}R^{2/3}i^{1/2}$$
$$W=bh+mh^2$$
$$X=b+2h\ (1+m^2)^{1/2}$$
$$R=W/X$$

式中 Q——流量（m^3/s）；

n——沟壁粗糙系数；

h——水深（m）；

v——流速（m/s）；

X——湿周（cm）；

W——过面断面面积（m^2）；

b——沟底宽（m）；

m——沟侧边坡水平宽度与高度之比；

R——水力半径（cm）；

i——水力坡度。

式中在已知粗糙系数 n、设定明沟的底宽和不同材料的边坡系数后，可以得出 Q、h、v、i 相互之间的函数关系，求得明沟的水力计算表（表2-22）。

梯形断面明沟（底宽400mm）计算表 **表2-22**

坡度 i（%）	流量与速度	边坡1:1.5					边坡1:2.0				
		水深（m）					水深（m）				
		0.2	0.4	0.6	0.8	1.0	0.2	0.4	0.6	0.8	1.0
0.06	Q	28.4	126.0	290.0	623.0	1078	34.00	152.0	399.0	800.0	1400
	v	0.21	0.31	0.41	0.49	0.57	0.21	0.32	0.42	0.50	0.58
0.08	Q	33.8	145.8	370.0	720.0	1240	38.2	175.0	461.0	917.0	1610
	v	0.24	0.36	0.47	0.56	0.65	0.24	0.37	0.48	0.57	0.67
0.1	Q	37.7	162.0	414.0	803.0	1380	43.0	196.0	517.0	1020	1810
	v	0.27	0.40	0.53	0.63	0.73	0.27	0.41	0.54	0.64	0.75
0.2	Q	53.3	230.0	581.0	1130	1970	60.7	276.0	732.0	1295	2570
	v	0.38	0.57	0.75	0.89	1.04	0.38	0.58	0.76	0.90	1.06
0.4	Q	75.3	327.0	828.0	1660	2770	96.0	395.0	1035	2060	3660
	v	0.54	0.81	1.06	1.25	1.46	0.54	0.82	1.08	1.29	1.52
0.6	Q	28.4	126.0	290.0	623.0	1078	34.0	152.0	399.0	800.0	1400
	v	0.21	0.31	0.41	0.49	0.57	0.21	0.32	0.42	0.50	0.58
0.8	Q	33.8	145.8	370.0	720.0	1240	38.2	175.0	461.0	917.0	1610
	v	0.24	0.36	0.47	0.56	0.65	0.24	0.37	0.48	0.57	0.67

注：流量 Q，单位：L/s；流速 v，单位：m/s。

2.3.4.4　举例说明雨水管设计步骤

【例 2-4】 图 2-19 是南方某城市一公园的一个局部，需设雨水管排除雨水，雨水就近排至公园水体。已知该市的暴雨强度 $q=3530\times(1+0.8\lg P)/(t+10)^{0.898}$，设计重现期 $P=1$ 年，地面集水时间 $t_1=10\text{min}$，平均径流系数 $\Psi_p=0.25$。

【解】（1）划分汇水区域。根据地形及地物情况划分汇水区域、编号及计算面积，见表 2-23。

汇水区及面积　　　　**表 2-23**

编号	汇水面积（hm^2）	编号	汇水面积（hm^2）	编号	汇水面积（hm^2）
F_1	0.86	F_3	1.36	F_5	0.87
F_2	0.63	F_4	0.23		

（2）作雨水管布置图。标明雨水井的位置、编号、管道走向及出水口等（图 2-19）。

（3）求单位面积的径流量 q_0。依据已知条件求得 $q_0=3530/(20+2t_2)^{0.898}$，根据此公式可以画出 q_0—t_2 关系曲线图，以备使用。

（4）雨水管的水力计算。求各管段的设计流量，根据所选择的管材（本例选择钢筋混凝土管），查水力计算图（图 2-18）或计算表，确定管径、坡降、流速、管底标高以及管道埋深等。见表2-23。

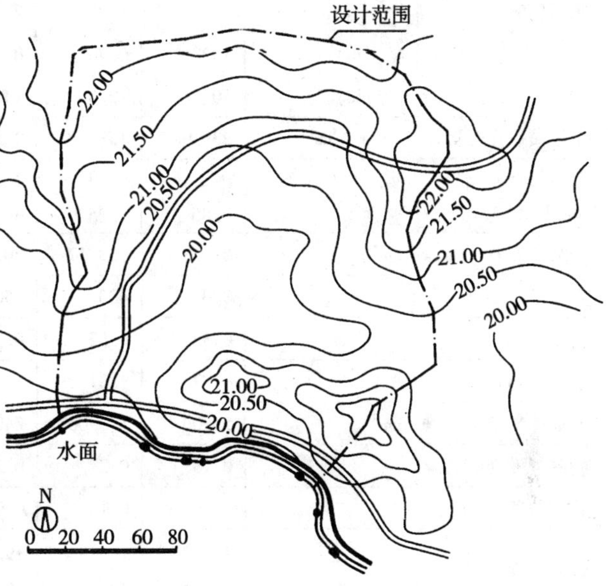

图 2-19　雨水管的布置及汇水区域

AC 管段：　$t_2=0$，

$$q=3530/20^{0.898}=239.92\text{L}/(\text{s}\cdot\text{hm}^2)$$

$$Q=q\Psi F_1=239.92\times0.25\times0.86=51.58\text{L}/(\text{s}\cdot\text{hm}^2)$$

为了便于查表或水力计算图，可以取一个合适的设计流量，取 $Q=55\text{L}/(\text{s}\cdot\text{hm}^2)$，求得管径 d、坡度 i 和流速 v。

BC 管段：　$t_2=0$，$q=3530/20^{0.898}=239.92\text{L}/(\text{s}\cdot\text{hm}^2)$

$$Q=q\Psi F_2=239.92\times0.25\times0.63=37.78\text{L}/(\text{s}\cdot\text{hm}^2)$$

取 $Q=55\text{L}/(\text{s}\cdot\text{hm}^2)$，求得管径 d、坡度 i 和流速 v。

CE 管段：流经 AC 管段，$t_2=1.28\text{min}$，流经 BC 管段，$t_2=1.05\text{min}$，选 $t_2=1.28\text{min}$，

$$q=3530/(20+2t_2)^{0.898}=214.98\text{L}/(\text{s}\cdot\text{hm}^2)$$

$Q=q\Psi\ (F_1+F_2+F_3)=214.98\times0.25\times2.85=153.17\text{L}/(\text{s}\cdot\text{hm}^2)$

取 $Q=170.00\text{L}/(\text{s}\cdot\text{hm}^2)$，求得管径 d、坡度 i 和流速 v 等。

其他管段按此方法也可求出，列表2-24。

（5）绘制雨水管平面图（图2-20）。

（6）绘制雨水管纵剖面图。

（7）绘出管道系统排水构筑物的构造详图（见2.3.6排水管材及管道附属物）。

雨水管水力计算表 **表2-24**

线别		干管			支管	
检查井编号		*A*	*C*	*E*	*B*	*D*
管段编号	起点	*A*	*C*	*E*	*B*	*D*
	终点	*C*	*E*	*O*	*C*	*E*
管段长度（m）		55.0	59.5	13.5	51.5	71.5
降雨历时	$\sum t_2$（min）		1.28	2.04		
	t_2（min）	1.28	0.76	0.15	1.05	1.45
	t（min）	10	12.56	14.08	10	10
单位面积径流量 q_e [L/(s·hm^2)]		239.92	153.17	202.76	239.92	239.92
汇水面积 F（hm^2）	增加		1.99	1.1		
	总数	0.86	2.85	3.95	0.63	0.23
计算流量 Q [L/(s·hm^2)]		51.58	153.17	200.23	37.78	13.80
管径 d（mm）		300	400	450	250	150
坡度 i（%）		0.32	0.62	0.71	0.45	0.92
流速 v（m/s）		0.77	1.31	1.50	0.82	0.82
计算流量 Q [L/(s·hm^2)]		55.00	170.00	240.00	40.00	15.00
管底坡降（m）		0.18	0.37	0.10	0.23	0.66
管底跌落（m）			0.10	0.05		
地面标高（m）	起点	19.90	19.70	19.50	19.85	20.30
	终点	19.70	19.50	19.30	19.70	19.50
管底标高（m）	起点	18.70	18.42	18.00	18.70	19.00
	终点	18.52	18.05	17.90	18.47	18.34
埋深（m）	起点	1.20	1.28	1.50	1.25	1.30
	终点	1.18	1.45	1.40	1.23	1.16
	平均	1.19	1.37	1.45	1.24	1.23

2.3.5 排水盲沟设计

盲沟又称暗沟，是一种地下排水渠道，用以排除地面积水，降低地下水，在一些要求排水良好的活动场地，尤其必要。如体育场、儿童游戏场地等。还有不耐水的足球场、草地、草泥地网球场、高尔夫球场、门球场等以及植物生长区、观赏草地等等，都可以采取盲沟排水。

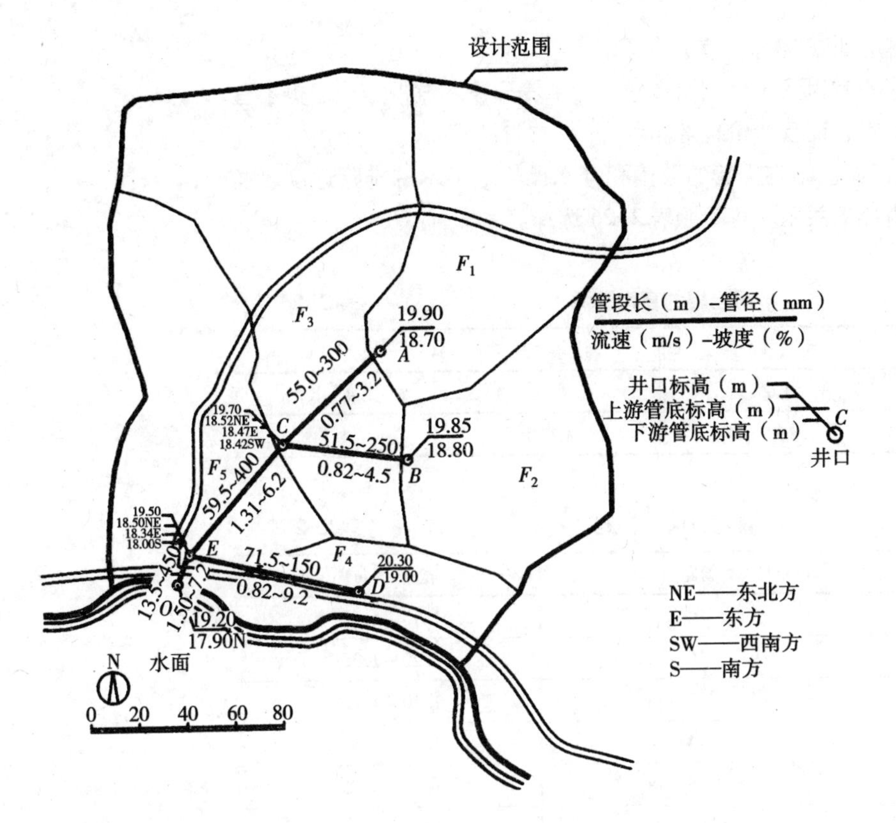

图2-20 雨水管设计图

2.3.5.1 盲沟的优点

（1）取材方便，利用砖石等料，造价相对便宜。

（2）地面没有检查井、雨水口之类构筑物，不破坏绿地整体景观，保持绿地草坪的完整性。

2.3.5.2 布置形式

根据地形和水流方向而定，因不同作用而设，大致可分为以下几类（图2-21）：

（1）树枝式。洼地。

（2）鱼骨式。谷地。

（3）铁耙式。坡地。

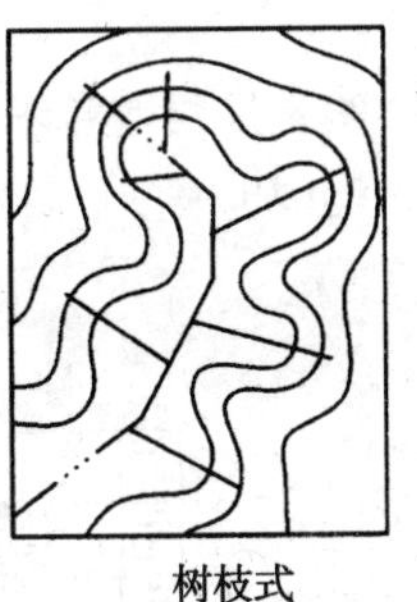

树枝式

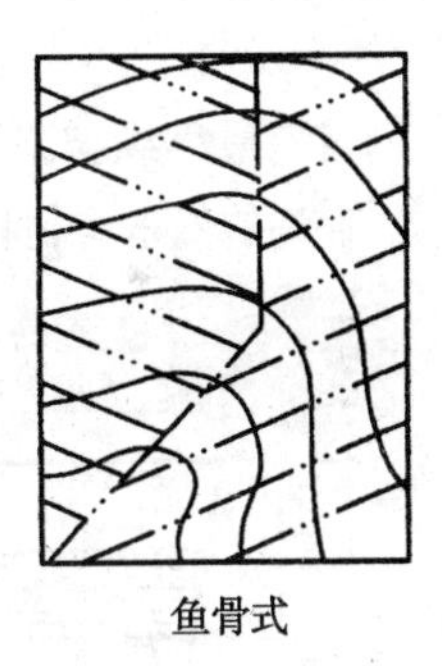

鱼骨式

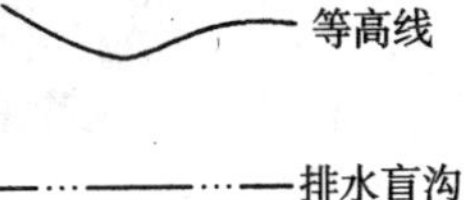

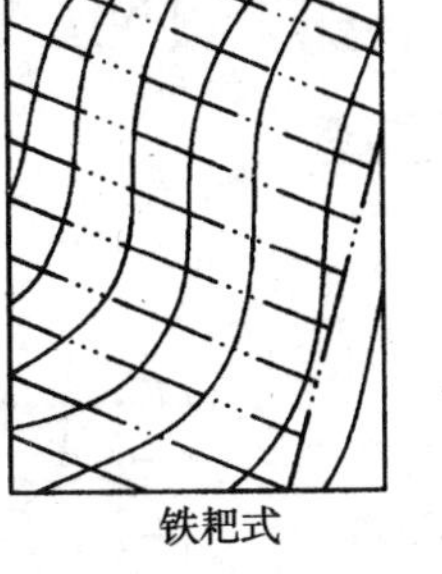

铁耙式

图2-21 盲沟布置形式

2.3.5.3 盲沟的埋深及间距

盲沟的排水量与其埋置深度和间距有关，而埋深与间距又取决于土壤条件以及盲沟所起的作用。

1）埋置深度。影响埋置深度的因素有：

（1）植物对水位的要求。不同的植物要求不一，草皮浅，乔木深，特别是深根性乔木。

（2）土壤物理性能的影响：粘结度、孔隙比等，黏度越高，深度越深（表2-25）。

(3) 气候的影响。北方冰冻，南方多雨。

暗沟埋置的深度不宜过浅，否则易造成表土中养分被水流带走；但也不宜太深，否则土方量太大，而且造价也增高。

2）支管的设置间距。暗沟支管的数量和排水量与地下水的排除速度以及土壤的物理性能有直接的关系。可参照表 2-26 选择。

不同土壤的盲沟埋深 **表 2-25**

土壤类别	埋深（m）	土壤类别	埋深（m）
砂质土	1.2	黏土	1.4～1.6
壤土	1.4～1.6	泥炭土	1.7

盲沟管深、管距 **表 2-26**

土壤种类	管距（m）	管深（m）
黏土	9～10	1.15～1.30
致密黏土和混岩黏土	10～12	1.20～1.35
砂质或黏壤土	12～14	1.10～1.60
砂质壤土	14～16	1.15～1.55
多砂壤土或砂中含腐殖质	16～18	1.15～1.55
砂	20～24	1.15～1.50

盲沟最小纵坡不小于 0.5%，只要地形许可，纵坡可加大，利于排水。

盲沟的做法、材料很多，类型也很多，现列举一些类型供参考（图2-22）。

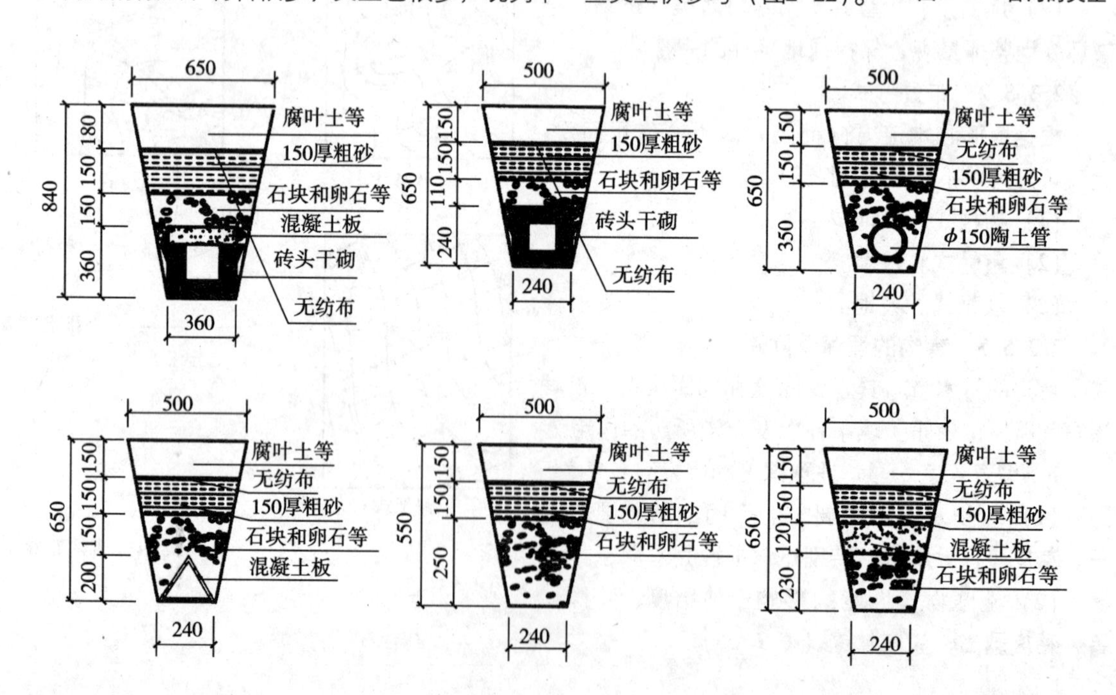

图2-22 盲沟的类型

2.3.6 排水管材及管道附属物

2.3.6.1 水管材

排水管渠有暗沟和明渠之分：暗沟又有管道和沟渠之分，管道是指由预制管铺设而成，沟渠是指用土建材料在工程现场砌筑成的凹径较大的暗沟。

1）对管渠材料的要求。排水管渠的材料必须满足一定要求，才能保证正常的排水功能。

（1）具有足够的强度，承受外部的荷载和内部的水压。

（2）具有抵抗污水中杂质的冲刷和磨损的作用，还应有抗腐蚀的性能。

（3）必须不渗水，防止污水渗出或地下水渗入而污染地下水或腐蚀其他管道、建筑物基础。

（4）内壁要整齐光滑，使水流阻力尽量减小。

（5）尽量就地取材，减少成本和运输费用。

2）排水管材及制品。常用管道多是圆形管，大多数为非金属管材，具有抗腐蚀的性能，且价格便宜。

（1）混凝土管和钢筋混凝土管。制作方便，价低，应用广泛。但有抵抗酸碱侵蚀及抗渗性差、管节短、节口多、搬运不便等缺点。

（2）陶土管。内壁光滑，水阻力小，不透水性能好，抗腐蚀。但易碎，抗弯、拉强度低，节短，施工不便，不宜用在松土和埋深较大之处。

（3）塑料管。内壁光滑，水流阻力小，抗腐蚀性能好，节长，接头少。抗压力不高，用在建筑的排水系统中很多。室外多用小管径排水管。

（4）金属管。常用的铸铁管和钢管强度高、抗渗性好，内壁光滑，抗压、抗振性能强，节长，接头少。但价贵、耐酸碱腐蚀性差。常用在压力管上。

2.3.6.2 排水管渠系统附属构筑物

为排除污水，除管渠本身之外，还有许多排水附属构筑物，这些构筑物较多，占排水管渠投资很大一部分，常见的有检查井、跌水井、雨水口、出水口等等。

（1）检查井。检查井用来对管道进行检查和清理，同时也起连接管段的作用。检查井常设在管渠转弯、交会、管渠尺寸和坡度改变处，在直线管段相隔一定距离也需设检查井。相邻检查井之间管渠应成一直线。直线管道上检查井间距见表2-27。检查井分不下人的浅井和需下人的深井。井口为600～700mm，常用构造如图2-23所示。

直线道路上检查井最大间距 **表2-27**

管线或暗渠净高（mm）	最大间距（m）	
	污水管道	雨水流的渠道
200～400	30	40
500～700	50	60
800～1000	70	80
1100～1500	90	100
1500～2000	100	120

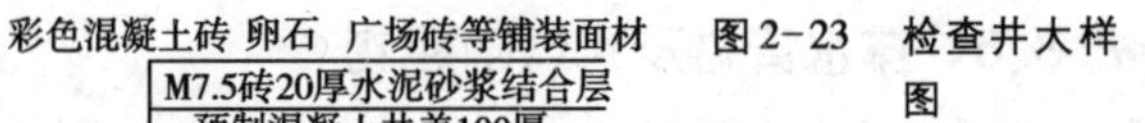

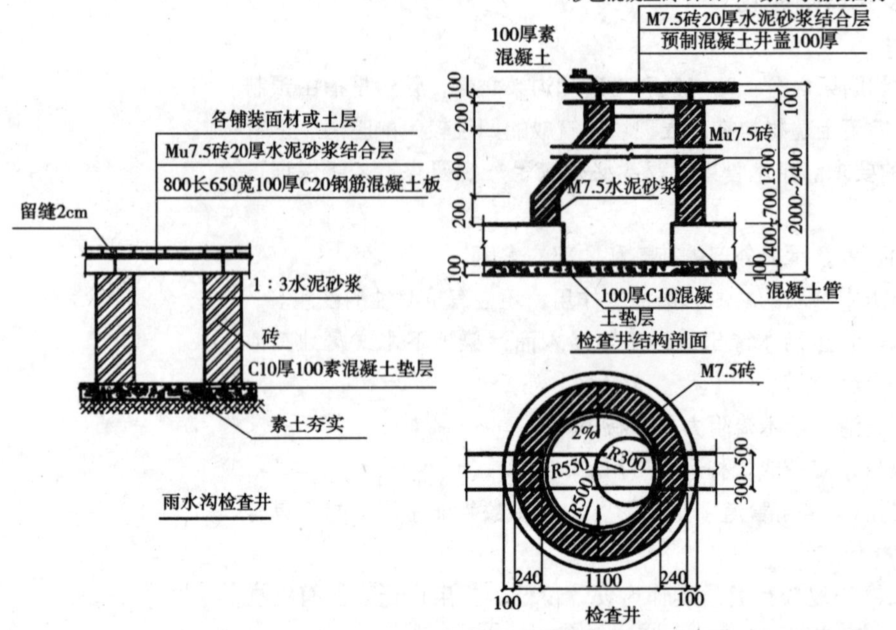

图2-23 检查井大样图

（2）跌水井。跌水井是设有消能设施的检查井，当遇到下列情况且跌差大于1m时需设跌水井：管道流速过大，需加以调节处；管道垂直于陡峭地形的等高线布置，按原坡度将露出地面处；接入较低的管道处；管道遇上地下障碍物，必须跌落通过处。常见跌水井有竖管式（图2-24）、阶梯式、溢流堰式等。

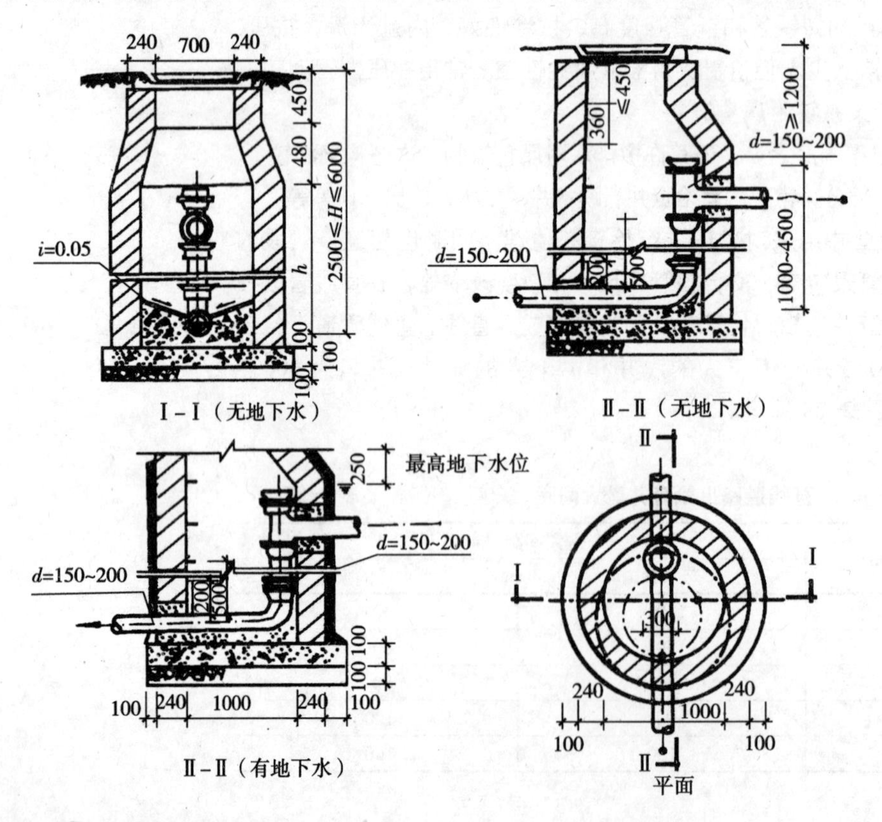

图2-24 竖管式跌水井构造图

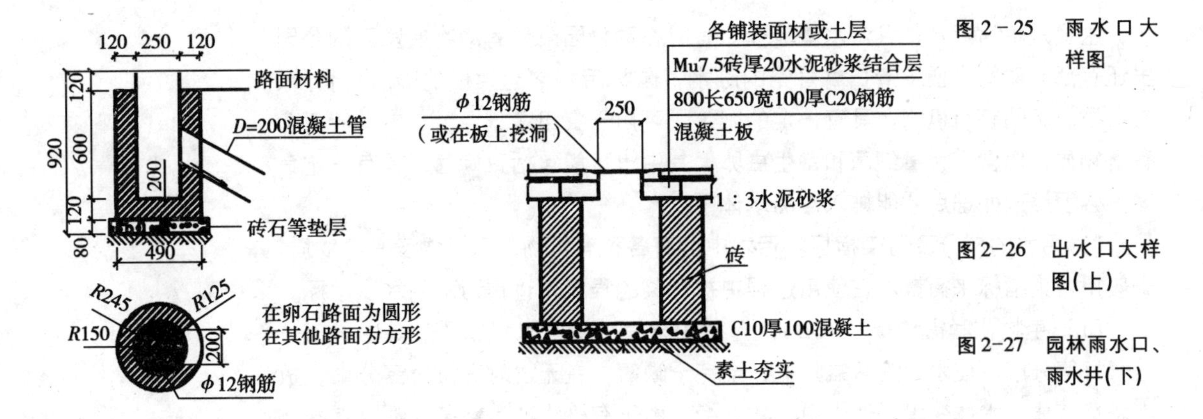

图 2-25　雨水口大样图

图 2-26　出水口大样图（上）

图 2-27　园林雨水口、雨水井（下）

（3）雨水口。雨水口是雨水管渠上收集雨水的构筑物。地表径流通过雨水口和连接管道流入检查井或排水管渠。雨水口常设在道路边沟、汇水点和截水点上。雨水口的间距一般为 25～60m。雨水口由进水管、井筒、连接管组成，雨水口按进水比在街道上设置位置可分为：边沟雨水口、侧石雨水口、联合式雨水口等，构造如图 2-25 所示。

（4）出水口。出水口的位置和形式，应根据水位、水流方向、驳岸形式等而定，雨水管出水口最好不要淹没在水中、管底标高在水体常水位以上，以免水体倒灌，出水口与水体岸边连接处，一般做成护坡或挡土墙，以保护河岸及固定出水管渠与出水口，构造如图 2-26 所示。

园林的雨水口、检查井、出水口，在满足构筑物本身的功能要求外，其外观应作为园景来考虑，可以运用各种艺术造型及工程处理手法来加以美化，使之成为一景。如图 2-27 所示。

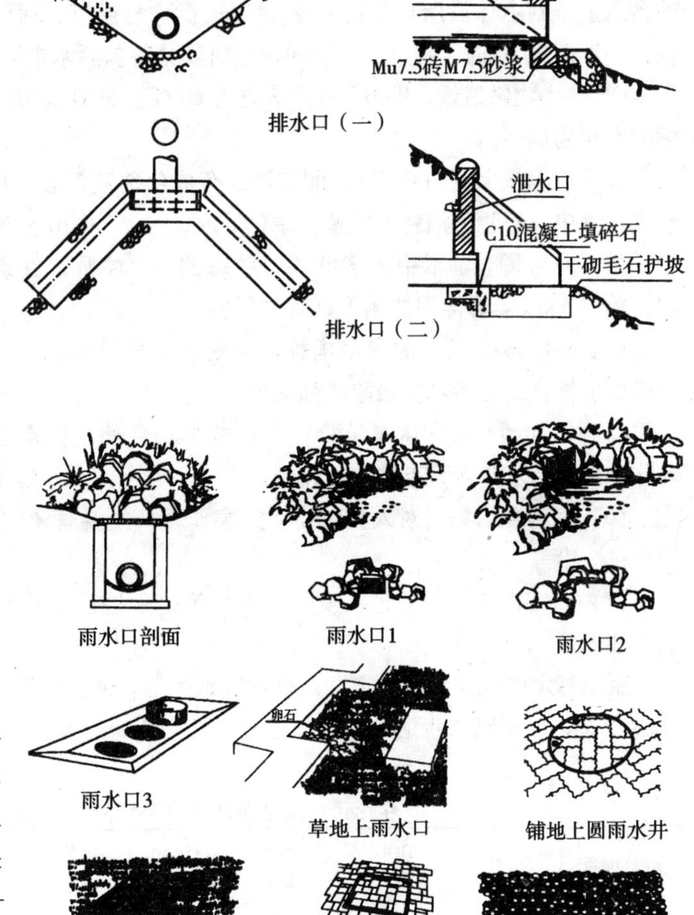

2.3.7　园林污水处理与污水管网设计

2.3.7.1　园林污水处理

园林污水是城市污水的一部分。但相对城市污水来讲，其成分相对较单一，主要是生活污水，且污水量较少。有时在动物园或带有动物展览区的公园里还有部分动物类便及清扫禽兽笼的脏水，园林污水含有大量的碳水化合物、蛋白质、脂肪等有机物，具有一定的肥效，可用于农用灌溉，污水中一般不含有毒物质，但含有大量细菌和寄生虫卵，其中也可能包括致病菌，具有一定危害，必须经过处理后才能排入自然水体中。

1）污水的成分及污染指标。污水中含有各种有机物、无机物及有毒物质，一般用污染指标来衡量水在使用过程中被污染的程度，也称污水的水质指标。

（1）生物化学需氧量（BOD）。污水中含有大量的有机物质。其中一部分进行好氧分解，使水中溶解氧降低，至完全缺氧；在无氧时进行厌氧分解，放出恶臭气体，水体变黑，使水中生物灭绝。由于有机物种类繁多，难以直接测定，就用生化需氧量指标。生化需氧量就是反映水中可生物降解的含碳有机物的含量及排到水体后所产生的耗氧影响指标。与温度、时间有关。为便于比较，一般以20°C 时，经过5 天时间，有机物分解前后水中溶解氧的差值称为5天20°C 的生物需氧量，即 BOD5，单位为 mg/L。BOD 越高，污水中可生物降解的有机物越多。

（2）化学需氧量（COD）。即高温、有催化剂及强酸等环境下采用强氧化剂氧化水中有机物所消耗的氧量，单位 mg/L，通常 COD > BOD。

（3）悬浮固体。水中未溶解的非胶态的固体物质。在条件适宜时可以沉淀，单位 mg/L。悬浮固体属于感官性指标。

（4）pH。确定污水酸碱度指标，生活污水一般 pH 在 7 ~ 8.5 之间，呈中性或弱碱性，工业污水多强酸或强碱性。

（5）氮和磷。氮和磷是植物营养性物质，会使水体富营养化，加速水体老化。生活污水中含有丰富的氮和磷。

（6）有毒化合物。对人和生物有危害作用，主要有氰化物、砷化物、汞、铜、铬、铅等。

（7）感官性指标。颜色、嗅味、气味等是一些感官指标，同时也是污染的一些表现。

生活污水的成分比较固定，只是浓度跟生活习惯、生活水平有所不同，表2-28 是国内若干城市生活污水成分组成及污染负荷范围。

生活污水成分组成和污染负荷　　　　表 2-28

成分项目	pH	BOD5 (mg/L)	COD (mg/L)	悬浮物 (mg/L)	氨氮 (mg/L)	磷 (mg/L)	总有机碳 (mg/L)
数量（值）	7.5 ~ 8.5	110 ~ 400	250 ~ 1000	100 ~ 350	20 ~ 85	4 ~ 15	80 ~ 290

2）污水处理方法。污水处理就是采取各种方法将污水中所含有的污染物分离出来，或将其转化为无害和稳定的物质，从而使污水得到净化，排出时水质达到国家标准（这类标准很多，而且不同地域、不同用途有不同的标准）。

污水处理方法按其作用原理可分为物理法、化学法和生物法三类。

(1) 物理法。污水的物理处理法就是利用物理作用，分离污水中主要呈悬浮状态的污染物质，处理过程中不改变其化学性质。主要用于污水初级处理，对生活污水处理较多，又分为分离法、离心分离法和过滤法。

(2) 化学法。利用化学方法，通过投放化学物质，引起化学反应来分离和回收水污染物，使之转化成无害物质。有凝固、分解、化学沉淀及氧化还原等手段。

(3) 生物法。利用微生物新陈代谢功能，将污水中的有机物分解成稳定的无机物的方法，称生物法。有天然生物处理和人工生物处理两类，天然生物处理就是利用自然条件生长、繁殖的微生物处理污水，形成水体（土壤）——微生物——植物组成生态系统对污染物进行一系列物理、化学和生物的净化。如生物氧化塘（包括稳定塘、水生植物塘、水生动物塘、湿地、土地处理系统等）。人工生物处理就是人工创造生物条件进行污水处理，有活性污泥法和生物脱膜法。

园林污水处理一般采用物理法和生物法相结合的办法，即先进行物理处理，处理后的污水再经生物氧化塘处理，处理后的水再排入天然水体中，而污泥可以用来栽植植物。

2.3.7.2　污水管网设计

公园中有许多地域没有条件处理污水，需要把污水组织利用管道或暗沟排入城市污水管网中，它的布置采取就近的原则，使公园中的污水尽快排入城市的污水管网中。

1. 污水量的测算

1) 居民生活污水量标准。城市居民每人每日的平均污水量称污水量标准。它取决于用水量标准，并与城市气候、居民生活习惯、生活水平及建筑设备有关。《室外排水设计规范》建议根据生活用水定额的80%～90%确定生活污水排水定额。表2-29列有我国城市居民生活污水量预测值，供参考。

城市居民生活污水量预测　　表2-29

城市规模 / 年份	特大城市（>100万人口）	大城市（50～100万人口）	中等城市（20～50万人口）	小城市（<20万人口）
1990	90	80	70	60
2000	100	90	80	70
2010	110～120	100	90	80
2020	120～130	110	100	90

2) 变化系数

日变化系数 K_d = 最高日污水量/平均日污水量

时变化系数 K_h = 最高日最高时污水量/最高日平均时污水量

总变化系数 $K_z = K_d \times K_h$

污水量变化系数随污水流量的大小而不同。污水流量越大，其变化系数越小，反之则变化系数越大。生活污水量总变化系数一般按表2-30采用。当污水平均日流量为表中所列污水平均日流量的中间值时，其总变化系数可以依插入法计算。

生活污水量总变化系数 **表2-30**

污水平均日流量（L/s）	5	15	40	70	100	200	500	1000	1500
K_z	2.3	2.0	1.8	1.7	1.6	1.5	1.4	1.3	1.2

3）污水量的计算。设计所需的最高日最高时污水量可以由平均日污水量与 K_z 的乘积求得。

$$Q_0 = q_0 N/(24 \times 3600)$$

式中 Q_0——居民平均日污水量（L/s）；

q_0——居民生活污水量标准［L/(人·d)］；

N——规划人口数（人）。

那么最高日最高时污水量：

$$Q_t = Q_0 K_z$$

式中 Q_t——最高日最高时污水量（L/s）；

K_z——总变化系数。

园林及风景区中可以根据设计游人量来计算，即 N 为设计游人量，园林总干管布局可按全园的游人量计算，具体到每个分区可根据每区的具体情况来定。

建筑生活污水量根据其用水量定额率以及相对的污水排放率获得，可以参考表2-31。而作为园林中的设施如果是对外开放的（如展室、茶室等），其标准应适当提高。如果其卫生设施是提供给全园使用，应当纳入全园的设计范围。

建筑生活污水量 **表2-31**

建筑类型	污水排放率	建筑类型	污水排放率
住宅	0.95	学院、医院	0.85~0.90
办公、科研	0.90	茶室	0.95
饭店、宾馆	0.95	—	—

2. 污水管网的计算

污水管道的计算与雨水管道基本相同，但也有一些不相同的地方，为保证排水管设计的经济合理，规范对充满度、流速、管径及坡度作了规定。

（1）充满度 h/d。雨水管道的计算是按满流计算，而污水管道是按不满流的情况下计算的。设计充满度有一个最大的限值，即规范中规定的最大设计充

满度 h/d（表2-32）。对明渠与雨水明渠一样，其超高应不小于0.2m。

（2）设计流速 v。指管渠在设计充满度情况下，排泄设计流量的平均流速。在表2-32中对设计流速提出了最小设计流速和最大设计流速。就整个污水管道系统讲，各设计管段的设计流速从上游至下游最好是逐渐增加的。

污水管道最大允许流速、最大设计充满度、最小允许流速、最小设计充满度　　表2-32

管径（mm）	最大允许流速（m/s）		最大设计充满度	设计充满度下最小设计流速（m/s）	按照设计充满度下最小设计流速控制的最小坡度		最小设计充满度	最小设计充满度下不淤流速（m/s）	按照最小设计充满度下不淤流速控制的最小坡度	
	金属管	非金属管			坡度	相应流速（m/s）			坡度	相应流速（m/s）
150	≤10	≤5	0.6	0.7	0.007	0.72	0.25	0.4	0.005	0.40
200					0.005	0.74			0.004	0.43
300					0.0027	0.71			0.002	0.40
400			0.7		0.002	0.77			0.0015	0.42
500			0.75		0.0016	0.81			0.0012	0.43
600				0.8	0.0013	0.82	0.3	0.5	0.001	0.50
700					0.0011	0.84			0.0009	0.52
800					0.001	0.88			0.0008	0.54
900					0.0009	0.90			0.0007	0.54
1000					0.0008	0.91			0.0006	0.54
1100					0.0007	0.91			0.0006	0.62
1200			0.8	0.9	0.0007	0.97	0.35	0.6	0.0006	0.66
1300					0.0006	0.94			0.0005	0.63
1400					0.0006	0.99			0.0005	0.67
1500				1.0	0.0006	1.04			0.0005	0.70
1500					0.0006				0.0005	

（3）最小管径 d 和最小设计坡度 i。污水是自流管道，也就是重力流管道，如果没有一定的坡度就不能流动，另外，污水中含有大量的固体及其他物质，如果没有足够的管径就会出现经常性堵塞，留下不安全的隐患，规范在对设计充满度、流速规定的同时，也规定了最小设计坡度和最小管径。见表2-33。

污水管道的最小管径和最小设计坡度　　表2-33

管道位置	最小管径（mm）	最小设计坡度
在街坊、厂区、绿地中	200	0.004
在街道下	300	0.003

（4）水力计算公式。计算公式与雨水管渠相同。

$$Q = W \cdot v$$

$$v = C \times (Ri)^{1/2}$$

式中 Q——设计管段的设计流量（m^3/s）；

W——设计过水断面面积（mm^2）；

v——过水断面的平均流速（m/s）；

R——水力半径（过水断面面积与湿周的比值）；

i——水力坡度；

C——流速系数（谢才系数），

一般 $$C = 1/nR^{1/6}$$

式中 n——管渠粗糙系数。见表2-21。

Q、R均与管径D和充满度有关，除Q、n为已知外，其他均未知，为了方便计算，可查阅给水排水设计手册的水力计算图或计算表，根据管材、管径，在已知流量的情况下，水力坡度i设计流速V和设计充满度h/d三个之中可先确定一个适宜值，再查出另外两个，综合前面规范提供的数据及现状条件，合适地确定各项值。

2.3.8 园林管线工程的综合

管线综合的目的是为了合理安排各种管线，综合解决各种管线在平面和竖向上的相互关系。如果这方面缺乏考虑或考虑不周，则各种管线在埋设时将会发生矛盾，从而造成人力物力及时间的浪费，因此，园林管线综合是很重要的。

城市管线很多，主要有给水、排水（污水、雨水）、电力、电信、热力和燃气管线等，园林中管线较少，一般只有前4种管线，管线综合一般采用综合平面图表示。

2.3.8.1 管线敷设的一般原则

（1）管线综合布置应与总平面布置、竖向设计和绿化布置统一进行，其平面坐标系统和标高系统应与总平面布置相同，使管线之间、管线与建（构）筑物之间在平面及竖向上相互协调，紧凑合理。

（2）地下管线的布置，一般按管线的埋深，由浅至深（由建筑物向道路）布置，常用的顺序如下：电信电缆、电力电缆、热力管道、燃气管道、给水管、雨水管道和污水管道。

（3）综合布置地下管线产生矛盾时，应按下列原则处理：压力管让自流管；管径小的让管径大的；易弯曲的让不易弯曲的；临时性的让永久性的；新建的让现有的；检修次数少的、方便的，让检修次数多的、不方便的。

（4）管线布置应尽量与道路中心线和主要建筑物平行，做到管线短、转弯少、减少管线与道路及其他管线的交叉，当管线与道路交叉时应为正交，在困难的情况下，其交叉角不宜小于45°。

(5) 干管应靠近主要使用单位和连接支管较多的一侧布置。

(6) 地下管线一般布置在人行道和绿地下，但检修较少的管道（如污水管、雨水管、给水管）也可布置在道路下面。

(7) 雨水管应尽量布置在路边，带消火栓的给水管也应沿路敷设。

2.3.8.2 管线综合平面图的表示方法

园林中管线种类较少，密度也小，因此，其交叉的几率也较少。一般可在 1∶2000～1∶500的图纸（规划或设计图）上确定其平面位置，遇到管线交叉处可用垂距简表表示，见图2-28。

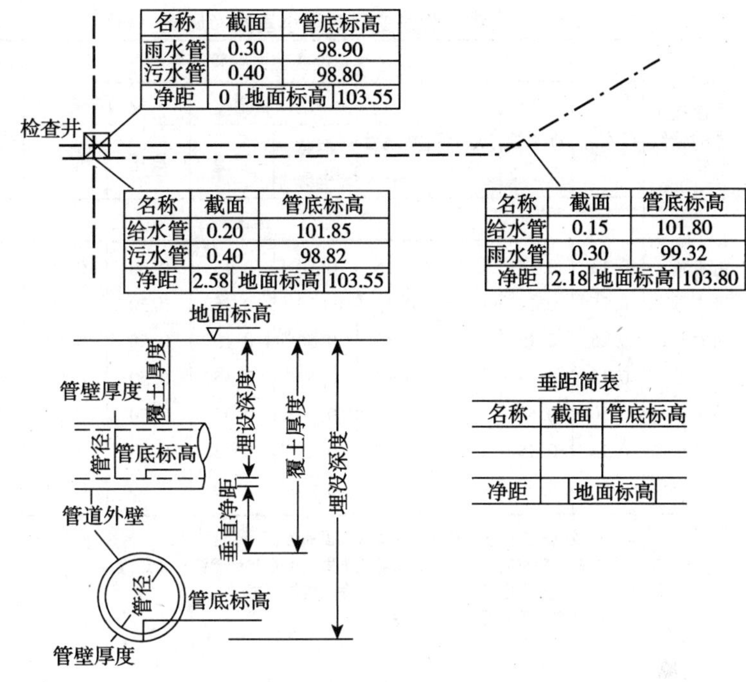

图2-28 管线综合平面图

管线水平和垂直净距等的确定，可参考表2-34、表2-35。常用管线的最小覆土深度可参考表2-36。

各种管线最小水平净距表（m） **表2-34**

顺序	管路名称	1	2	3	4	5	6	7	8	9	10	11
		建筑物	给水管	排水管	热力管	电力电缆	电信电缆	电信管道	乔木中心	灌木	地上柱干	道路路缘石
1	建筑物		3.0	3.0①	3.0	0.6	0.6	1.5	3.0④	1.5	3.0	
2	给水管	3.0		1.5②	1.5	0.5	1.0③	1.0③	1.5	⑥	1.0	1.5⑧
3	排水管	3.0①	1.5②	1.5	1.5	0.5	1.0	1.0	1.5	⑥	1.5⑦	1.5⑧
4	热力管	3.0	1.5	1.5		2.0	1.0	1.0	2.0	1.0	1.0	1.5⑧
5	电力电缆	0.6	0.5	0.5	2.0		0.5	0.2	2.0		0.5	1.0⑧
6	电信电缆	0.6	1.0③	1.0	1.0	0.5		0.2	2.0		0.5	1.0⑧
7	电信管道	1.5	1.0③	1.0	1.0	0.2	0.2		1.5		1.0	1.0⑧
8	乔木中心	3.0④	1.5	1.5⑤	2.0	2.0	2.0	1.5			2.0	1.0
9	灌木	1.5	⑥	⑥	1.0						⑥	0.5
10	地上柱干	3.0	1.0	1.5⑦	1.0	0.5	0.5	1.0	2.0	⑥		0.5
11	道路路缘石		1.5⑧	1.5⑧	1.5⑧	1.0⑧	1.0⑧	1.0⑧	1.0	0.5	0.5	

注：①排水管埋深浅于建筑物基础时，其净距不小于2.5m；②③表中数值适用于给水管径 $d \leqslant 200$mm；④尽可能大于3m；⑤与现状大树距离为2.0m；⑥不需间距；⑦先埋管后立杆时，可减至1.0m；⑧距道路边沟的边缘或路基边坡底均应≥1.0m。

地下管线交叉时最小垂直净距表（m） **表 2-35**

埋设在下面的管线名称	安设在上面的管线名称									
	给水管	排水管	热力管	燃气管	电信管道		电力电缆		明底（沟底）	涵洞（基础底）
					铠装电缆	管道	高压	低压		
	净距									
给水管	0.15	0.15	0.15	0.15	0.50	0.15	0.50	0.50	0.50	0.15
排水管	0.15	0.15	0.15	0.15	0.50	0.15	0.50	0.50	0.50	0.15
热力管	0.15	0.15		0.15	0.50	0.15	0.50	0.50	0.50	0.15
燃气管	0.15	0.15	0.15	0.15	0.50	0.15	0.50	0.50	0.50	0.15
铠装电缆	0.50	0.50	0.50	0.50	0.50	0.25	0.50	0.50	0.50	0.50
电信管道	0.15	0.15	0.15	0.15	0.25	0.15	0.25	0.25	0.50	0.15
电力电缆	0.50	0.50	0.50	0.50	0.50	0.50	0.50	0.50	0.50	0.50

注：1. 电信管道或电力电缆一般在其他管线上面通过；
2. 电力电缆一般在热力管道和通信管缆下面，但在其他管线上面越过；
3. 热力管道一般在电缆、给水、排水和燃气管道上越过；
4. 排水管通常在其他管线下面越过。

地下管线的最小覆土深度表 **表 2-36**

管线名称	电力电缆（10kV 以下）	电信		给水管	雨水管	污水管 $D\leqslant300$
		铠装电缆	管道			
最小覆土深度（m）	0.7	0.8	混凝土管 0.8 石棉水泥管 0.7	在冰冻线以下，在不冻地区可埋设较浅①	应埋在冰冻线以下，但不小于 0.7②	冰冻线以上 30cm，但不小于 0.7③

注：①不连续供水的给水管（大多为树枝状管网）应埋设在冰冻线以下，连续供水的管道在保证不冻结的情况下（在南方不冻或冻层很浅的地区）可埋设较浅。

②在严寒地区，有防止土壤冻胀对管道破坏的措施时，可埋设在冻线以下，并应以外部荷载验算；在土壤冰冻很浅的地区，如管道不受外部荷载损坏，可小于 0.7m。

③当有保温措施时，或在冰冻线很浅的地区，或排水很浅的地区，或排温水的管道，如保证水管不受外部荷载损坏时，可小于 0.7m。

■本章小结

园林的给排水工程设计要遵从室外给排水设计规范，但遵从园林景观创造的原则也极其重要。园林绿地的灌溉设计是保证园林绿地景观的重要措施。本章重点是喷灌设计和园林的排水方式的工程设计，在满足喷灌和排水的同时，不影响园林景观为最好的设计。因此，设计中必须要从景观建造的角度去考虑水工设施的设计，把水工设施艺术化和功能紧密结合起来是设计师应考虑的重点。

复习思考题

1. 园林用水分为哪些方面？

2. 园林给水的特点？

3. 如何选择公园或风景区的水源？

4. 管网布置的一般原则是什么？布置形式有哪些？

5. 什么叫用水量标准、沿线流量、线比流量、节点流量、管段计算流量、经济流速、水头损失、沿程水头损失、局部水头损失、树枝状管网、环形管网？

6. 树枝状管网如何计算？

7. 喷灌的形式有哪些？喷头的组合形式有哪些？

8. 什么是设计灌水定额、土壤的田间持水量、土壤有效持水量、喷灌强度、喷灌有效控制面积？

9. 如何计算喷灌管网？

10. 园林排水的特点有哪些？

11. 生活污水排水系统、雨水排水系统有哪些组成部分？

12. 园林排水的方式有哪些？园林中如何减少地表径流？

13. 熟悉管渠排水设计的原则和一般规定。

14. 了解雨水管渠和污水管设计和计算的基本步骤。

15. 什么叫暴雨强度、覆土深度、管底标高、径流系数、地表径流、排水盲沟？

16. 熟悉园林排水附属构筑物、排水盲沟的构造。

17. 掌握园林管线综合布置的一般原则和园林管线综合平面图的表示方法。

■ 实习实训

实训题目：在园林绿地上进行喷灌设计

目的及要求：掌握喷灌设计的步骤和方法。

材料及用具：罗盘仪、皮尺、标杆、室外给水设计规范，喷灌设备资料。

内容及方法：（1）实测绿地的形状，并绘制绿地平面图。

（2）绿地状况分析：包括地形、土壤、水源、气象、植物等对喷灌的要求分析

（3）确定喷灌设计的原则

（4）确定管网布置的形式

（5）进行喷灌水力计算，确定管径

（6）确定喷头类型和布置喷头

（7）制定灌水制度

实训成果：每位学生提交一份设计书

第3章　园林砌体工程设计

园林工程（二）

在园林建设过程中，对景观视觉影响之大、工程量之大、施工之复杂的将首推砌体工程，砌体工程涉及的范围很广，各种建筑物和构筑物都有砌体项目，砌体工程包括砌砖和砌石，砖石砌体在园林中被广泛采用，它们既是承重构件、围护构件，也是主要的造景元素之一。尤其是砖、石所形成的各种墙体，在分隔空间、改变设施的景观面貌、反映地方乡土静观特征等方面得到广泛而灵活的运用，是园林硬质景观设计中最具表现力的要素之一。砌体工程在园林建设中的应用除了园林建筑的外墙与分隔墙、基础等外，还有许多地方（如花坛、水池、挡土墙、驳岸、围墙、检查井等构筑物）都应用到砌体工程。本章仅涉及花坛、挡土墙及其常用砌体材料，其他砌体内容将在园林建筑或本教材相应章节阐述。

3.1 常用砌筑材料

大多数砌体系指将块材用砂浆砌筑而成的整体。砌体结构所用的块材有：烧结普通砖、非烧结硅酸盐砖、黏土空心砖、混凝土空心砖、小型砌块、粉煤灰实心中型砌块、料石、毛石和卵石等。

3.1.1 普通砖

凡是孔洞率（砖面孔洞总面积占砖面积的百分率）不大于15%或没有孔洞的砖，称为普通砖。由于其原料和工艺不同，普通砖又分为烧结砖和蒸养（压）砖。烧结砖包括：黏土砖、页岩砖、烧结煤矸石砖、烧结粉煤灰砖等；蒸养（压）砖包括：灰砂砖、粉煤灰砖、炉渣砖等。

3.1.1.1 黏土砖

黏土砖是以黏土为主要原料，经搅拌成可塑状，用机械挤压成型的砖坯，经风干后入窑煅烧即成为砖。这种黏土砖称为普通烧结黏土砖。黏土砖随着发展又分为两类：

（1）实心黏土砖（简称砖）：它分为按国家标准尺寸制作的标准砖，其尺寸为240 mm×115mm×53mm。也有些地方有比标准尺寸略小些的实心黏土砖，其尺寸为220mm×105mm×43mm。实心黏土砖按生产方法不同，分为手工砖和机制砖；按砖的颜色可分红砖和青砖，一般来说青砖较红砖结实，耐碱、耐久性好。

（2）空心砖（大孔砖）和多孔砖：这是为了节省用土和减轻墙体自重而由实心砖改进而来的，如图3-1所示。根据我国《烧结空心砖和空心砌块》GB 13545—2003 的规定，黏土空心砖常用的主要有以下三种型号：

KP_2 标准尺寸为240×180×115（mm）

KM_1 标准尺寸为190×190×90（mm）

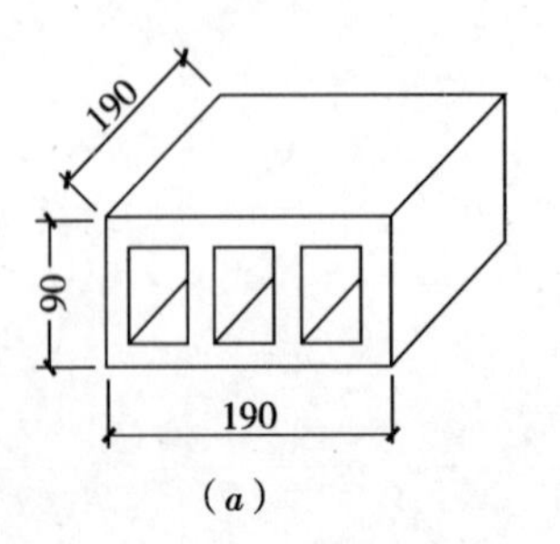

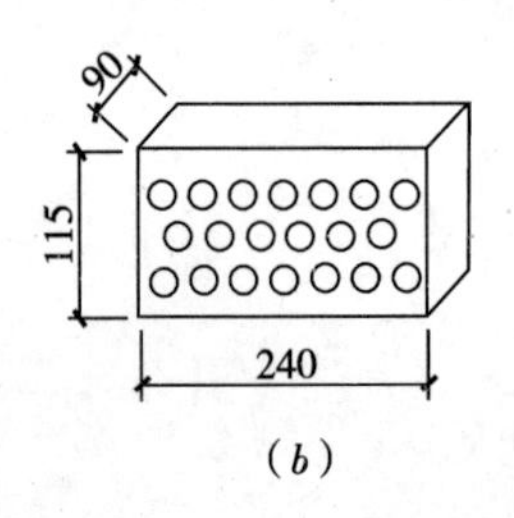

图3-1 空心砖和多孔砖
（a）空心砖（大孔砖）；（b）多孔砖

KP$_1$ 标准尺寸为 240×115×90（mm）

其中，KM$_1$ 型具有符合建筑模数的优点，但无法与标准砖同时使用，必须生产专门的“配砖”方能解决砖墙拐角、丁字接头处的错缝要求；KP$_1$ 与 KP$_2$ 型则可以与标准砖同时使用。多孔砖可以用来砌筑承重的砖墙，而大孔砖则主要用来砌框架围护墙、隔断墙等承自重的砖墙。

黏土砖的强度等级用 MUxx 表示，例如，我们过去称为 100 号砖的强度等级用 MU10 表示。它的强度等级是以它的试块受压能力的大小而定的。根据国家标准烧结普通砖 GB 5101—2003，抗压强度分为：MU30、MU25、MU20、MU15、MU10 五个强度等级。其要求见表 3-1。但实际上我们的工艺水平还达不到 MU30、MU25、MU20，一般常用的为 MU10。

强度等级表 **表 3-1**

强度等级	抗压强度平均值 $\bar{f}\geqslant$（MPa）	标准值 $f_k\geqslant$（MPa）	强度等级	抗压平均值 $R\geqslant$（MPa）	标准值 $f_k\geqslant$（MPa）
MU30	30.0	22.0	MU15	15.0	10.0
MU25	25.0	18.0	MU10	10.0	6.5
MU20	20.0	14.0			

3.1.1.2　其他类砖

除黏土砖外，还有硅酸盐类砖、煤矸石砖等，它们是利用工业废料制成的。优点是化废为宝、节约土地资源、节约能源。但由于其化学稳定性等因素，使用没有黏土砖广。其种类有：灰砂砖、炉渣砖、粉煤灰砖、煤矸石砖等。其强度等级为 MU7.5～MU15 之间，尺寸与标准砖相同。

园林中的花坛、挡土墙等砌体所用的砖须经受雨水、地下水等侵蚀，故采用黏土烧结实心砖、煤矸石砖、页岩砖，而灰砂砖、炉渣砖、粉煤灰砖则不宜使用。

3.1.1.3　普通砖的砌筑

普通砖墙厚度有半砖、四分之三砖、一砖、一砖半、二砖等，常用砌合方法有一顺一丁、三顺一丁、梅花丁、条砌法等，其排砖方法如图 3-2～图 3-6所示。

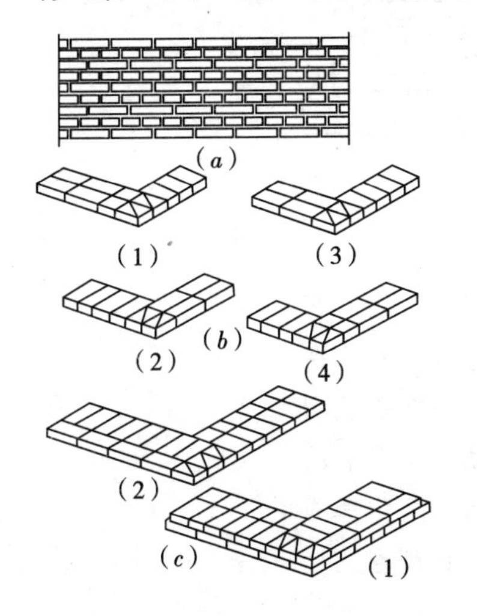

图 3-2　一顺一丁排砖法（一）（左）
(a) 立面图；(b) 一砖墙排法；(c) 一砖半墙排法

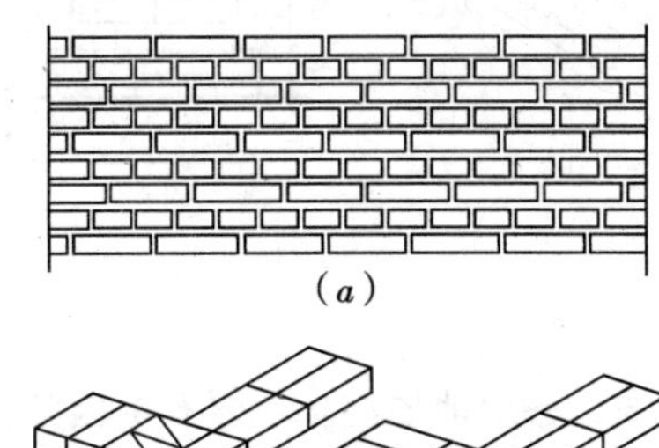

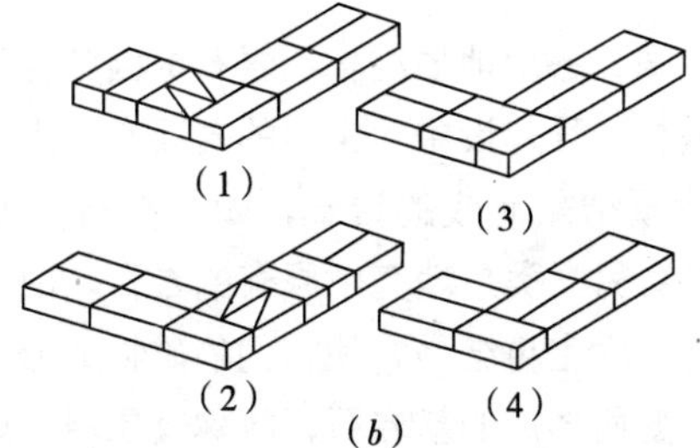

图 3-3　三顺一丁排砖法（右）
(a) 立面图；(b) 一砖墙排法

砖墙的水平灰缝厚度和竖向灰缝宽度一般为10mm，但不应小于8mm，也不应大于12mm，灰缝的砂浆应饱满，水平灰缝的砂浆饱满度不得低于80%。

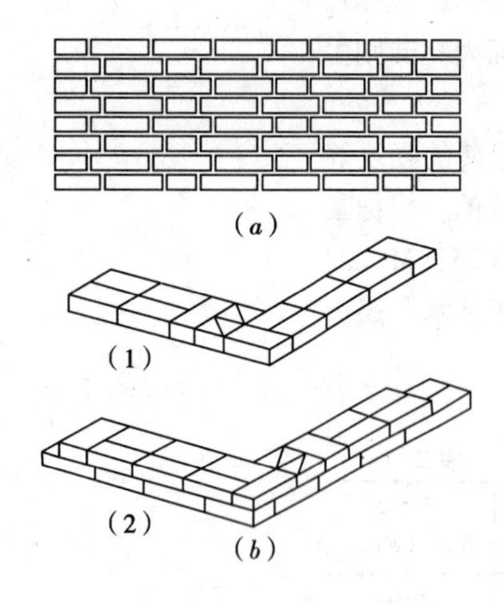

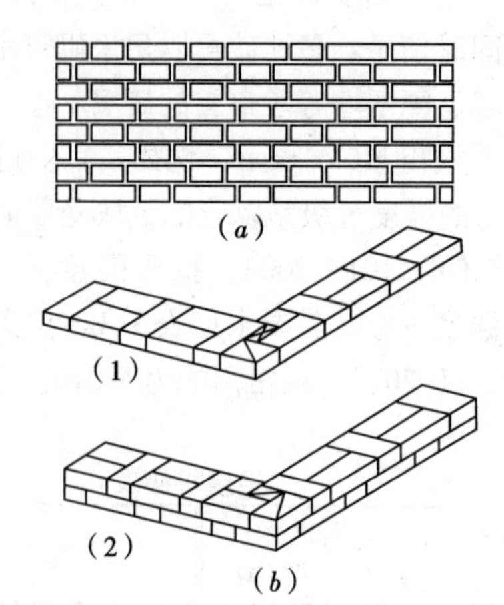

图3-4 一顺一丁排砖法（二）（左）

(a) 立面图；(b) 一砖墙排法

图3-5 一顺一丁排砖法（三）（右）

(a) 立面图；(b) 一砖半墙排法

实心黏土砖用作基础材料，这是园林中作花坛砌体工程常用的基础形式之一。它是属于刚性基础，以宽大的基底逐步收退，台阶式的收到墙身厚度，收退多少应按图纸实施，一般有：等高式大放脚每两皮一收，每次收退60mm（1/4砖长）；间隔式大放脚是两层一收及间一层一收交错进行，其断面形式可如图3-7所示。

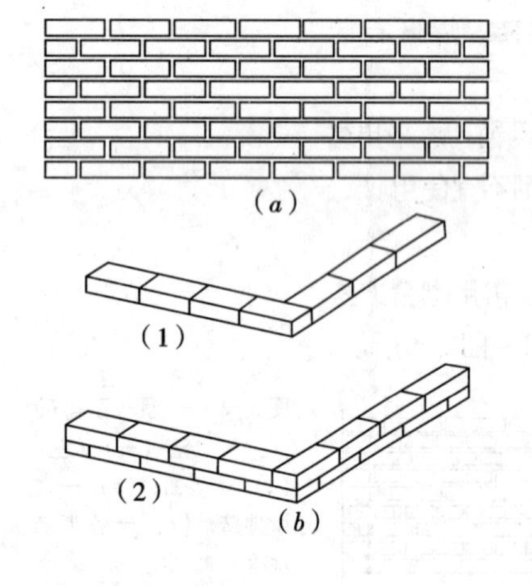

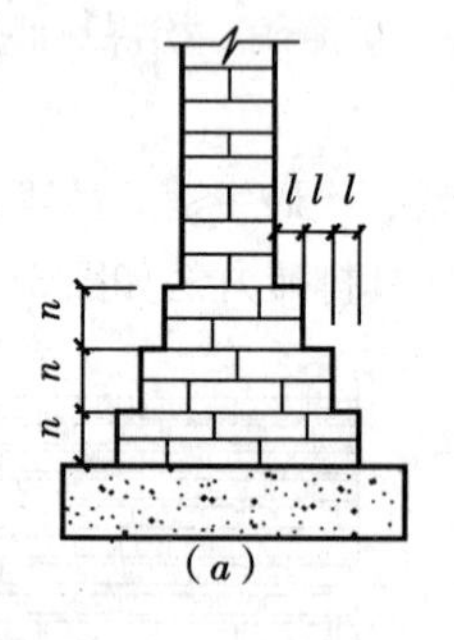

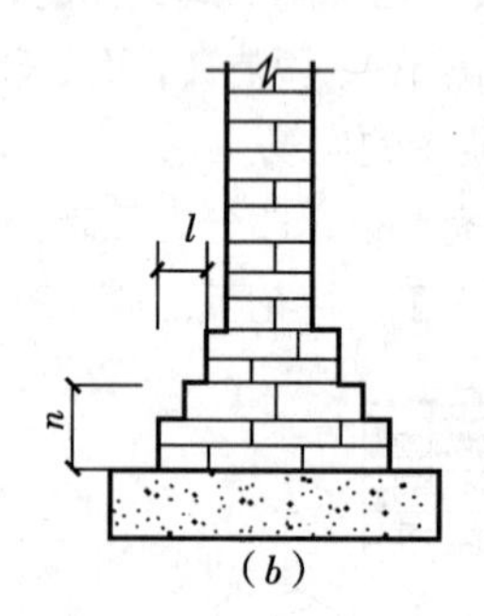

图3-6 条砌排砖法图（左）

(a) 立面图；(b) 半砖墙排法

图3-7 砖基础剖面图（右）

(a) 等高式；(b) 不等高式

3.1.2 石材

由于我国地域广阔，各地地质结构和岩石成因条件不同，不同地区所产石材不尽相同。但在园林工程建设中，常用的岩石有三大类：一类是熔融岩浆在地下或喷出地面后冷凝结晶而成的岩石，如花岗石、正长石等；一类是沉积岩，如石灰岩、砂岩；另一类是地壳中原有的岩石，由于岩浆活动和构造活动的影响，原岩在固态下发生再结晶，使它们的矿物成分、结构构造以至化学成分发生部分或全部改变所形成的新岩石，故称变质岩，如大理岩、石英岩、片麻岩等。

在有石材资源的地区，应因地制宜地应用各种材料来砌筑墙体或作基础。用于砌筑的石材从外观上分可以有毛石、料石两种。毛石是由人工采用撬凿法和爆破法开采出来的不规则石块。由于岩石层理的关系，往往可以获得相对平整的和基本平行的两个面。它适宜用于基础、勒脚、一层墙体，此外，在土木工程中用于挡土墙、护坡、堤坝等。料石亦称条石，系由人工或机械开采的较规则的六面体石块，经人工略加凿琢而成，依其表面加工的平整程度分为毛料石、粗料石、半细料石和细料石四种。毛料石一般仅稍加修整，厚度不小于20cm，长度为厚度的1.5～3倍；粗料石表面凸凹深度要求不大于2cm，厚度和宽度均不小于20cm，长度不大于厚度的3倍；半细料石除表面凸凹深度要求不大于0.2cm外，其余同粗料石；细料石经细加工，表面凸凹深度要求不大于0.2cm，其余同粗料石。料石常由砂岩、花岗岩、大理岩等质地比较均匀的岩石开采琢制，至少有一个面的边角整齐，以便互相合缝，主要用于墙身、踏步、地坪、挡土墙等。粗料石部分可选来用于毛石砌体的转角部位，控制两面毛石墙的平直度。

石材的强度等级可分为：MU200、MU150、MU100、MU80、MU60、MU50等。它是由把石块做成的70mm立方体，经压力机压至破坏后，得出的平均极限抗压强度值来确定的。

3.1.3 砂浆

砂浆是由骨料（砂）、胶结料（水泥）、掺合料（石灰膏）和外加剂（如微沫剂、防水剂、抗冻剂）加水拌合而成。当然，掺合料及外加剂是根据需要而定的。砂浆是园林中各种砌体材料中块体的胶结材料，使砌块通过它的粘结形成一个整体。砂浆起到填充块体之间的缝隙，把上部传下来的荷载均匀地传到下面去，还可以阻止块体的滑动的作用。砂浆应具备一定的强度、粘结力和工作度（或叫流动性、稠度）。

3.1.3.1 砂浆的类型

砂浆按用途不同分为：砌筑砂浆、抹面砂浆、防水砂浆、装饰砂浆等。也可按胶结材料不同分为：

（1）水泥砂浆：是由水泥和砂子按一定重量的比例配制搅拌而成的。主要用在受湿度大的墙体、基础等部位。

（2）混合砂浆：是由水泥、石灰膏、砂子（有的加少量微沫剂节省石灰膏）等按一定的重量比例配制搅拌而成的。主要用于地面以上墙体的砌筑。

（3）石灰砂浆：它是由石灰膏和砂子按一定比例搅拌而成的。强度较低，一般只有0.5MPa左右。但作为临时性建筑、半永久性建筑仍可作砌筑墙体使用。

（4）防水砂浆：是在1:3（体积比）水泥砂浆中，掺入水泥重量3%～5%的防水粉或防水剂搅拌而成的。主要用于防潮层、水池内外抹灰等。

(5）勾缝砂浆：它是水泥和细砂以1∶1（体积比）拌制而成的。主要用在清水墙面的勾缝。

3.1.3.2　组成砂浆的材料

1）水泥：水泥呈粉末状，它和适量的水拌合后，即由塑性浆状体逐渐变成坚硬的石状体，是一种水硬性胶凝材料。主要是用石灰石、黏土、含铝、铁、硅的工业废料等辅料，经高温烧制、磨细而成的。具有吸潮硬化的特点，因而在储藏、运输时注意防潮。

目前我国生产的常用水泥有6种：硅酸盐水泥、普通硅酸盐水泥、矿渣硅酸盐水泥、火山灰质硅酸盐水泥、粉煤灰硅酸盐水泥和复合硅酸盐水泥。

水泥具有以下几方面的性能：

（1）密度。约为3.10g/cm^3。

（2）表观密度。约为1300～1600kg/m^3。

（3）细度。按国家标准GB 175—2007，硅酸盐水泥和普通硅酸盐水泥比表面积大于300m^2/kg；其他水泥80μm方孔筛筛余不得超过10.0%或45μm方孔筛筛余不大于30%。

（4）凝结时间。初凝不小于45min；终凝不大于390min（硅酸盐水泥）。或600min（其他水泥）。

（5）安定性。水泥安定性相当重要，用沸煮法检验必须合格。凡不合格者不能使用，否则硬化后会发生裂缝成为碎块而破坏。因此，对一些水泥厂生产的水泥，必须进行复试，包括安定性检验。

（6）水泥强度。水泥强度是用软练法做成试块后，经抗压试验取得的值作为它的强度等级。目前我国生产的水泥的强度等级为：硅酸盐水泥分6个强度等级，即42.5、42.5R、52.5、52.5R、62.5、62.5R。普通硅酸盐水泥分为4个强度等级，即42.5、42.5R、52.5、52.5R，其他四大水泥也分6个等级，即32.5、32.5R、42.5、42.5R、52.5、52.5R。

（7）水化热。水泥和水拌合后，产生化学反应会放出热量，这种热量称为水化热。水化热大部分在水化初期内（约7d）放出，以后渐渐减少。在浇筑大体积混凝土时，要注意这个问题，防止内外温度差过大引起混凝土裂缝。

2）石灰膏：是用生石灰块料经水化和网滤在沉淀池中沉淀熟化，贮存后为石灰膏，要求在池中熟化的时间不少于7d。沉淀池中的石灰膏应防止干燥、冻结、污染。砌筑砂浆严禁使用脱水硬化的石灰膏。

3）砂：粒径在5mm以下的石质颗粒，称为砂。砂是混凝土中的细骨料，砂浆中的骨料，可分为天然砂和人工砂两类。天然砂是由岩石风化等自然条件作用形成的，可分为：河砂、山砂、海砂等。由于河砂比较洁净，质地较好，所以，配制混凝土时宜采用河砂。人工砂是岩石用轧碎机轧碎后，筛选而成的。但它细粉、片状颗粒较多，且成本也高，只有天然砂缺乏时才考虑用人工砂。一般按砂的平均粒径可分为粗、中、细、特细四类，见表3-2。

砂的分类 **表 3-2**

类别	平均粒径（mm）	细度模数	类别	平均粒径（mm）	细度模数
粗砂	>0.5	3.1~3.7	细砂	0.25~0.35	1.6~2.2
中砂	0.35~0.5	2.3~3.0	特细砂	<0.25	0.7~1.5

注：细度模数是反映砂子粒径的指标。

将不同粒径的砂子按一定的比例搭配，砂粒之间彼此互相填充使空隙率最小，这种情况就称为良好的颗粒级配。良好的级配，可以降低水泥用量，提高砂浆和混凝土的密实度，起到防水的作用。

砌筑砂浆应采用中砂，使用前要过筛，不得含有草根等杂物。此外，对含泥量亦有控制，如水泥砂浆和强度等级等于或大于 M5 的水泥混合砂浆所用的砂，其含泥量不应超过 5%；而强度等级小于 M5 的水泥混合砂浆所用的砂，其含泥量不应超过 10%。

4）微沫剂：是一种憎水性的有机表面活性物质，是由松香与工业纯碱熬制而成的。它的掺量应通过试验确定，一般为水泥用量的 0.5/10000~1.0/10000（微沫剂按 100% 纯度计）。它能增加水泥的分散性，使水泥石灰砂浆中的石灰用量减少许多。

5）防水剂：用于与水泥结合形成不溶性材料和填充堵塞砂浆中的孔隙和毛细通路。它分为：硅酸钠类防水剂、金属皂类防水剂、氯化物金属盐类防水剂、硅粉等。应用时要根据品种、性能和防水对象而定。

6）食盐：是作为砌筑砂浆的抗冻剂而用的。

7）水：砂浆必须用水拌合，因此所用的水必须洁净未污染。若使用河水必须先经化验才可使用。一般以自来水等饮用水来拌制砂浆。

砂浆按其强度等级分为：M20、M15、M10、M7.5、M5、M2.5。砂浆强度是以一组 7cm 立方体试块，在标准养护条件下（温度为（20±3）℃，湿度为相对湿度 90% 以上环境中）养护 28d 测其抗压极限强度值的平均值来划分其等级的。

3.1.3.3　砌筑砂浆配合比的计算

1）计算砂浆试配强度 $f_{m,0}$

$$f_{m,0}=f_2+0.645\sigma$$

式中　$f_{m,0}$——为砂浆的试配强度，精确至 0.1MPa；

f_2——为砂浆的抗压强度平均值（精确至 0.1MPa）；

σ——砂浆现场强度标准差，精确至 0.01MPa。

标准差的值在企业无较强管理的试验统计资料时，按表 3-3 取用。

砂浆强度标准差 σ 选用值（MPa） **表 3-3**

施工水平 \ 砂浆强度等级	M2.5	M5.0	M7.5	M10	M15	M20
优良	0.50	1.00	1.50	2.00	3.00	4.00

续表

施工水平 \ 砂浆强度等级	M2.5	M5.0	M7.5	M10	M15	M20
一般	0.62	1.25	1.88	2.50	3.75	5.00
较差	0.75	1.50	2.55	3.00	4.50	6.00

2）计算出每立方米，砂浆中水泥用量 Q_c

公式为：

$$Q_c = 1000\ (f_{m,0} - B)/(A \cdot f_{ce})$$

式中 Q_c——每立方米砂浆中的水泥用量（kg/m³，精确至 1kg）；

$f_{m,0}$——为前面公式计算出的试配强度（MPa）；

f_{ce}——水泥的实测强度，精确至 0.1MPa，苦无法实测，则取水泥强度等级值；

A、B——特征系数，其中 $A = 3.03$，$B = -15.09$。各地区也可用本地区试验资料确定 A、B 值，统计用的试验组数不得少于 30 组。

当计算出的 Q_c 值不足 200kg/m³ 时，应采用 200kg/m³。

3）计算水泥混合砂浆中的石灰膏用量

$$Q_D = Q_A - Q_C$$

式中 Q_D——每立方米砂浆中石灰膏掺量（kg/m³）；

Q_C——计算出的每立方米砂浆中水泥用量（kg/m³）；

Q_A——砂浆技术要求规定的胶结料和掺加料的总量 300～350kg/m³ 之间。

其中石灰膏稠度以 120mm 为准，当不足 120mm 时均要进行折减，折减换算系数见表 3-4。

石灰膏不同稠度时的换算系数　　表 3-4

石灰膏稠度	120	110	100	90	80	70	60	50	40	30
换算系数	1.00	0.99	0.97	0.95	0.93	0.92	0.90	0.88	0.87	0.86

4）计算每立方米砂浆中砂子用量。是以干燥状态（含水率小于 0.5%）的摊积密度值作为计算值，计算单位为 kg/m³。

5）选用每立方米砂浆的用水量。可根据表 3-5选用。

每立方米砂浆中用水量的选用值　　表 3-5

砂浆品种	混合砂浆	水泥砂浆
用水量（kg/m³）	200～300	270～330

用水量应扣除砂中含水量，但不包括石灰膏中含水量。

在实际工作中，砂浆的配合比可根据砂浆的用途和设计强度等级查阅建筑施工手册或相关工具书，表3-6为32.5级水泥砂浆材料用量表。

32.5 级水泥砂浆材料用量表　　　　表3-6

砂浆强度等级	每立方米砂浆水泥用量（kg）	每立方米砂子用量（kg）	每立方米砂浆用水量（kg）
M2.5～M5	200～230	1m³ 砂子的堆积密度值	270～330
M7.5～M10	220～280		
M15	280～340		
M20	340～400		

3.2 花坛砌筑工程设计

花坛在庭院、园林绿地中广为应用，常常成为局部空间环境的构图中心和焦点，对活跃庭院空间环境、点缀环境绿化景观起到十分重要的作用。它是在具有一定几何轮廓的植床内，种植各种不同色彩的观花、观叶与观果的园林植物，从而构成一幅富有鲜艳色彩或华丽纹样的装饰图案，以供观赏，英语叫做flower bed。在中国古典园林中，花坛是指“边缘用砖石砌成的种植花卉的土台子”，对于花坛内植物种植方式与图案布置式样，在本节内不作探讨，本节主要从花坛的平面布局、造型、装饰设计来讲述，即从硬质景观的角度来探讨。

3.2.1 花坛的分类与布局

花坛作为硬质景观和软质景观的结合体，具有很强的装饰性，可作为主景，也可作为配景。根据它的外部轮廓造型与形式，可分为如下几种形式：

（1）独立花坛：以单一的平面几何轮廓作局部构图主体，在造型上具有相对独立性。如圆形、方形、长方形、三角形、六边形等为常见形式，如图3-8所示。在庭院中也常用自然山石作独立的花坛，如图3-9所示。

（2）组合花坛：由两个以上的个体花坛，在平面上组成一个不可分割的构图整体者，或称花坛群，如图3-10所示。组合花坛的构图中心，可以采用独立花坛，也可以是池、喷泉、雕像或纪念碑、亭等，组合花坛内的铺装场地和道路不允许游人入内活动，大规模的组合花坛的铺装场地的地面上，有时可设置坐椅，附建花架，供人休息，也可利用花坛边缘设置隐形坐凳。

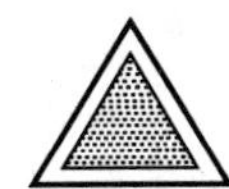
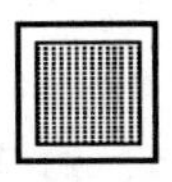
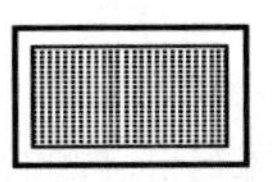

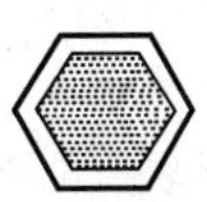
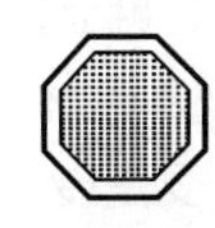

图3-8　常见花坛形式

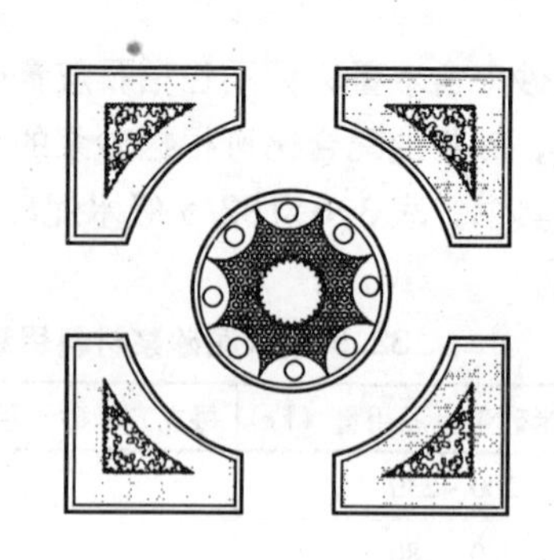

图3-9　自然山石花坛（左）

图3-10　组合花坛（右）

（3）立体花坛：由两个以上的个体花坛经叠加、错位等在立面上形成具有高低变化和协调统一的外观造型者，如图3-11所示。

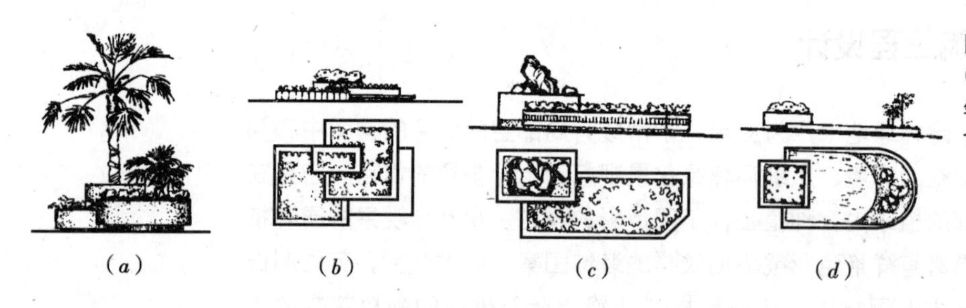

图3-11　立体花坛
（*a*）立体花坛；（*b*）与坐凳结合；（*c*）与山石结合；（*d*）与水景结合

（4）异形花坛：在园林中常将花坛做成树桩、花篮等形式，造型独特不同于常规者。

花坛在布局上，一般设在道路的交叉口、公共建筑的正前方或园林绿地的入口处，或在广场的中央，即游人视线交汇处，构成视觉中心，常见布置方式如图3-12所示。花坛的平、立面造型应根据所在园林空间环境特点、尺度大小、拟栽花木生长习性和观赏特点来定。

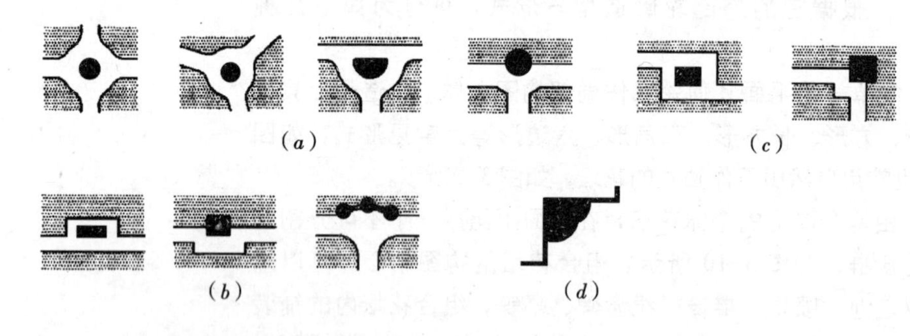

图3-12　花坛布置位置
（*a*）位于道路交叉口；（*b*）位于道路一侧；（*c*）道路转折处；（*d*）位于建筑一角

3.2.2　花坛表面装饰设计

花坛表面装饰总的原则应同园林的风格与意境相协调，色调上或淡雅、或端庄，在质感上或细腻、或粗犷，与花坛内的花卉植物相得益彰，其表面装饰可分为砌体材料装饰、贴面饰面和装饰抹灰三大类。

3.2.2.1　砌体材料装饰

花坛砌体材料主要是砖、石块、卵石等，通过选择砖、石的颜色、质感，以及砌块的组合变化、砌块之间勾缝的变化，形成美的外观，如图3-13、图3-14所示。石材表面通过加工留自然的凹凸、钢钎迹、扁尖、麻点等方式可以得到不同的表面效果。

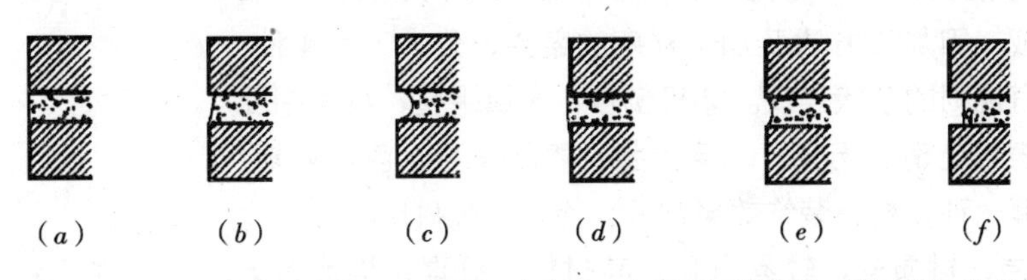

图3-13 砌块的组合变化

（a）齐平：齐平是一种平淡的装饰缝，雨水直接流向墙面，适用于露天的情况。通常用泥刀将多余的砂浆去掉，并用木条或麻袋布打光。

（b）风蚀：风蚀的坡形剖面有助于排水。其上方2～3mm的凹陷在每一砖行产生阴影线。有时将垂直勾缝抹平以突出水平线。

（c）钥匙：钥匙是用窄小的弧线工具压印的更深的装饰缝。其阴影线更加美观，但对于露天的场所不适用。

（d）突出：突出是将砂浆抹在砖的表面。它将起到很好的保护作用，并伴随着日晒雨淋而形成迷人的乡村式外观。可以选择与砖块的颜色相匹配的砂浆，或用麻布进行打光。

（e）提桶把手：提桶把手的剖面图是曲线形的，利用圆形工具获得，该工具是镀锌桶的把手。提桶把手适度地强调了每块砖的形状，而且能防日晒雨淋。

（f）凹陷：凹陷是利用特制的凹陷工具将砖块间的砂浆方方正正地按进去，强烈的阴影线夸张地突出了砖线。本方法只适用于非露天的场地。

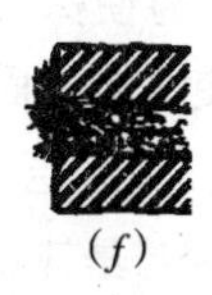

(a) (b) (c) (d) (e) (f)

图3-14 石块勾缝装饰

（a）蜗牛痕迹：蜗牛痕迹使线条纵横交错，使人觉得每一块石头都与相邻的石头相配。当砂浆还是湿的时候，利用工具或小泥刀沿勾缝方向划平行线，使砂浆的砌合更光滑、完整。

（b）圆形凹陷：利用湿的卵石（或弯曲的管子或塑料水管）在湿砂浆上按入一定深度。这使得每块石头之间形成强烈的阴影线。

（c）双斜边：利用带尖的泥刀加工砂浆，产生一种类似马嘴的效果。本方法需要专业人士去完成，以求达到美观的效果。

（d）刷："刷"是在砂浆完全凝固之前，用性硬的铁刷将多余的砂浆刷掉。

（e）方形凹陷：如果是正方形或长方形的石块，最好使用方形凹陷。方形凹陷需使用专用的工具。

（f）草皮勾缝：利用泥土或草皮取代砂浆，只有在石园或植有绿篱的清水石墙上才适用。要使勾缝中的泥土与墙的泥土相连以保证植物根系的水分供应。

3.2.2.2 贴面饰面

把块料面层（贴面材料）镶贴到基层上的一种装饰方法。贴面材料的种类很多，常用的有饰面砖、天然饰面板和人造石饰面板等，园林中常用不同颜色、不同大小的卵石贴面。

（1）饰面砖：适合于花坛饰面的砖有：①外墙面砖（墙面砖），其一般规格为200mm×100mm×12mm、150mm×75mm×12mm、75mm×75mm×8mm、108mm×108mm×8mm等，表面分有釉和无釉两种。②陶瓷锦砖（马赛克），是以优质瓷土烧制的片状小瓷砖拼成各种图案贴在纸上的饰面材料。③玻璃锦砖（玻璃马赛克），是以玻璃烧制而成的小块贴于纸上的饰面材料，有金属透明和乳白色、灰色、蓝色、紫色等多种花色。

（2）饰面板：用于花坛的饰面板有花岗石饰面板，是用花岗石荒料经锯切、研磨、抛光及切割而成；因加工方法及加工程序的差异，分为下列4种：①剁斧板：表面粗糙，具有规则的条状斧纹。②机刨板：表面平整，具有相互平行的刨纹。③粗磨板：表面光滑、无光。④磨光板：表面光亮、色泽鲜艳、晶体裸露。不论采用上述哪一种面板，装饰效果都好，而且经久耐用。

（3）青石板：系水成岩，材质软，较易风化，其材性、纹理、构造易于劈裂成面积不大的薄片。使用规格一般为长宽在300~500mm不等的矩形块，边缘不要求很直。青石板有暗红、灰、绿、蓝、紫等不同颜色，加上其劈裂后的自然形状，可掺杂使用，形成色彩富有变化而又具有一定自然风格的装饰效果。

（4）水磨石饰面板：是用大理石石粒、颜料、水泥、中砂等材料经过选配制坯、养护、磨光打亮制成，色泽品种较多，表面光滑，美观耐用。

3.2.2.3　装饰抹灰

装饰抹灰根据使用材料、施工方法和装饰效果的不同，分为水刷石、水磨石、斩假石、干粘石、喷砂、喷涂、彩色抹灰等。为使抹灰层与基体粘得牢固，防止起鼓开裂，并使抹灰表面平整，保证工程质量，一般应分层涂抹，即底层、中层和面层，如图3-15所示。底层主要起与基体粘结的作用，中层主要起找平的作用，面层起装饰作用。

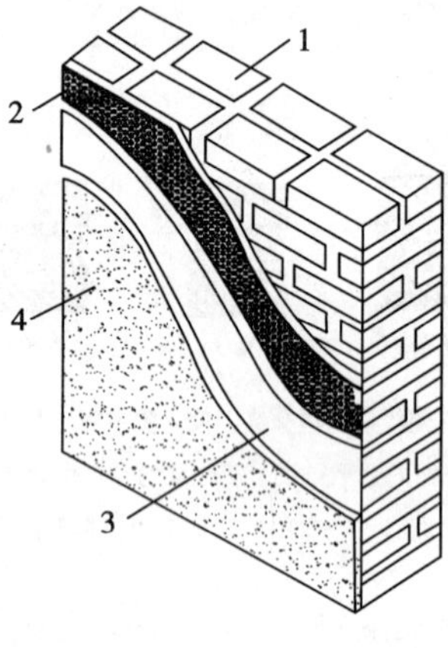

图3-15　砖墙面抹灰分层示意图
1—基体；2—底层；3—中层；4—面层

1）一般规定

（1）装饰抹灰面层的厚度、颜色、图案均应按设计图纸要求实施。

（2）底层、中层的糙板均已施工完成并符合质量要求（如不空、不裂、平整、垂直均达到要求）。

（3）装饰抹灰面层施工前，其基层的水泥砂浆抹灰要求已做好并硬化，具有粗糙而平整的中层，施工程序应自上而下进行，墙面抹灰，应防止交错污染。

（4）装饰抹灰必须分格，分格条要求事先准备好，贴前要在水中浸泡，泡足水分，条子应平直通顺。贴条在中层达到六七成干燥时进行；施工缝留在分格缝、阴角、落水管背面或单独装饰部分的边缘。

（5）施工前要做样板，按设计图纸要求的图案、色泽、分块大小、厚度等做成若干块，供设计、建设方等选择定型。

（6）装饰抹灰所用的材料的产地、品种、批号、色泽应力求相同，能做到专材专用。在配合比上要统一计量配料，并达到色泽一致。砂浆所用配比应符合设计要求，如设计无规定时按规范及本地区成熟的、质量可靠的配比施工。

（7）做装饰抹灰前应检查水泥糙板，凡有缺棱掉角的应修补整齐后才能做装饰抹灰面层。装饰抹灰时环境温度不应低于5℃，避开雨天施工，保证在施工中及完工后24h之内不受雨水冲淋。

（8）装饰抹灰面层施工完成后，严禁开凿和修补，以免损坏装饰的完整。

2）材料要求

装饰抹灰所用材料，主要是起色彩作用的石碴、彩砂、颜料，以及白水泥等。具体要求如下：

（1）选定的装饰抹灰面层对其色彩确定后，应对所用材料事先看样定货，并尽可能一次将材料采购齐，以免不同批、不同产地的来货不同而造成色差。

（2）所用材料必须符合国家有关标准，如白水泥的白度、强度、凝结时间，各种颜料、108胶、有机硅增水剂、氯偏磷酸钠分散剂等都应符合各自的产品标准。

（3）彩色石碴。是由大理石、白云石等石材经破碎而成的，用于水刷石、干粘石等，要求颗粒坚硬、洁净，含泥量不超过2%。使用前根据设计要求选择好品种、粒径和色泽，并应进行清洗除去杂质，按不同规格、颜色、品种分类保管放置。

（4）花岗石石屑。主要用于斩假石面层，平均粒径为2～5mm。要求洁净，无杂质和泥块。

（5）彩砂。有用天然石屑的，也有烧制成的彩色瓷粒，主要用于外墙喷涂。其颗粒粒径约1～3mm，要求其彩色在空气中稳定性好，颗粒均匀，含泥量不大于2%。

（6）其他材料

- 颜料：要求耐碱、耐光晒的矿物颜料。掺量不大于水泥用量的12%，作为配制装饰抹灰色彩的调制材料。
- 108胶：为聚乙烯醇缩甲醛。是拌入水泥中增加粘结能力的一种有机类胶粘剂，目的是加强面层与基层的粘结，并提高涂层（面层）的强度及柔韧性，减少开裂。
- 有机硅增水剂：如甲基硅醇钠。它是无色透明液体，主要在装饰抹灰面层完成后，喷于面层之外，可起到增水、防污作用，从而提高饰面的洁净及耐久性，也可掺入聚合物水泥砂浆进行喷涂、滚涂、弹涂等。该液体应密封存放，并应避光直射及长期暴露于空气之中。
- 氯偏磷酸钠：主要用于喷涤、滚涂等调制色浆的分散剂，使颜料能均匀分散和抑制水泥中游离成分的析出。一般掺量为水泥用量的1%。储存要用塑料袋封闭，做到防潮和防止结块。

总之，有些新产品材料在使用前要详细阅读产品说明书，了解各项指标性能，从而可进行检验及按产品说明要求进行操作使用。

3.2.2.4　常见花坛砌体结构

园林中花坛由砖、石、混凝土或钢筋混凝土砌筑而成，如图 3-16 所示。

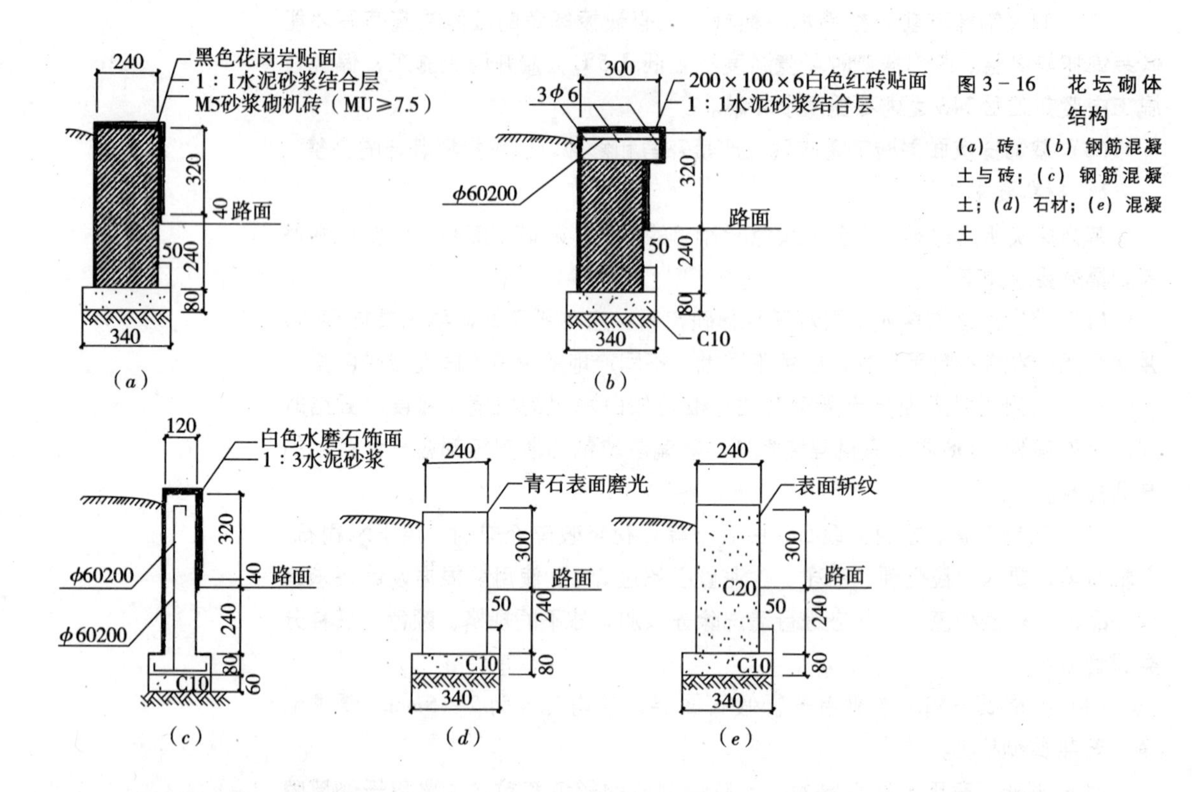

图 3-16　花坛砌体结构
(a) 砖；(b) 钢筋混凝土与砖；(c) 钢筋混凝土；(d) 石材；(e) 混凝土

3.3　园林挡土墙工程设计

在园林建设过程中，由于使用功能、植物生长、景观要求等的需要，常将不同坡度的地形按要求改造成所需的场地。在改造过程中，当斜坡超过容许的极限强度时，原有的土体平衡即遭到破坏，发生滑坡和塌方。如果在土坡外侧修建人工的防御墙则可维持稳定，这种用以支持并防止土体倾塌的工程结构体称为挡土墙。上节讲的花坛墙体实际为挡土墙。园林中的堤岸、台阶等都是园林挡土墙的不同表现形式。园林挡土墙总是以倾斜或垂直的面迎向游人，其对环境视觉心理的影响要比其他景观工程更为强烈，因而，要求设计者和施工者在考虑工程安全性的同时，必须进行空间构思，仔细处理其形象和表面的质感，即仔细处理细部、顶部和底脚，把它作为风景园林硬质景观的一部分来设计、施工。当然，这一切都应在园林总体规划的指导下进行。挡土墙景观也是山地园林的重要特征之一。

3.3.1　挡土墙断面结构选择与断面尺寸的决定

3.3.1.1　挡土墙断面结构选择

挡土墙类型区分的方法很多，但从使用的材料和挡土墙构造断面形式等方面来看可分为：

（1）重力式挡土墙：是园林中常采用的一类挡土墙，它借助于墙体的自重来维持土坡的稳定。土体侧向推力小，在构筑物的任何部分不存在拉应力，通常用砖、毛石和不加筋混凝土建成。如果用混凝土时，墙顶端宽度至少应为20cm，以便于灌浇和捣实。断面形式有3种，如图3-17所示。

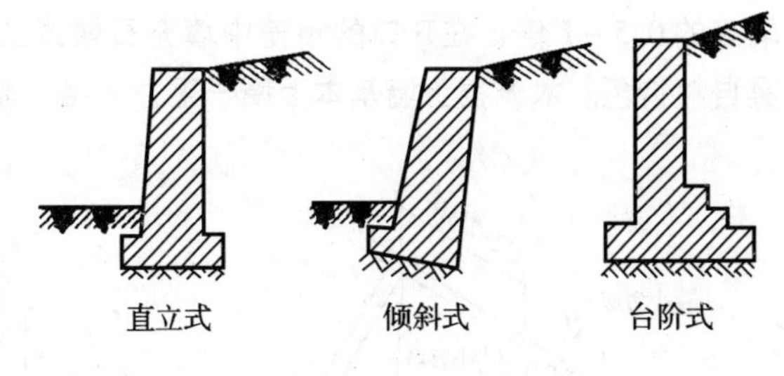

图3-17　重力挡土墙

直立式挡土墙指墙面基本与水平面垂直，但也允许有约10∶1～10∶0.2的倾斜度的挡土墙，直立式挡土墙由于墙背所承受的水平压力大，只宜用于几十厘米到两米左右高度的挡土墙。

倾斜式挡土墙常指墙背向土体倾斜，倾斜坡度在20°左右的挡土墙。这样使水平压力相对减少，同时，墙背坡度与天然土层比较密贴，可以减少挖方数量和墙背回填土的数量，适用于中等高度的挡土墙。

对于更高的挡土墙，为了适应不同土层深度土压力和利用土的垂直压力增加稳定性，可将墙背做成台阶形。

（2）半重力式挡土墙：在墙体除了使用少量钢筋以减少混凝土的用量和减少由于气候变化或收缩所引起的可能开裂外，其他各方面都与重力挡土墙类似，如图3-18所示。

（3）悬臂式挡土墙：通常作倒“T”形或“L”形。高度不超过7～9m时较经济。断面参考比例如图3-19所示。根据设计要求，悬臂的脚可以向墙内侧伸出，或伸出墙外，或两面都伸出。如果墙的底脚折入墙内侧，它便处于它所支承的土层的下面，优点是利用上面土层的压力，使墙体的自重增加。底脚折向墙外时，其主要优点是施工方便，但经常为了稳定而要有某种形式的底脚。

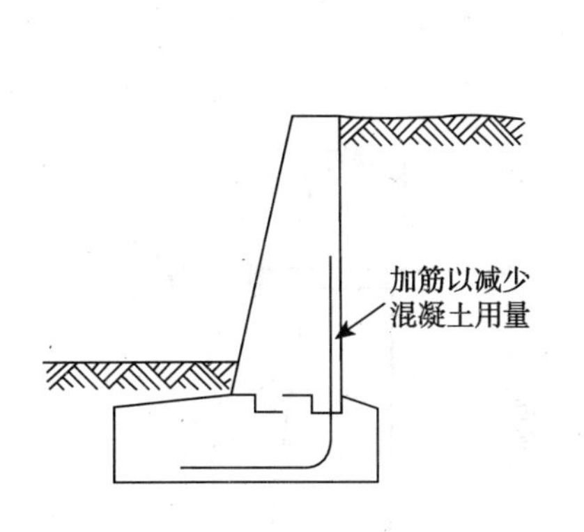

图3-18　半重力式挡土墙（左）

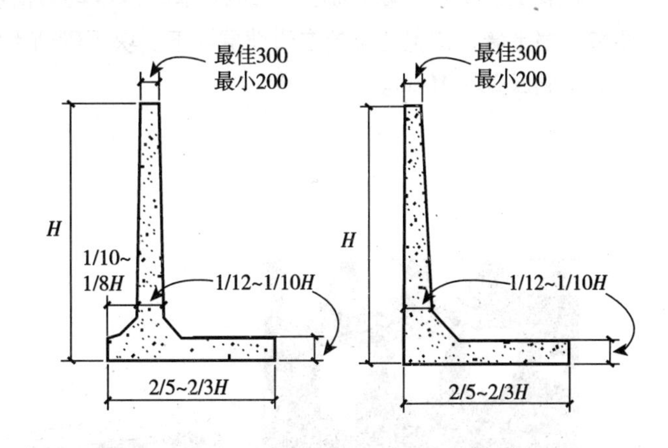

图3-19　悬臂式挡土墙（右）

（4）后扶垛挡土墙：后扶垛墙的普通形式是在基础板和墙面板之间有垂直的间隔支承物，墙的高度在1m之内，扶垛间距最大可达墙高的2/3，最小不小于2.5m，如图3-20所示。

（5）木笼挡土墙：木笼挡土墙通常采用1∶75倾斜度，其基础宽度一般为墙高的0.5～1倍，在开口的箱笼中填充石块或土壤，可在上面种植花草，极具自然特色。木笼挡土墙基本上属于重力式挡土墙，如图3-21所示。

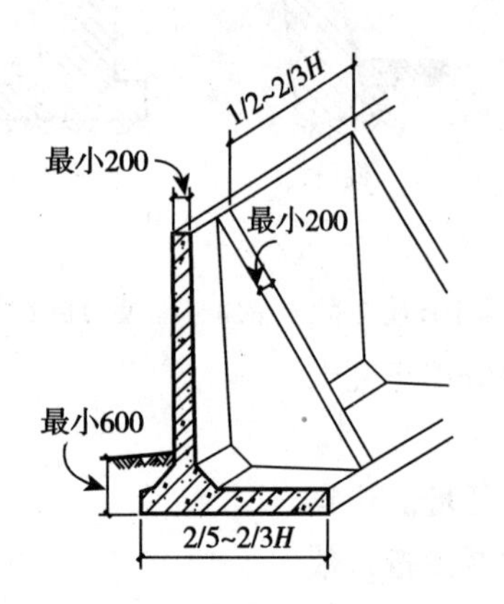

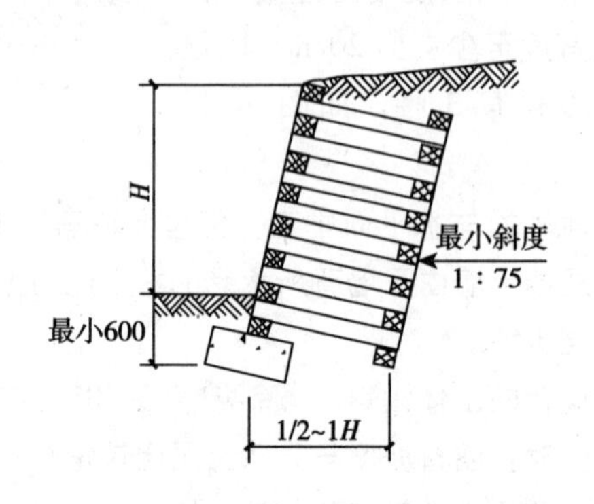

图3-20　后扶垛挡土墙（左）

图3-21　木笼挡土墙（右）

（6）园林式档土墙：将挡土墙的功能与园林艺术相结合，融于花墙、围墙、照壁等建筑小品之中，为了施工的便利，常做成小型花的装配式预制构件，也便于作为基本单元进行图案的构成和花草的种植，如图3-22所示。

3.3.1.2　挡土墙断面尺寸的确定

挡土墙的结构形式和断面尺寸的大小，受挡土墙背后的土体产生的侧向压力的大小、方向、地基承载能力、防止滑移情况、结构稳定性等方面的因素影响，因而挡土墙力学计算是十分复杂的工作，需要结构师参与完成，在此仅作一般介绍，以浆砌块石挡土墙为例，挡土墙横断面的结构尺寸根据墙高来确定墙的顶宽和底宽，如图3-23所示。其墙高与顶宽、底宽的关系见表3-7。

石砌筑阶梯挡土墙，如图3-24所示。根据具体情况放大或缩小，对于有滑坡的挡土墙，应把基础挖在滑坡层以下。块石砌挡土墙时，基础要比条石砌筑的基础深20～10cm。

图3-22　园林式挡土墙（左）

图3-23　浆砌块石挡土墙尺寸图（右）

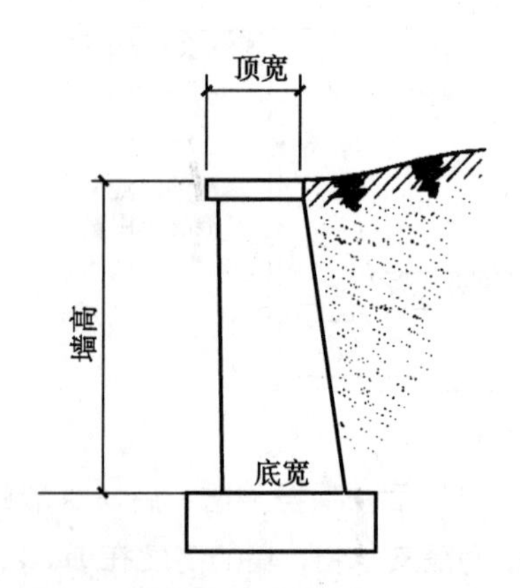

3.3.1.3　典型的挡土墙结构

典型的挡土墙通过其"坡脚"、扩展的墙基、按一定间距设置的钢筋进行加固。墙基的深度取决于墙前的土壤是否压实，是否保持原状，是否准备栽树。通过加固钢筋与混凝土后墙相连，面对坡地的石块略微后缩，以增加稳定性。墙背的防水涂层和坡形的压顶使得挡土墙不受水的破坏。排水措施则防止墙后水的聚集，如墙后放置石块以及在滴水洞下挖掘水道，如图3-25所示。

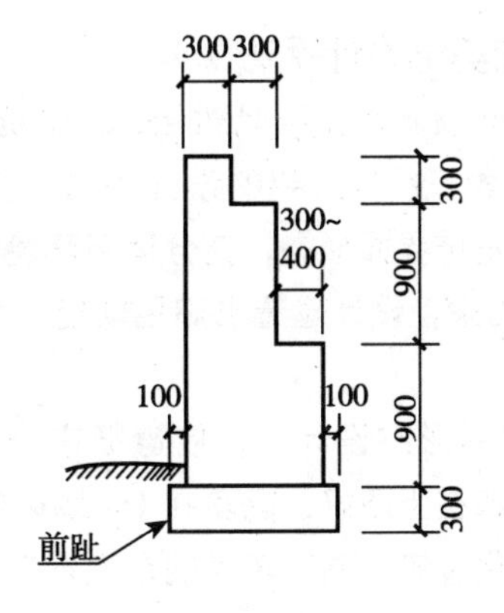

图3-24　条石阶梯挡土墙断面尺寸图

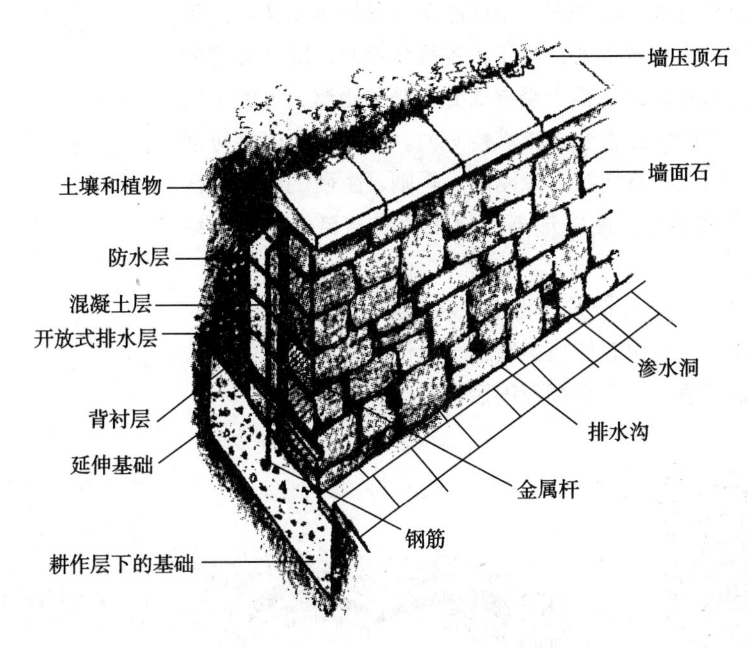

图3-25　典型的挡土墙结构

浆砌块石挡土墙尺寸表（cm）　　表3-7

类别	墙高	顶宽	底宽	类别	墙高	顶宽	底宽
1:3	100	35	40	1:3	100	30	40
白灰	150	45	70	水泥	150	40	50
浆砌	200	55	90	浆砌	200	50	80
	250	60	115		250	60	100
	300	60	135		300	60	120
	350	60	160		350	60	140
	400	60	180		400	60	160
	450	60	205		450	60	180
	500	60	225		500	60	200
	550	60	250		550	60	230
	600	60	300		600	60	270

3.3.2 挡土墙的美化设计手法

园林挡土墙除必须满足工程特性要求外，还应突出它的“美化空间、美化环境”的外在形式，通过必要的设计手法，打破挡土墙界面僵化、生硬的表情，巧妙地重新安排界面形态，充分运用环境中各种有利条件，把它潜在的“阳刚之美”挖掘出来，设计建造出满足功能、协调环境、有强烈空间感受的挡土墙。

（1）从挡土墙的形态设计上，应遵循宁小勿大、宁缓勿陡、宁低勿高、宁曲勿直等原则。即在土质好、高差在1m以内的台地，尽可能不设挡土墙而按斜坡处理，以绿化过渡；高差较大的台地，挡土墙不宜一次砌筑成，以免造成过于庞大的挡土墙断面，而宜分成多阶修筑，中间跌落处设平台绿化，从视觉上解除挡土墙的庞大笨重感；从视觉上看，由于人的视角所限，同样高度的挡土墙，对人产生的压抑感大小常常由于挡土墙界面到人眼的距离远近的不同而不同，故挡土墙顶部的绿化空间，在直立式挡墙能见时，在倾斜面时则可能见到，环境空间将变得开敞、明快；直线给人以刚毅、规则、生硬的感觉，而曲线给人以舒美、自然、动态的感觉，曲线形挡土墙更容易与自然地形相结合、相协调。

（2）结合园林小品，设计多功能的造景挡土墙。将画廊、宣传栏、广告、假山、花坛、台阶、坐椅、地灯、标识等与挡土墙统一设计，使之更能强烈地吸引游人，分散人们对墙面的注意力，产生和谐的亲切感（图3-26）。

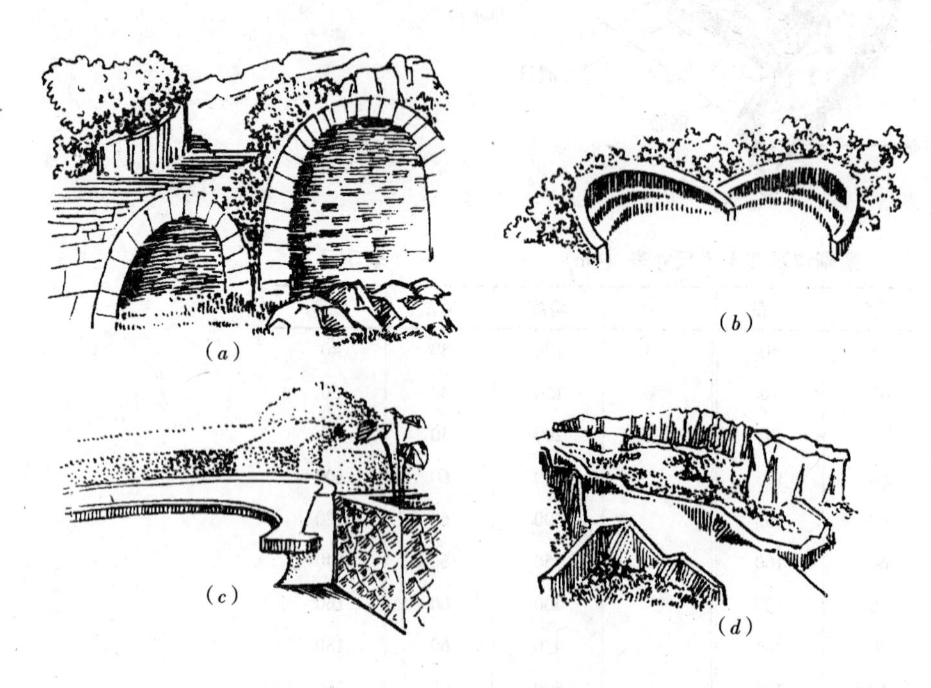

图3-26　多功能挡土墙
(*a*) 拱桥式造景挡土墙；(*b*) 香蕉座式挡土墙；(*c*) 坐椅式造景挡土墙；(*d*) 假山式（混凝土）挡土墙

（3）精心设计垂直绿化，丰富挡土墙空间环境。挡土墙的设计应尽可能为绿化提供条件，如设置花坛、种植穴，利用绿化隐蔽挡土墙之劣处。

（4）充分利用建筑材料的质感、色彩，巧于细部设计。质感的造成可分为自然与人工斧凿两种，前者突出粗糙、自然。后者突出细腻、耐看。色彩与材料本身有关，变化无穷。

3.3.3 挡土墙排水处理

挡土墙后土坡的排水处理对维持挡土墙的正常使用有很大影响，特别是雨量充沛和冻土地区。据某山城统计，因未作排水处理或排水不良者占发生墙身推移或塌倒事故的70%～80%。

3.3.3.1 墙后土坡排水、截水明沟、地下排水网

在大片山林、游人比较稀少的地带，根据不同地形和汇水量，设置一道或数道平行于挡土墙的明沟，利用明沟纵坡将降水和土坡地面径流排除，减少墙后地面渗水（图3-27）。必要时还需设纵、横向盲沟，力求尽快排除地面水和地下水。

3.3.3.2 地面封闭处理

在墙后地面上根据各种填土及使用情况采用不同地面封闭处理以减少地面渗水。在土壤渗透性较大而又无特殊使用要求时，可作20～30cm厚夯实黏土层或种植草皮封闭。还可采用胶泥、混凝土或浆砌毛石封闭。

3.3.3.3 泄水孔

墙身水平方向每隔2～4m设一孔，垂直方向每隔1～2m设一行，每层泄水孔交错设置。泄水孔尺寸在石砌墙中宽度为2～4cm，高度约为10～20cm。混凝土墙可留直径为5～10cm的圆孔或用毛竹筒排水。干砌石墙可不专设墙身泄水孔。

3.3.3.4 暗沟

有的挡土墙基于美观要求不允许设墙面排水时，除花墙背面刷防水砂浆或填一层不小于50cm厚的黏土隔水层外，还需设毛石暗沟，并设置平行于挡土墙的暗沟（图3-28），引导墙后积水，包括成股的地下水及盲沟集中之水与暗管相接。园林中室内挡土墙亦可这样处理。或者破壁组成叠泉造水景。

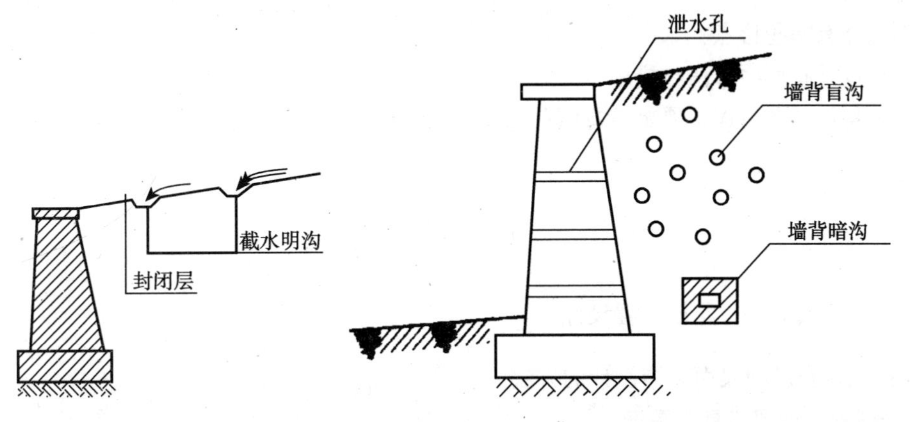

图3-27 墙后土坡排水明沟（左）

图3-28 墙背排水盲沟和暗沟（右）

在土壤或已风化的岩层侧面的室外挡土墙前，地面应作散水和明、暗沟管排水。必要时作灰土或混凝土隔水层，以免地面水浸入地基而影响稳定。明沟

距墙底水平距离不小于1m。

利用稳定岩层作护壁处理时，根据岩石情况，应用水泥砂浆或混凝土进行防水处理和保持相互间有较好的衔接。如岩层有裂缝则用水泥砂浆嵌缝封闭。当岩层有较大渗水外流时应特别注意引流而不宜作封闭处理。这正是作天然壁泉的好条件。在地下水多、地基软弱的情况下，可用毛石或碎石作过水层地基以加强地基排除积水。

■本章小结

园林土建工程虽不像建筑土建工程那么复杂，但园林中的建筑物、构筑物要求却很高，不但符合功能要求，更注重艺术装饰性，因此，园林砌体工程设计就必须满足功能、艺术装饰的要求。园林中砌体工程主要是花坛和挡土墙，在园林中二者的景观作用虽不是主要地位，但也不可粗制滥造，特别是花坛，都是在人们观赏的重点地段，好的种植图案也要好的花坛墙体装饰的配合，才能显示其艺术性。挡土墙虽不在显要位置，但往往是和园路、水体相配合的，设计不好也会影响景观。园林砌体的设计主要是造型和材料的使用，因此，了解材料的特性、砌体构造、工艺要求尤为重要。

复习思考题

1. 普通砖砌筑方法有哪些？
2. 砂浆类型及组成砂浆材料有什么特点？
3. 花坛外表装饰途径和方法有哪些？
4. 装饰抹灰的基本要求有哪些？
5. 花坛有几种形式？常见的布局方式有哪些？
6. 绘制常见的花坛砌体结构。
7. 挡土墙的类型，并有哪些特点？
8. 园林挡土墙美化设计有哪些方法与措施？
9. 对用于挡土墙的材料和条石挡土墙砌筑有哪些基本要求？

■实习实训

实训一　花坛工程设计

目的及要求：掌握花坛布局和表面装饰设计的方法。

材料和工具：2号图板，绘图工具、图纸。

内容及方法：（1）花坛布局设计，绘制平面图。

（2）花坛砌体构造设计，绘制立面图、剖面图。

(3) 花坛表面装饰设计，绘制表面装饰设计图案。

(4) 花坛施工图设计，绘制施工图。

实训成果：每个学生完成一套设计图。

实训二　挡土墙工程设计

目的及要求：掌握挡土墙工程设计的方法。

材料和工具：2 号图板，绘图工具、图纸。

内容及方法：(1) 挡土墙断面设计，绘制断面设计图。

(2) 挡土墙结构设计，绘制结构设计图。

(3) 挡土墙施工图设计，绘制施工图。

实训成果：每个学生完成一套设计图。

第4章 园林水景工程设计

园林工程（二）

水——无论是小溪、河流、湖泊还是大海，对人都有一种天然的吸引力。我们周围的水景无不给我们一种自然的恬静和怡神的感觉。从古至今，用水景点缀环境由来已久，水已成为梦想和魅力的源泉。水景工程，是与水体造园相关的所有工程的总称。它研究怎样利用水体要素来营造丰富多彩的园林水景形象。一般说来，水景工程设计主要包括喷泉工程设计、室内水景工程设计、岸坡工程设计等。

4.1 概述

古今中外之造园，水体是不可缺少的，水是环境空间艺术创作的一个要素，可借以构成多种格局的园林景观，艺术地再现自然，充分利用水的流动、多变、渗透、聚散、蒸发的特性，用水造景，动静相补，声色相衬，虚实相映，层次丰富，得水后的古树亭榭山石形影相依，产生特殊的艺术魅力。水池、溪涧、河湖、瀑布、喷泉等水体往往又给人以静中有动、寂中有声、以少胜多、发人联想的强感染力。

4.1.1 水的基本表现形式

（1）流水（图4-1）：有急缓、深浅之分，也有流量、流速、幅度大小之分，蜿蜒的小溪、淙淙的流水使环境更富有个性与动感。

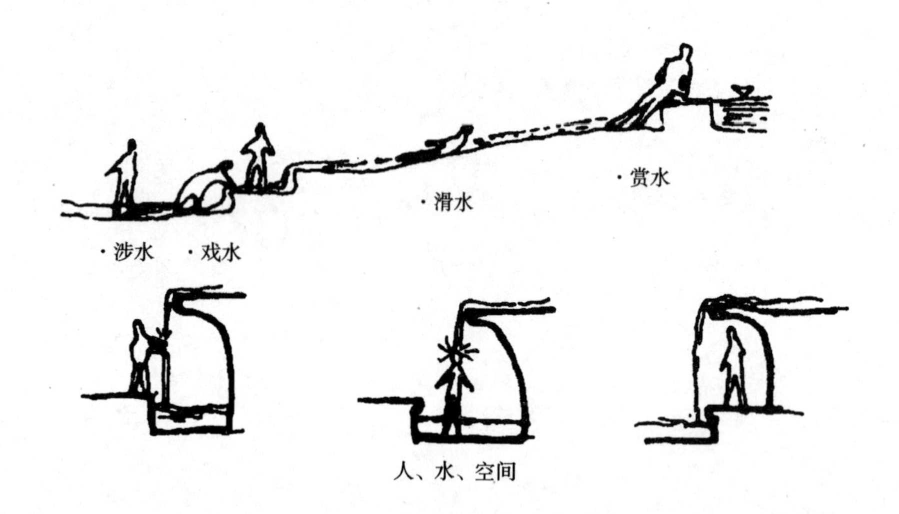

图4-1 流水

（2）落水（图4-2）：水源因蓄水和地形条件的影响而形成落差溅潭。水由高处下落则有线落、布落、挂落、条落、多级跌落、层落、片落、云雨雾落、壁落，时而涓涓细语、幽然而落，时而奔腾磅礴、呼啸而下。

（3）静水（图4-3）：平和宁静，清澈见底，表现为：

色——青、白绿、蓝、黄、新绿、紫草、红叶、雪景。

波——风乍起，吹皱一池春水；波纹涟漪，波光粼粼。

影——倒影、反射、逆光、投影、透明度。

（4）压力水（图4-4）：表现为喷、涌、溢泉、间歇水，动态的美，欢乐的源泉，犹如喷珠玉，千姿百态。

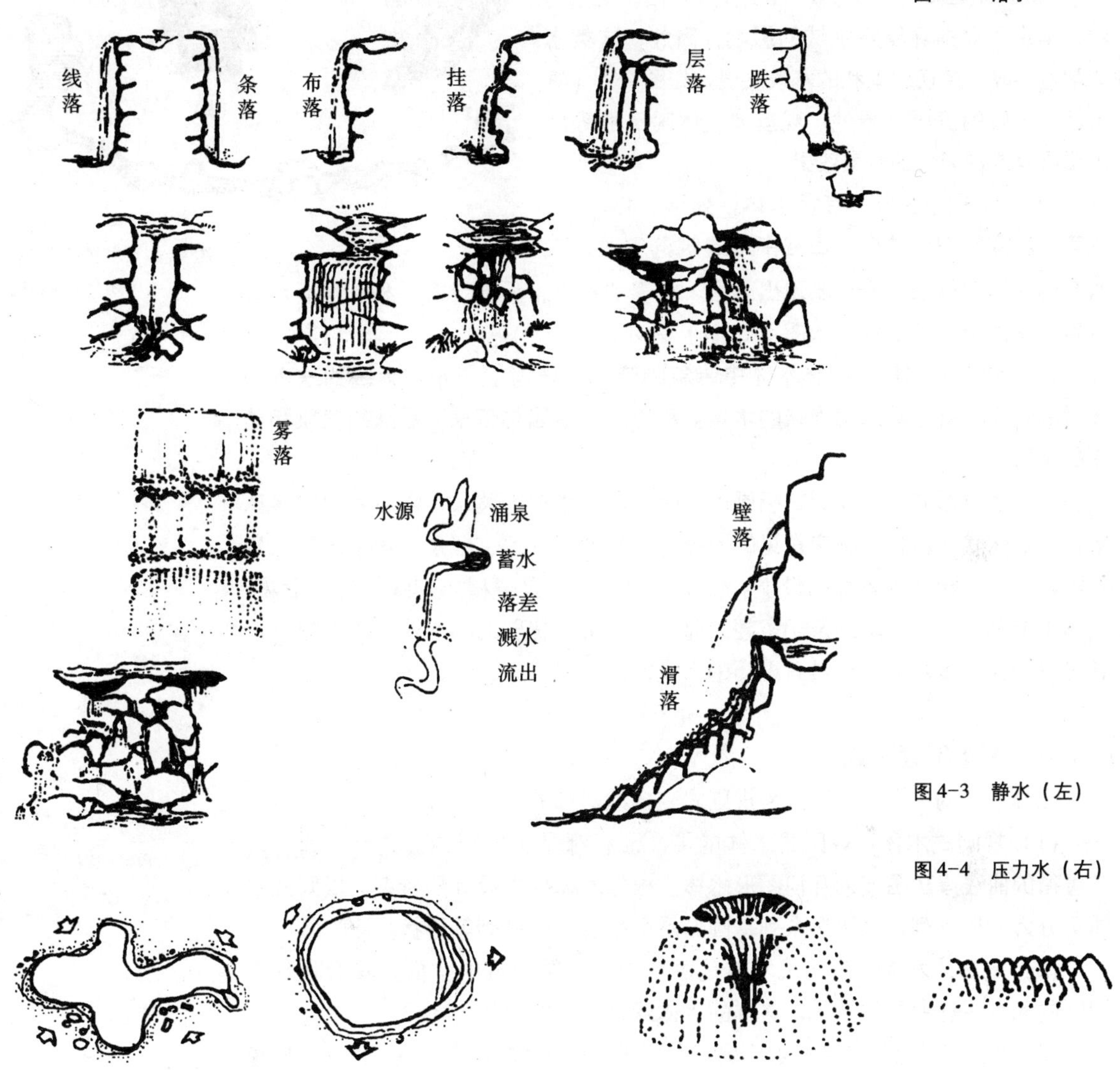

图4-2 落水

图4-3 静水（左）

图4-4 压力水（右）

4.1.2 水景的表现形态

水景的表现形态多种多样，给人的风景感受也多有不同，园林水体的大小宽窄、长短曲直，以及水景要素的不同组合方式等，都会产生不相同的风景效果。

（1）开朗的水景：水域辽阔坦荡，仿佛无边无际。水景空间开朗、宽敞，极目远眺，水天相连，天光水色，一派空明。这一类水景主要是指江、海、湖泊，如图4-5（*a*）所示。公园建在江边，就可以向宽阔的江面借景，从而获得开朗的水景。将海滨地带开辟为公园、风景区或旅游景区，也可以向大海借景，使无边无际的海面成为园林旁的开朗水景。利用天然湖泊或挖建人工湖泊，更是直接获得开朗水景的一个主要方式。

(2）闭合的水景：水面面积不大，但也算宽阔。水域周围景物较高，向外的透视线空间仰角大于13°，常在18°左右，空间的闭合度较大。由于空间闭合，排除了周围环境对水域的影响，因此，这类水体常有平静、亲切、柔和的水景表现，如图4-5（*b*）所示。一般的庭园水景池、观鱼池、休闲泳池等水体都具有这种闭合的水景效果。

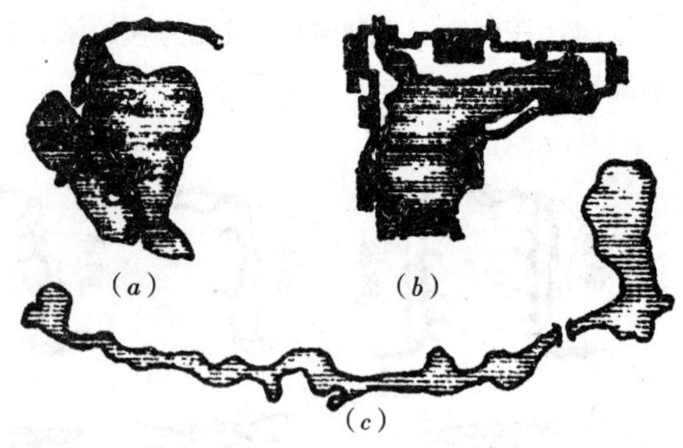

图4-5 水景的开朗、闭合、幽深的形态

(3）幽深的水景：带状水体，如河、堤、溪、涧等，当穿行在密林中、山谷中或建筑群中时，其风景的纵深感很强，水景表现出幽远、深邃的特点，环境显得平和、幽静，暗示着空间的流动和延伸，如图4-5（*c*）所示。

(4）动态的水景：园林水体中湍急的流水、狂泻的瀑布、奔腾的跌水和飞涌的喷泉，就是动态感很强的水景。动态水景给园林带来了活跃的气氛和勃勃的生气。

一些水景形式，如无锡寄畅园的八音涧、济南的趵突泉、昆明西山的珍珠泉，以及在我国古代园林中常见的流杯池、砚池、剑池、壁泉、滴泉、假山泉等等，水体面积和水量都比较小。但正因为小，才显得精巧别致、生动活泼，能够小中见大，让人感到亲切多趣，此外，建筑庭院里的小水池、水生植物池和室内景园的浅水池，也具有小巧的水景效果。

4.1.3 水体平面形式

园林水体的平面形式可分为规则式、自然式和混合式三种。

(1）规则式水体：规则式水体的平面形状都是由规则的直线岸边和有轨迹可循的曲线岸边围成的几何图形水体。根据水体平面设计的特点，规则式水体可分为方形系列、斜边形系列、圆形系列和混合形系列等形状。

(2）自然式水体：自然式水体是由自由曲线围合成的水面，其形状是不规则的和有多种变异的形状，这样的水体就是自然式水体。

(3）混合式水体：混合式水体是介于规则式和自然式两者之间，既有规则整齐的部分，又有自然变化的部分，是规则式水体形状与自然式水体形状相结合的一类水体形式。在园林水体设计中，在以直线、直角为地块形状特征的建筑边线、围墙边线附近，为了与建筑环境相协调，常常将水体的岸线设计成局部的直线段和直角转折形式，水体在这一部分的形状就成了规则式的。而在距离建筑、围墙边线较远的地方，自由弯曲的岸线不再与环境相冲突，就可以完全按自然式来设计。

4.2 园林水体工程设计

园林中的湖、池、溪、泉、瀑布等，是水景工程的主要部分，而且也是园林造景中最常用的部分，对这样一些水景形式，在园林设计中要分别对待，并要做出不同的处理。因此，本节主要探讨除喷泉以外的园林水景工程。

4.2.1 湖池工程设计

园林中的湖池主要有人工湖、庭院水景池、水生植物池等。在一些风景区、旅游度假村中设立的休闲性质的游泳池，其环境要求园林化，泳池本身也要求美观、洁净，在满足游泳功能的前提下，也可按水景湖池对待。

4.2.1.1 水景湖池

在园林造景中建造人工湖和水景池，最重要的是做好水体平面形状的设计，其次还要对水体驳岸的结构及构造进行设计，而水景结构中重要的水景附属设施，如观景平台、码头等的设计也要做好。这里，我们就水体平面设计和水景附属设施的设计进行介绍，水体岸坡设计则可见下一节的内容。

1）湖池平面：湖池的平面形状直接影响到湖池的水景形象表现及其景观效果。根据曲线岸边的不同围合情况，水面可设计为多种形状，如肾形、葫芦形、兽皮形、钥匙形、菜刀形、聚合形等等（图4-6）。设计这类水体形状时主要应注意的是：水面形状宜大致与所在地块的形状保持一致，仅在具体的岸线处理给予曲折变化。设计成的水面要尽量减少对称、整齐的因素。

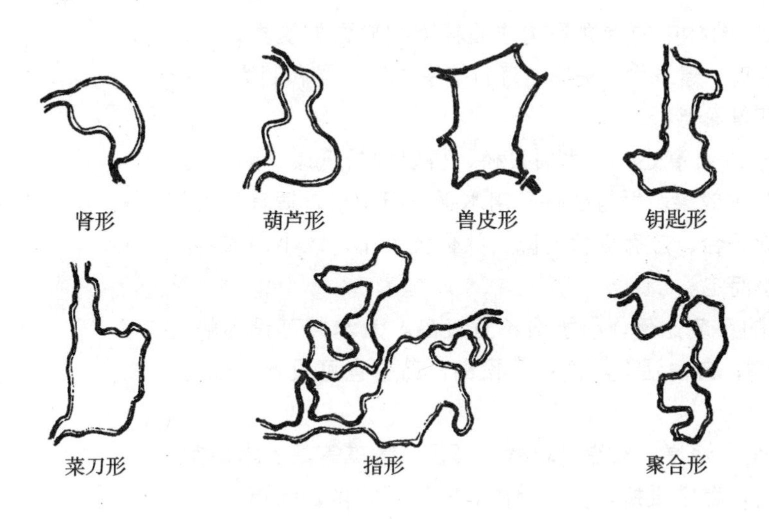

图4-6 自然式湖池平面示例

2）水面与环境的比例：湖池水面的大小宽窄与环境的关系比较密切。水面的纵、横长度与水边景物高度之间的比例关系，对水景效果影响很大。水面窄、水边景物高，则在水区内视线的仰角比较大，水景空间的闭合性也比较强。在闭合空间中，水面的面积看起来一般都比实际面积要小。如果水面纵、横长度不变，而水边景物降低，水区视线的仰角变小，空间闭合度减小，开敞性增加，则同样面积的水面看起来就会比实际面积要大一些。

有人对苏州的怡园、艺圃、网师园三处园林中的水体进行了比较和分析，发现怡园与艺圃两处园林中水体的面积大小相差无几，但艺圃的水面明显地让人感到开阔与通透，怡园的水面却要显得小一些。再用怡园的水面与网师园的水面相比，怡园的水面面积虽然要大出约1/3，但是大而不见其广，长而不见其深。相反，网师园的水面反而显得空旷幽深。这些现象，都是由水面纵、横长度与水边景物高度之间的不同比例关系造成的。

3）水面各部分的比例：在水面形状设计中，有时需要通过两岸岸线凸进水面而将水面划分成两个或两个以上的水区。或者通过堤、岛对水面进行分隔，也把水面分成不同的水区（图4-7）。这时需要注意的是：分出的水区中应当有一个面积最大、位置最突出的主水面，而其他水区则面积都比较小，而且相互之间的大小也不一样，都是次要水面。主水面的面积至少应为最大一块次要水面面积的2倍以上。次要水面在主水面前后左右的具体位置，不能形成对称关系，例如，有着两块次要水面的水体，就不要在主水面的左右布置成对称状。

利用凸岸分区

利用堤岛分区

用堤分区

图4-7　湖池水面的区分

4）水面空间处理手法：园林中的水面是构成园林空间界面的要素之一，其界面处理，经常通过桥、岛、建筑物、堤岸、汀石等手法来引导和制约，以丰富园林空间的造型层次和景深感。

（1）桥：池中桥宜建于水面窄处。小水面设桥，桥以曲折低矮、贴水而架，最能体现“小中见大”的效果。桥与栏杆多用水平条石砌筑，适宜尺度，顿生轻快舒展之感。大水面场合，应有堤桥分隔，并化大为小，以小巧取胜。其高低曲折，应视水面大小而定。

（2）岛：注意与水面的尺度比例，小水面不宜设岛。大水面可设岛屿，但不一定居中，应偏于一侧，自由活泼。池中可设岛，岛中也可设池，成为“池中池”的复合空间。

（3）堤岸：一般有土堤、池岸、驳岸、岩壁、石矶、散礁等。大水面常用堤岸来分隔，长堤宜曲折，堤中设桥，多为拱桥。桥孔不宜多，以巧为上。堤岸贴近水面处可使石块挑出水面，凹凸结合、高低错落形成洞穴，一则增加层次，二则使水面延伸进洞穴内，如水之源头出于此，从而自然地勾画出窈窕曲折的水面轮廓线，似泉若渊，深邃幽趣。

（4）建筑物：于水池之水面上，建造水廊、榭、阁、石舫等，形成建筑临水、近水楼台、平湖秋月的空间环境，相互生辉。水榭石舫，栖于岸边水中，其外层还可建造水廊，使空间复合，倒影相映，别有一番水乡情趣。

（5）汀石：在小水面或大水面或弯头落差处收缩，可在水中置石，散点成线，借以代桥，通向对岸。汀石也可由混凝土仿生制成。汀石半浸入水，人行其间，有喜、有趣、有险。

5）水深：水深是指水池底部到水面的高度。湖池的水深一般不是均匀的，水深应由水体功能而决定，如划船为1.5～3.0m，死水自净为1.5m左右。距岸边、桥边、汀步边以外宽1.5～2m的带状范围内要设计为安全水深，即水深不超过0.7m，否则应采取相应的安全措施。太浅的湖池在划船时易被船桨挑起湖泥。庭院内的水景池不宜有划船活动，常在水下栽植荷花、盆植睡莲或饲养观赏鱼等，同时也为降低水池工程造价，水深可设计为0.7m左右。

6）岸线：岸边曲线除了山石驳岸可以有细碎曲弯和急剧的转折以外，一般岸线的弯曲都不要太急，宜缓和一点。回湾处转弯半径宜稍大，不要小于2m。岸线向水体内凸出部分可形成半岛，半岛形状宜有变化，不要在同一水体中每个半岛都呈抬头形状。凸岸和半岛的对岸，一般不要再对着凸岸或半岛，相对的半岛、凸岸宜将位置错开一点。半岛、凸岸上设置亭、榭，获得良好的点景效果和观景效果。岸线构成回湾时，湾内岸上布置曲廊、斋、馆等，能与环境很好地协调。

园林湖池造景设计还与水体绿化设计，水边建筑设计，水中堤、岛、桥的设计紧密相关。在湖池的平面设计、岸线设计等完成之后，还应当做好这些相关项目的水景要素设计。

4.2.1.2　水生植物池设计

在园林湖池边缘低洼处、园路转弯处、游憩草坪上或空间比较小的庭院内，适宜设置水生植物池。水生池能以自然的野趣、鲜活的生趣和小巧水灵的情趣，为园林环境带来新鲜景象。水生植物池也有规则式和自然式两种设计形式。

1）规则式水生植物池

规则式水生植物池是用砖砌成或用钢筋混凝土做成池壁和池底。水生植物池与一般规则式水池最不同的是池底的设计，前者常设计为台阶状池底，而后者一般为平底。为适应不同水生植物对池内水深的需要，水池底要设计成不同标高的梯台，而且梯台的顶面一般还应设计为槽状，以便填进泥土作为水生植物的栽种基质。图4-8表明了水生植物池的构造情况，可供设计中参考。

在栽植水生植物的过程中，要注意将栽入池底槽中或盆栽的水生植物固定好，根部要全埋入泥中，避免浮起来。在泥土表面还应浅浅地盖上一层小石子，把表土压住，这样有利于保持池水清洁。

小面积的水生植物池，其水深不宜太浅，如果水太浅，则池水的水量太少，在夏季强烈阳光长期曝晒下，水温将会太高。当水温超过40℃时，植物便可能枯死。

2）自然式水生植物池

自然式水生植物池并不砌筑池壁和池底，是就地挖土做成的池塘。开辟自然式水生植物池，宜选地势低洼阴湿之处。首先挖地深80～100cm，将水体平面挖成自然的池塘形状，将池底挖成几

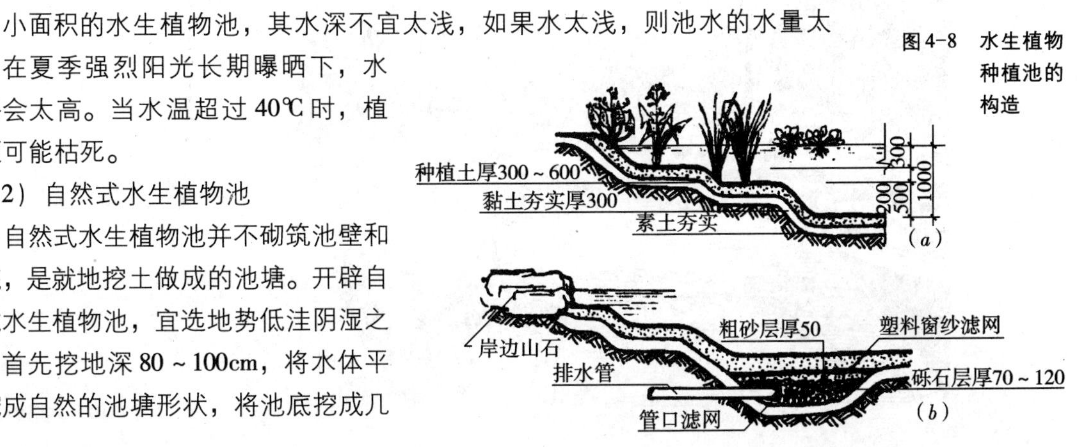

图4-8　水生植物种植池的构造

种不同高度的台地状（图4-9a）。然后夯实池底，布置一条排水管引出到池外，管口必须设置滤网，池子使用后，可以通过排水管排除太多的水，对水深有所控制。

排水管布置好后，铺上一层砾石或卵石，厚7cm左右。在砾石层之上，铺粗砂厚5cm。最后在粗砂垫层上平铺肥沃泥土，厚度20～30cm。泥土可用一般腐殖土或泥炭土与菜园土混合而成，要呈酸性反应。在池边，如果配置一些自然山石，半埋于土中，可以使水景显得更有野趣（图4-9b）。

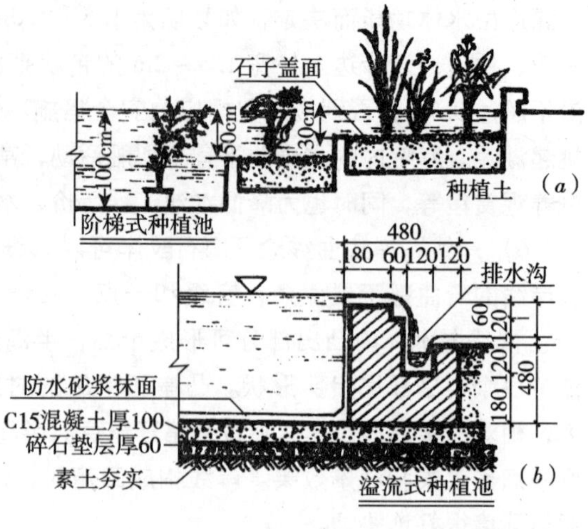

水生植物池所栽种的湿生、水生植物通常有：菖蒲、石菖蒲、香蒲、芦苇、慈姑、水田芥、半夏、三白草、苦荞麦、萍蓬草、小毛毡苔、莲花、睡莲等等。

石子盖面 50cm 30cm 100cm 阶梯式种植池 种植土 （a）

480 180 60 120 120 排水沟 60 20 120 180 120 480 防水砂浆抹面 C15混凝土厚100 碎石垫层厚60 素土夯实 溢流式种植池 （b）

图4-9 自然式水生植物池

4.2.1.3 休闲泳池

休闲泳池除了满足游泳、纳凉的要求之外，还要整洁、美观，具有一定观赏性。布置泳池的位置应当在阳光充足、平坦、排水良好的地方。休闲泳池的平面设计形状不像一般运动游泳池那样多呈25m×50m的长方形，而可以设计成多种规则形和不规则形，其面积可在300～1000m^{2}之间。

在休闲泳池的平面形状中，不要设计有内向的直角或锐角转折点。如果一定要有这样的转角，也必须把角设计为圆角，不能保留尖锐的棱角，以保证游泳者的安全。供休闲娱乐的泳池，其设计水深一般为1.5m，也可将水深设计为一边深一边浅。泳池的池底、池壁可用钢筋混凝土砌筑，其表面要用防水砂浆抹面。池壁及其岸顶的表面，一般可用浅色的防滑釉面砖贴面装饰。泳池至少要有一段岸边设计为宽岸，宽度为2.5m以上，地面用防滑釉面砖或陶瓷锦砖铺装，还可再铺垫一层人造草皮。铺装的宽岸上可设立一些遮阳伞，伞下放置躺椅，供游泳者休息（图4-10）。

图4-10 休闲游泳池

4.2.2 堤岛造景

4.2.2.1 堤景

堤的作用是分隔园林湖池水面和提供深入水面的步行游览环境，并且还有重要的造景作用。堤的设计形式主要分直堤和曲堤两种。园林水体中的直堤常见于古代所修建的堤和现代所建的较短的堤，如杭州西湖的苏堤和白堤等。弯曲的堤，则是现代园林水体中较常见的长堤的形式。在营造水景时，长堤宜曲折，在曲折中造成水景的变化。

园林湖池中的堤，主要是由挖湖施工中按照设计图所绘线形预留不挖的土埂形成的。一般情况下，堤边驳岸的做法应与其他部分普通驳岸做法一样，或为土驳岸，或为砖石整齐驳岸，或是山石驳岸，作为园林水体造景所设的堤，其平面虽为带状，但也可有宽窄变化。有变化的堤，才更具有自然意趣，更能与自然式湖池相协调。因此，在设计堤的两条边线时，就要仔细推敲，审慎画线。

在需要突出游览、观景功能的长堤上，应当布置一些园椅、坐凳等休息设施，以方便游人休息、观景。黄石市磁湖东岸长堤的设计就很有创意。该项设计是在1200m的长堤最佳观景段，顺序布置了8个观景点，每个观景点的平面形状都是一样大小的半圆形，每个观景点也都有一个景名，如“画境观塔”、“鱼跃鸟飞”、“磁堤飞虹”等（图4-11）。

堤上绿化常以柳树为主，也可配植一些水杉、池杉来突出植物景观的竖向变化。以花树为主设计堤景，也是常见的配植方法。例如，在栽得稍高一点、保证不受水淹的情况下，将湖堤设计为梅堤、桃花堤、梨花堤、樱花堤、桂花堤、芙蓉堤等，到了开花季节，湖面上景色将会格外艳丽。

堤中设桥，宜为拱桥。堤边适宜处还可设亭榭。堤岸贴近水面处可使石块挑出水面，凹凸结合、高低错落形成水洞水穴，一则可增加层次，二则使水面延伸进洞中，好像源源不绝的泉水自洞中流出，从而勾画出婉蜒曲折、深邃幽趣的水面景象。

4.2.2.2 岛景

岛屿在创造理想的眺望点、划分水面空间、打破水面平淡单调感、避免人们对湖面四周景物一览无余、增加水上活动等方面起到十分重要的作用。岛的规划与设计应注意三点：一是经营位置，岛的位置忌居中、忌排比、忌整齐，一般居于湖的一侧，距主观赏点不能太近，且注意游人最佳观赏距离；二是岛的数量以少而精为佳，忌多而杂；三是岛的形状大小因水面大小和形状而定，一般宁小勿大，岛的形状与池相协调，并同湖岸有呼应关系。在实际工程中，如遇到规划的湖池水体范围内有不可砍伐的大树、古树，这时

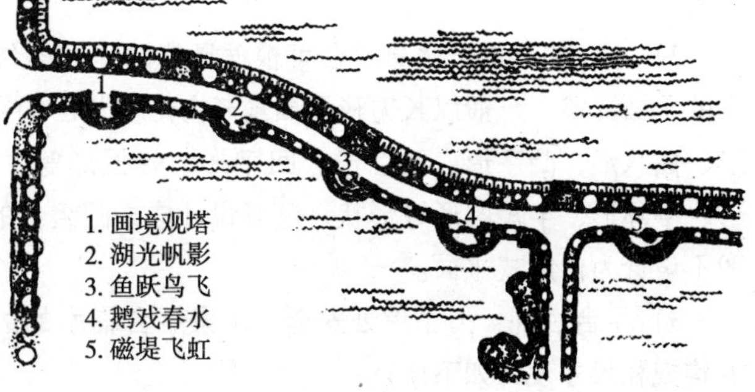

1. 画境观塔
2. 湖光帆影
3. 鱼跃鸟飞
4. 鹅戏春水
5. 磁堤飞虹

图4-11 黄石市磁堤平面图

唯一的处理方法就是把树木所在地点划为岛屿，这样一来岛屿建成后就有了现成的大树、古树景观，使水景增色不少。在一般情况下，岛屿的位置宜选在水体用地范围内地势较高处，但若是规划的湖池形状使岛屿不宜布置在地势较高处时，就要根据湖池形状的要求来安排岛屿位置了。

园林中岛屿的造型形态各异，可以分为平岛、山岛、池岛等，也可采取以建筑景观为主的水阁、水心榭、湖心亭等岛屿形式。平岛取自然界中的沙洲形状，岸线曲折圆滑，并平缓伸入水中。山岛挺秀拔翠于水中，其上地面坡度很陡，岛形隆起呈小山形状，也有的山岛是呈直立的山峰状。山岛有土岛与石岛之分，石岛是由巨大的山石（或人工拼砌成的巨石）平、斜卧在水面而构成的。池岛是指在岛内含有池塘等小水体，形成岛内岛外水的呼应，其空间形式是一种层次性的复合空间。

在岸线设计、驳岸构造等方面，园林岛屿的岸边做法与湖堤、湖岸完全一样。

岛屿上的植物配植应根据岛屿面积大小分别进行设计。面积小，可采用孤植方法配植冠大荫浓、树势雄伟的大树；或者配植一个风景树丛，也有很好的水景效果。岛屿面积比较大时，则可采用较多的树种配植成风景树群甚至风景林。大岛的岸边植物配植，还可按一般湖岸和湖堤一样处理。

岛上设置亭阁，不宜放在岛的正中位置（岛屿地面太小则例外）。大岛上还可在其岸上布置弯曲的游廊。岛的位置距湖岸较近时，应设置园桥加以连接。如岛太小，一般按孤岛对待，不必用桥连接。

4.2.3 水景平台

为了更好地展现园林湖池胜景，方便游人临水驻足观景，常在湖池边修建一些观景平台。平台一般都是从岸上跨入水中，三面环水，视线因不受阻挡而视野开阔，临水赏景和接近水十分方便，故称为水景平台。除了观赏水景的功能之外，水景平台还可作为露天茶饮园、露天歌舞台等使用。

1）平台的布置：水景平台的布置位置，一般在临水的建筑如亭、榭、廊等与水面相交的地带。在堤边、岛屿边和可作为最佳观景点的湖边凸岸前，都可以设置水景平台。但在水边布置平台有一个原则，就是平台前面的水面一定要比较广阔或者纵深条件比较好。前方水体空间狭小的地方不适宜设置水景平台。

2）平台的平面：水景平台可根据具体的地形条件和临水条件采用多种规则的平面形式。一般以长方形平面或长方形变化出的平面形状为主，多见长方形、曲尺形、凸字形、凹字形、回字形、转折形等，有时，也可设计为半圆形、半环形、半矩圆形等形状，还可设计成方圆组合的复杂形状。水景平台一般不设计为自然式平面。

3）平台栏杆：为了保证安全，水景平台临水的边沿都要设置栏杆。栏杆的构成和尺寸设计如下所述：

（1）栏杆的构成。栏杆最好采用石材制作，石栏杆主要由望柱、栏板、地伏三部分构成。地伏平放设置，直接安装在平台的沿边，其顶面按栏板厚度和望柱截面宽度开凿有浅槽，用以固定栏板和望柱。望柱的形状一般可分为柱身和柱头两部分，柱身的形状很简单，仅有一点浅槽线作装饰。柱头的造型种类很多，常见的有素方头、莲瓣头、金瓜头、卷云头、盘龙头、仙人头、狮子头、麻叶头等。栏板的造型式样分禅杖栏板和罗汉栏板两类，其中禅杖栏板又分为透瓶样板和束莲栏板两种。平台边的栏杆也可以用混凝土仿石栏杆构件制作，还可以用金属管材制作。

（2）栏杆的尺寸。先均分平台若干份，使每份长度在1.2～1.8m之间，并以此作为相邻两望柱的中线间距。这一尺寸减去望柱直径，就是每一间栏板的宽度。栏板的高度则取其宽度的1/2。望柱的直径可根据柱高确定，应为柱高的2/11。柱头部分的高度不超过全柱高的1/3，柱身部分的高度应为全柱高度的2/3左右。望柱高一般在66～120cm之间。地伏的宽度为1.5倍柱径宽，高度则为其宽度的1/2。

（3）平台的结构设计。水景平台一般应为钢筋混凝土结构，即采用钢筋混凝土柱、梁、板构件装配连接而成。具体设计可按建筑设计有关规范进行。

4.2.4 溪泉造景

溪涧和泉水属于园林中的小型水景，它们可以为园林内某些局部环境带来清新的、别致的、有趣的和富于亲切情调的景观特色。

4.2.4.1 溪涧

山间的流水为溪，夹在两山之间的水为涧，人们已习惯将二者连在一起。溪与涧略有不同的是：溪的水底及两岸主要由泥土筑成，岸边多水草；涧的水底及两岸则主要由砾石和山石构成，岸边少水草。

在溪涧的平面线形设计中，要求线形曲折流畅，回转自如。两条岸线的组合既要相互协调，又要有许多变化，要有开有合、有收有放，使水面富于宽窄变化。溪涧在立面上要有高低变化，水流有急有缓，平缓的流水段且有宁静、平和、轻柔的视觉效果，湍急的流水段则容易泛起浪花和水声，更能引起游人的注意。总之，溪涧的平、立面变化将会使水景效果更加生动自然，更加流畅优美。

以溪涧水景闻名的无锡寄畅园八音涧，就是由带状水体曲折、宽窄变化而获得很好景观效果的范例。在涧的前端，有引水入涧和调节水量的水池，自水池而出的溪涧与相伴而行的曲径相互结合，流水忽而在小径之左，忽而又穿行到小径之右，宽窄弯曲，变化无穷。

中国古代园林中的“曲水流觞”水景形式（图4-12），其水流更是极其曲折而且还带有很浓的文化内涵。其做法是：在石材铺装的庭园地面开凿窄渠，渠道宽不盈尺，水深仅数寸，引水注入渠中。渠道在地面弯弯曲曲，绕来绕去，构成图形纹样，如回形纹、寿字纹、如意纹等，水渠末端则引出到外面将水排放掉。将盛了半杯酒的酒杯放入起端的渠道水面，在酒杯随着渠水流动时，有人开始作诗。当酒杯流到渠道末端时，如诗未作成，则要受罚。这就是“曲水流觞”的由来。

4.2.4.2　泉水

地下水出露于地表即为泉水。水出露地表的方式不同，就形成泉的不同形态。地下水若从水池池底涌出，即成为涌泉。若是从池底喷出，就是喷泉。如果水从岩石缝隙中通过山壁流下，则为壁泉。细水从岩缝流出，自上向下滴落，即称为滴泉。这些泉水的形式都可以在园林中仿造。其中，喷泉的设计在本章第4.4节专门研究，这里只对其他泉水形式的设计作简单介绍。

图4-12　庭院中的曲水流觞

（1）涌泉。溪涧的源头，在设计中常可拓宽成为小水池，并将水源的出水口隐藏在池底或池壁，源头水从池底、池壁石缝中涌出或流出，即成为涌泉。或者在庭院内或园景小广场上修建专门的规则型泉池，池水的补给水从池底进入池内，形成涌泉。如果补给水的水量、水压比较大，还可以涌出水面。涌泉池要有简单的给水排水系统。给水水源可以通过水池附近的水塔或高位蓄水池供给；排出的水则既可直接排入湖池中，也可回流到水塔下或高位水池下，用水泵提升，回到水塔或水池中。

在涌泉形式中，还有一种被称为“珍珠泉”的水景。在珍珠泉里，清澈透底的泉水下面，经常从水草或石缝中冒起一串串珍珠般明亮的水泡，从水底跳腾着跃起到水面，十分可爱。用人工方法仿造珍珠泉景观也不难，只要将水池底部做成深色，栽植一些水草，在水下石缝中隐藏给水管的管口。在管口处，装上一个加气喷头并接入一根吸气管；或者，在水中设置一个空气泵也行，就可以仿造出珍珠泉（图4-13）。

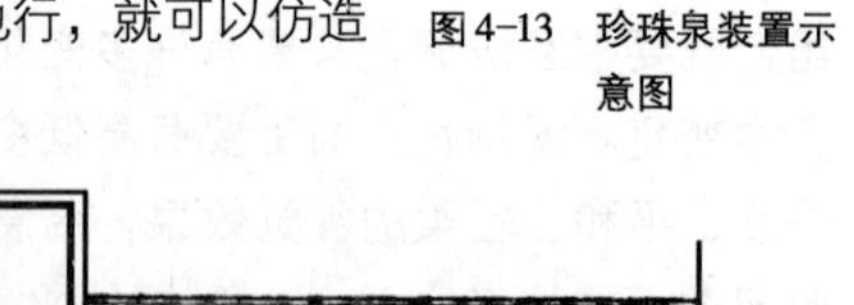

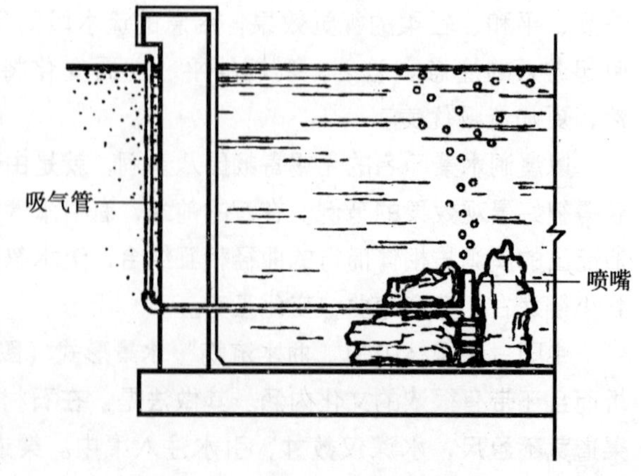

图4-13　珍珠泉装置示意图

（2）壁泉。园林中仿造的壁泉，一般布置在庭院中或路边树丛前，作为园林小景致使用，但也可兼作净手处。在广场喷泉群旁边也可布置壁泉，作陪衬泉景使用。壁泉的背景，设计为假山石壁、乱石墙、砖墙都可以。给水管从墙壁内或从墙壁后面引入，水管阀门安排在后墙脚下。出水口设在墙壁壁面上，做成短槽形、水平缝隙形或各种龙头形、狮头形等造型。壁泉吐水的形式，可有丝状、网状、带状及喷雾状。壁泉下的小水池按一般规则式水池进行设计，要有排水设施，如排水口、溢水口、集水井，但应设计在较为隐蔽之处。

(3) 滴泉。在假山内、石墙内安装给水管，出水口分散设在假山石上部或石墙上部，出水水量较小。水从石块的凸点往下滴落，水滴分散或滴水成线。水滴溅落在下面的水池中，叮咚有声，别有情趣。滴泉水池的做法可以按照壁泉水池一样处理，但滴泉可以适应空间更小的环境，占地面积甚至可以小到 $1\sim2m^2$，可用作室内水景装饰、庭院角落造景等。

4.2.5 瀑布

园林中人造瀑布的原理和壁泉、滴泉一样，都是将清水提升到一定高度，然后依靠水自身的重力向下跌落。但瀑布的水量更大、流水更急、气势更猛，水景效果与滴泉、壁泉大不一样。园林瀑布的落水口位置较高，一般都在2m以上。若落水口太低，就没有瀑布的气势和景观特点，就不被人叫做瀑布而常被称为是“跌水”。

4.2.5.1 瀑布的形式

瀑布的设计形式种类比较多，如在日本园林中就有布瀑、叠瀑、线瀑、直瀑、射瀑、泻瀑、分瀑、双瀑、偏瀑、侧瀑等十几种。瀑布种类的划分依据，一是可从流水的跌落方式来划分，二是可从瀑布口的设计形式来分。

1) 按瀑布跌落方式：可分直瀑、分瀑、叠瀑和滑瀑四种（图4-14）。

(1) 直瀑。即直落瀑布。这种瀑布的水流是不间断地从高处直落下，直接落入其下的池、潭水面或石面。若落在石面，就产生飞溅的水花四散洒落。直瀑的落水能够造成声响喧哗，可为园林环境增添动态水声。

(2) 分瀑。实际上是瀑布的分流形式，因此又叫分流瀑布。它是由一道瀑布在跌落过程中受到中间物的阻挡，一分为二，再分成两道水流继续跌落。这种瀑布的水声效果比较好。

(3) 叠瀑。也称跌落瀑布。是由很高的瀑布分为几叠，一叠一叠地向下落。叠瀑适宜布置在比较高的陡坡坡地，其水形变化较直瀑、分瀑都大一些，水景效果的变化也多一些，但水声要稍弱一点。

(4) 滑瀑。就是滑落瀑布。其水流不是从瀑布口直落而下，而是顺着一个很陡的倾斜坡面向下滑落。斜坡表面所使用的材料质地情况决定着滑瀑的水景形象。斜坡若是光滑表面，则滑瀑如一层薄薄的透明纸，在阳光照射下显示出湿润感和水光的闪耀。坡面若是凸起点（或凹陷点）密布的表面，水层

图4-14 瀑布的表现形式（一）

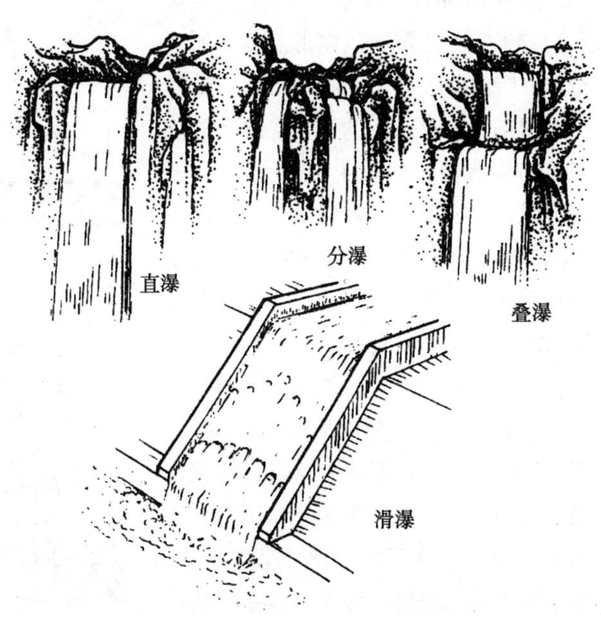

在滑落过程中就会激起许多水花，当阳光照射时，就像一面镶满银色珍珠的挂毯。斜坡面上的凸起点（或凹陷点）若做成有规律排列的图形纹样，则所激起的水花也可以形成相应的图形纹样。

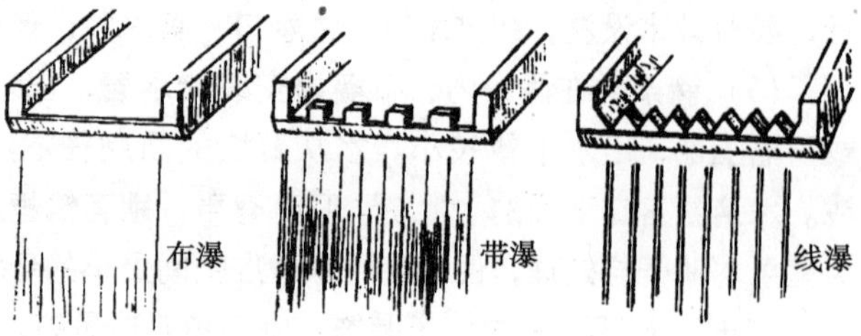

2）按瀑布口的设计形式：瀑布可有布瀑、带瀑和线瀑三种（图4-15）。

图4-15　瀑布的表现形式（二）

（1）布瀑。瀑布的水像一片又宽又平的布一样飞落而下。瀑布口的形状设计为一条水平直线。

（2）带瀑。从瀑布口落下的水流，组成一排水带整齐地落下。瀑布口设计为宽齿状，齿排列为直线，齿间的间距全相等。齿间的小水口宽窄一致，相互都在一条水平线上。

（3）线瀑。排线状的瀑布水流如同垂落的丝帘，这是线瀑的水景特色。线瀑的瀑布口形状设计为尖齿状。尖齿排列成一条直线，齿间的小水口也呈尖底状。从一排尖底状小水口上落下的水，即呈细线形。随着瀑布水量增大，水线也会相应变粗。

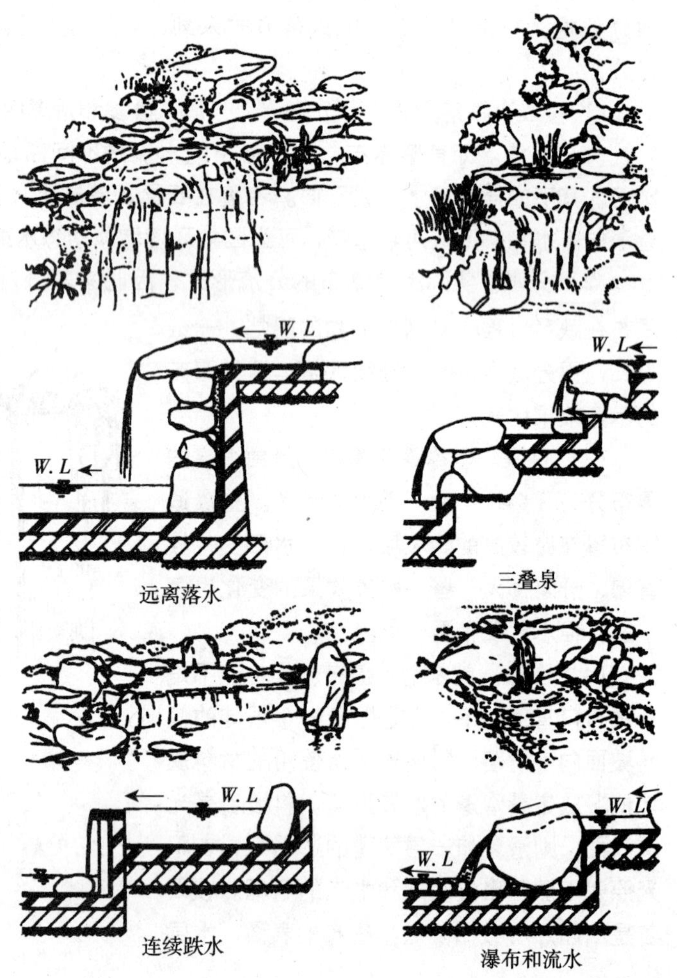

图4-16　瀑布的构造形式

4.2.5.2　瀑布的构造

瀑布形式多种多样，其构造方式也就有很多种类。但无论是哪一种瀑布，都是由水源及其动力设备、瀑布口、瀑布支座或支架、承水池潭、排水设施等几部分组成的，一般的情况见图4-16。瀑布落差越大，池水应越深；落差越小，池水则可浅。瀑布口的设计很重要，它直接决定瀑布的水形。上面所述布瀑、带瀑和线瀑的瀑布口形状，就是一般瀑布口可以采用的形状。瀑布与瀑布口的构造情况如图4-17所示。从图中可以看出，除了出水口之外，在出水口的后面还应设计一个缓冲小池，从水管管口涌出的压力水，先在这个小池中消除水压，再以平稳的水态流到出水口去。设缓冲池的作用就是要保证瀑布水形的整齐和完整。在处理瀑布口形状与瀑布水形的时候，要特别认真研究瀑布落水的边沿。光滑平整的水口边沿，其瀑布就像一匹透明的玻璃片垂落而下。如果水口边沿粗糙，水流不能呈片状平滑地落下，而是散乱一团洒落下去。此外，另一个需要注意的设计因素，是瀑布所在位置上的光线情况如何。如果有强烈的光线照射在瀑布的背面，则瀑布会显得晶莹剔透、光彩闪烁，水景效果更能引人入胜。

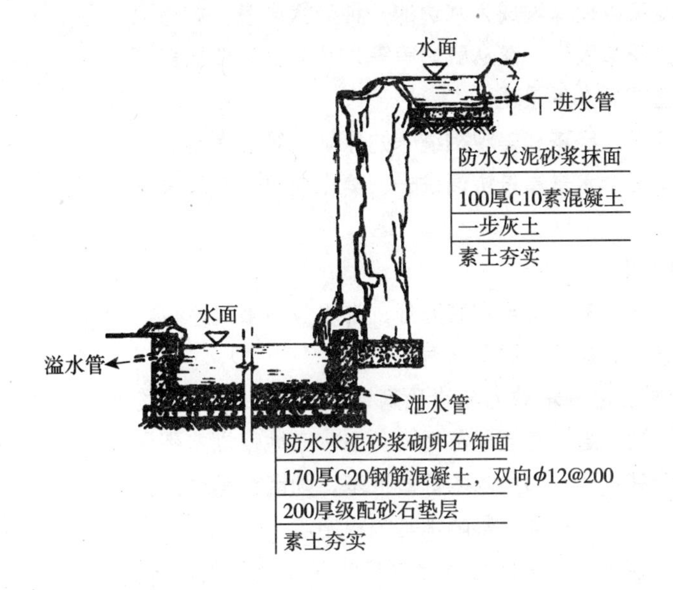

图 4-17　瀑布与瀑布口的构造

4.3　园林水体岸坡工程设计

园林水景工程中，许多种类的水体都涉及岸边建造问题，这种专门处理和建造水体驳岸的建设工程，我们称之为水体岸坡工程。包括驳岸工程和水景护坡工程。

4.3.1　驳岸工程设计

园林水体要求有稳定、美观的水岸以维持陆地和水面一定的面积比例，防止陆地被淹或水岸坍塌而扩大水面。因此，在水体边缘必须建造驳岸。否则冻胀、浮托、风浪淘刷或超重荷载会造成塌陷。岸壁崩塌而淤积水中造成湖岸线变位、变形，使水的深度减小，最后在水体周围形成浅水或干涸的缓坡淤泥带把水面围在中间，破坏了原有设计意图，甚至造成事故。同时，作为水景组成的驳岸直接影响园景，须将实用、经济、美观统筹考虑，力求成景而不是煞风景。

4.3.1.1　驳岸的作用

园林岸坡是指在水体边缘与陆地交界处，为稳定岸壁、保护水体不被冲刷或水淹等因素的破坏而设置的垂直构筑物。主要作用如下：

（1）可以防止因冻胀、浮托、风浪的淘刷或超重荷载而导致的岸边塌陷，对维持水体稳定起着重要作用。

（2）构成园景。岸坡之顶，可为水边游览道提供用地条件。游览道临水而设，有利于拉近游人与水景的距离，提高水景的亲和性。在水边游览道上，可以观赏水景，可以散步，还可以在路边园椅上坐下小憩。而水体岸坡工程的兴建，就正是这种游览道功能发挥的有效保障。同时，岸坡也属于园林水景构成要素的一部分。如果能够结合所在景区的园林风格、地形地貌、地质条件、水面形式、材料特性、植物种植设计以及施工方法等多方面的技术经济要求，来考虑选择岸坡的设计形式，就可以使岸坡成为水边的一种带状风景。如将驳岸设计为山石驳岸、草坪驳岸、花草驳岸、灌丛驳岸等等，都可以创造出美丽而自然的岸景，从而很好地丰富园林水景景观。

在驳岸的设计中，要坚持实用、经济和美观相统一的原则，统筹考虑，相互兼顾，达到水体稳定、岸坡牢固、水景岸景协调统一、美化效果，表现良好的设计目的。

4.3.1.2　破坏驳岸的主要因素

驳岸可分为湖底以下基础部分、常水位至湖底部分、常水位与最高水位之间的部分和不受淹没的部分。破坏驳岸的主要因素有：

（1）地基不稳下沉。由于湖底地基承载力与岸顶荷载不相适应而造成均匀或不均匀沉陷，使驳岸出现纵向裂缝，甚至局部塌陷。在冰冻地带湖水不深的情况下，可由于冻胀而引起地基变形。如果以木桩做桩基，则因桩基腐烂而下沉。在地下水位较高处则因地下水的托浮力影响地基的稳定。

（2）湖水浸渗冬季冻胀力的影响。从常水位线至湖底被常年淹没的层段，其破坏因素是湖水浸渗。我国北方冬季天气较寒冷，因水渗入岸坡中，冻胀后便使岸坡断裂。湖面的冰冻也在冻胀力作用下，对常水位以下的岸坡产生推挤力，把岸坡向上、向外推挤，而岸壁后土体内产生的冻胀力又将岸壁向下、向里挤压，这样，便造成岸坡的倾斜或移位。因此，在岸坡的结构设计中，主要应减少冻胀力对岸坡的破坏作用。

（3）风浪的冲刷与风化。常水位线以上至最高水位线之间的岸坡层段，经常受周期性淹没。随着水位上下变化，便形成对岸坡的冲刷。水位变化频繁，则使岸坡受冲蚀破坏更趋严重。在最高水位以上不被水淹没的部分，则主要受波浪的拍击、日晒和风化力的影响。

（4）岸坡顶部受压影响。岸坡顶部可因超重荷载和地面水冲刷而遭到破坏。另外，由于岸坡下部被破坏也将导致上部的连锁破坏。

了解了水体岸坡所受的各种破坏因素，设计中再结合具体条件，便可以制定出防止和减少破坏的措施，使岸坡的稳定性加强，达到安全使用的目的。对于破坏驳岸的主要因素有所了解以后，再结合具体情况便可以做出防止和减少破坏的措施。

4.3.1.3　驳岸实例

常见的园林水景驳岸有以下种类：

（1）山石驳岸：采用天然山石，不经人工整形，顺其自然石形砌筑成崎岖、曲折、凹凸变化的自然山石驳岸（图4-18）。这种驳岸适用于水石庭院、园林湖池、假山山涧等水体。

杭州西湖苏堤部分驳岸（图4-19）采用山石驳岸处理，其地基采用沉褥作基层。沉褥又称沉排，即用树木干编成柴排，在柴排上加载块石使下沉到坡岸水下的地表。其特点是当底下的土被冲走而下沉时，沉褥也随之下沉。因此，坡岸下部可随之得到保护。在水流流速不大、岸坡坡度平缓、硬层较浅的岸坡水下部分使用较合适。同时，可利用沉褥具有较大面积的特点，作为平缓岸坡自然式山石驳岸的基底，借以减少山石对基层土壤不均匀荷载和单位面积的压力。同时也减少了不均匀沉陷。

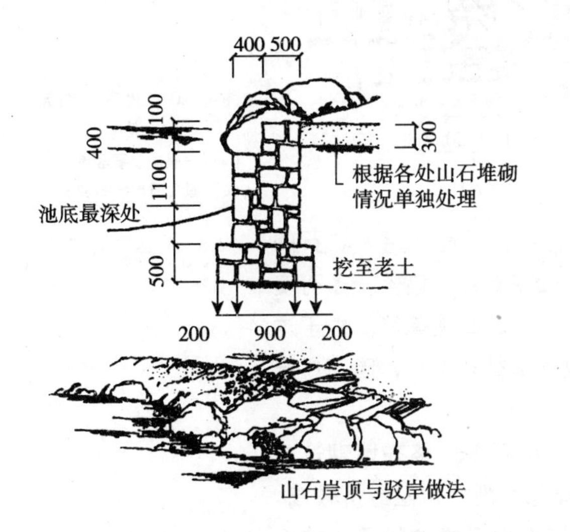

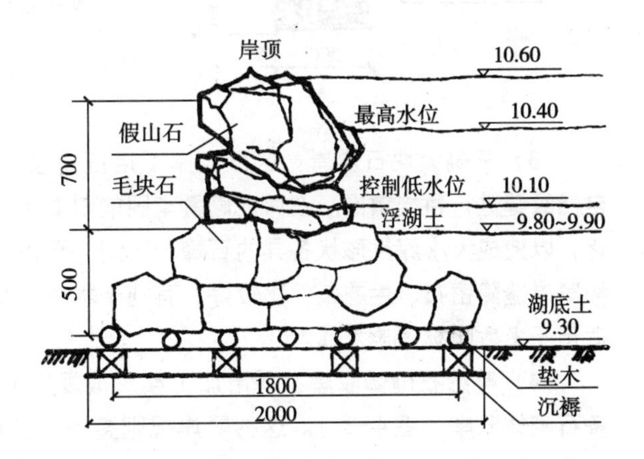

图 4-18 山石驳岸(左)
图 4-19 杭州西湖苏堤山石驳岸(右)

沉褥的宽度视冲刷程度而定，一般约为 2m。柴排的厚度为 30～75cm。块石层的厚度约为柴排厚度的 2 倍。沉褥上缘即块石顶应设在低水位以下。沉褥可用柳树类枝条或用一般条柴编成方格网状。交叉点中心间距采用 30～60cm。条柴交叉处用细柔的藤皮、枝条或涂焦油的绳子扎结，也可用其他方式固定。

（2）浆砌块石驳岸：是采用水泥砂浆，按照重力式挡土墙的方式砌筑块石驳岸，并用水泥砂浆抹缝，使岸壁壁面形成冰裂纹、松皮纹等装饰性缝纹。这种驳岸能适应大多数园林水体使用。

北京动物园部分驳岸采用浆砌块石做成虎皮石驳岸（图 4-20）。这也是在现代园林中运用较广泛的驳岸类型。北京的紫竹院公园、陶然亭公园多采用这种驳岸类型。其特点是在驳岸的背水面铺了宽约 50cm 的级配砂石带。因为级配砂石间多空隙，排水良好。即使有积水，冰冻后也有空隙容纳冻后膨胀力，这样可以减少冻土对驳岸的破坏。湖底以下的基础用块石浇灌混凝土，使驳岸地基的整体性加强而不易产生不均匀沉陷。这种块石近郊可采。基础以上浆砌块石勾缝，水面以上形成虎皮石外观也很朴素大方。岸顶用预制混凝土块压顶，向水面挑出 5cm，使岸顶统一、美观。预制混凝土方砖顶面高出高水位约 30～40cm。这也适合动物园水面窄、挡风的土山多、风浪不大的实际情况。驳岸并不是绝对与水平面垂直，可有 1∶10 的倾斜。每间隔 15m 设伸缩缝，以适应因气温变化造成的热胀冷缩。伸缩缝用涂有防腐剂的木板条嵌入，而上表略低于虎皮石墙面，缝上以水泥砂浆勾缝。虎皮石缝宽度以 2～3cm 为宜。石缝有凹缝、平缝和凸缝等不同做法。

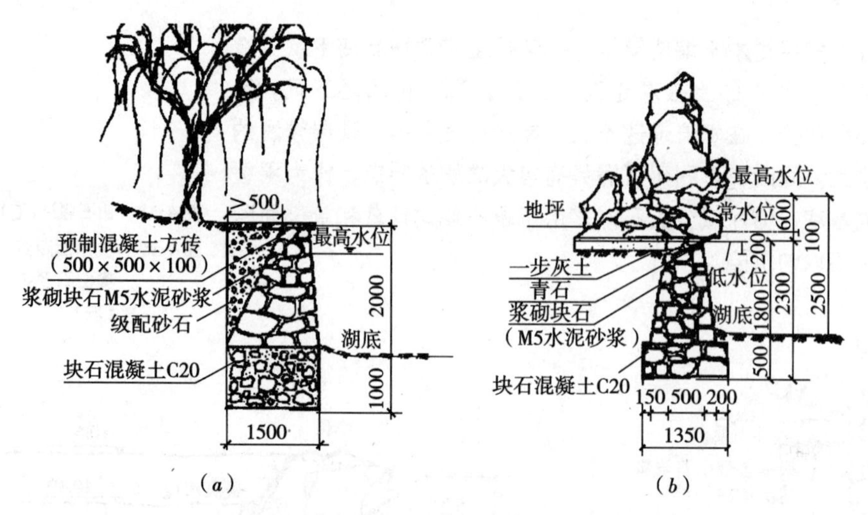

图4-20 北京动物园驳岸
(a) 一般虎皮石驳岸；
(b) 假山石虎皮石驳岸

(3) 干砌大块石驳岸：这种驳岸不用任何胶结材料，只是利用大块石的自然纹缝进行拼接镶嵌。在保证砌叠牢固的前提下，使块石前后错落，多有变化，以造成大小深浅形状各异的石峰、石洞、石槽、石孔、石峡等等。由于这种驳岸缝隙密布、生态条件比较好、有利于水中生物的繁衍和生长，因而广泛适用于多数园林湖池水体。

(4) 整形石砌体驳岸：利用加工整形成规则形状的石条，整齐地砌筑成条石砌体驳岸（图4-21）。这种驳岸规则整齐、工程稳固性好，但造价较高，多用于较大面积的规则式水体作为驳岸。结合湖岸坡地地形或游船码头的修建，用整形石条砌筑成梯级形状的岸坡。这样不仅可适应水位的高低变化，还可以利用阶梯作为休息坐凳，吸引游人靠近水边赏景、休息或垂钓，以增加对游园的兴趣。

图4-21 整形石砌体驳岸

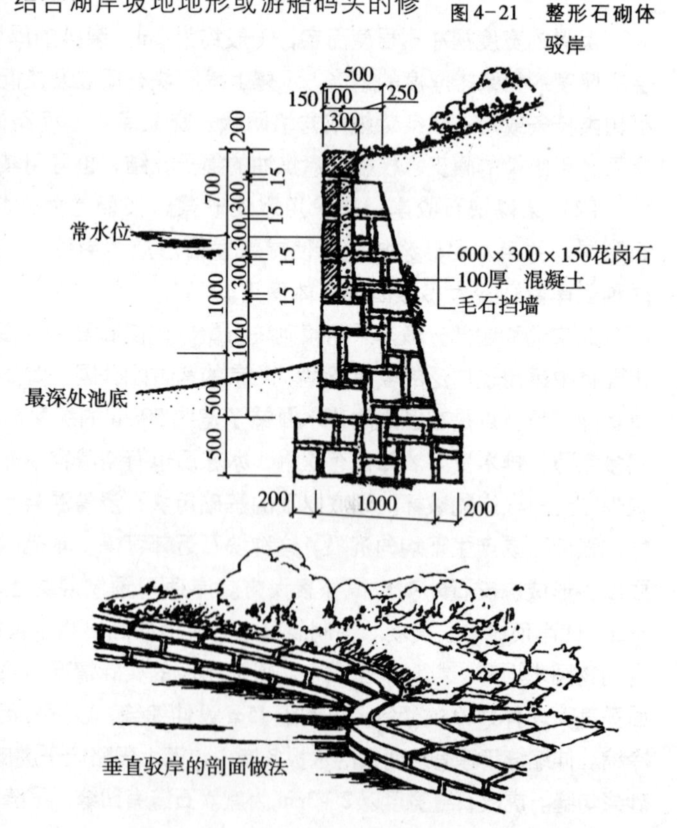

(5) 钢筋混凝土驳岸：以钢筋混凝土材料做成驳岸，这种驳岸的整齐性、光洁性和防渗漏性都最好，但造价高，宜用于重点水池和规则式水池，或地质条件较差地形的土建水池。

(6) 板桩式驳岸：使用材料较广泛，一般可用混凝土桩、板等砌筑。这种岸坡的岸壁较薄，不宜用于面积较大的水体，多适用于局部的驳岸处理。

(7) 塑石驳岸：用砖或钢丝网、混凝土等砌筑骨架，外抹（喷）仿石砂浆并模仿真实岩石雕琢其形状和纹理，这类驳岸类似自然山石驳岸，其整体感强，易同周边环境协调。

（8）仿树桩、竹驳岸：利用钢筋混凝土和掺色水泥砂浆塑造出竹木、树桩形状作为岸壁，一般设置在小型水面局部或溪流之小桥边，也别有一番情趣。

4.3.2 护坡工程设计

如河湖坡岸并非陡直而不采用岸壁直墙时，则要用各种材料与方式护坡。护坡主要防止滑坡，减少地面水和风浪的冲刷，以保证岸坡的稳定。

（1）编柳抛石护坡：采用新截取的柳条成“十”字交叉编织。编柳空格内抛填厚20～40cm的块石。块石下设10～20cm厚的砾石层以利于排水和减少土壤流失。柳格平面尺寸为0.3m×0.3m或1m×1m，厚度为30～50cm，柳条发芽便成为保护性能较强的护坡设施。

编柳时在岸坡上用铁钎开间距为30～40cm、深为50～80cm的孔洞。在孔洞中顺根的方向打入顶面直径为5～8cm的柳橛子。橛顶高出块石顶面5～15cm。

（2）铺石护坡：先整理岸坡，选用18～25cm直径的块石，最好是长宽比为1:2的长方形石料。要求石料相对密度大、吸水率小。

块石护坡还应有足够的透水性，以减少土壤从护坡上面流失。需要在块石下面设倒滤层垫底，并在护坡坡脚设挡板。

在水流流速不大的情况下，块石可设在砂层或砾石层上。否则应以碎石层作倒滤的垫层。如单层石铺石厚度为20～30cm时，垫层可采用15～25cm。如水深在2m以上则可考虑下部护坡用双层铺石。如上层厚30cm，下层厚20～25cm，砾石或碎石层厚10～20cm（图4-22）。

在不冻土地区的园林浅水缓坡岸，如风浪不大，只需作单层块石护坡。有时还可用条石或块石干砌。坡脚支撑亦可相对简化。

（3）草皮护坡：护坡由低缓的草坡构成。由于护坡低浅，能够很好地突出水体的坦荡辽阔特点。而且坡岸上青草绿茵，景色优美自然，风景效果很好，这种护坡在园林湖池水体中应用十分广泛，岸坡土壤以黏质粉土为佳。

（4）卵石及其贝壳岸坡：将大量的卵石、砾石与贝壳按一定级配与层次堆积于斜坡的岸边，既可适应池水涨落和冲刷，又带来自然风采。有时将卵石或贝壳粘于混凝土上，组成形形色色的花纹图案，能倍增观赏效果。

4.3.3 水体岸坡工程设计

不同园林环境中，水体的形状、面积大小和基本景观各不相同，其岸坡的设计形式和结构形式也相应有所不同。在什么样的水体中选用什么样的岸坡，要根据岸坡本身的适用性和环境景观的特点而确定。

在规则式布局的园林环境——如园景广场、园林门景广场中，水体一般要选择

图4-22 铺石护坡

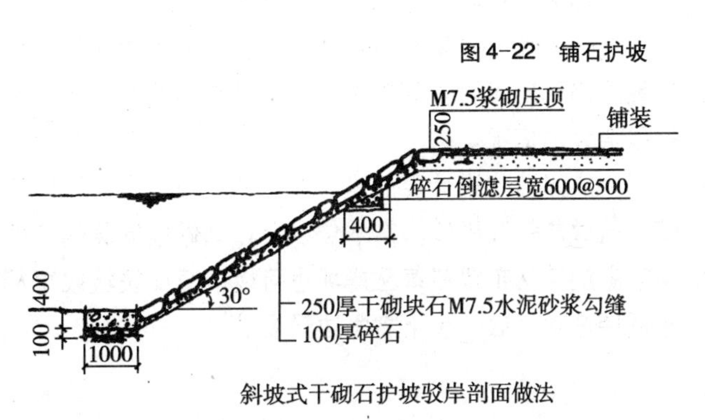

斜坡式干砌石护坡驳岸剖面做法

整齐性、光洁性良好的岸坡形式，如钢筋混凝土池壁、砖砌池壁、整形石砌驳岸等。一些水景形式，如喷泉池、瀑布池、滴泉池、休闲泳池等，也应采用这些岸坡形式。

园林中大面积或较大面积的河、湖、池塘等水体，可采用很多形式的岸坡，如浆砌块石驳岸、整形石砌驳岸、石砌台阶式岸坡等。为了降低工程总造价，也可采用一些简易的驳岸形式，如干砌大块石驳岸和浆砌卵石驳岸等。在岸坡工程量比较大的情况下，这些种类的岸坡施工进度可以比较快，有利于缩短工期。另外，采用这些岸坡也能使大面积水体的岸边景观显得比较规整。

对于规整形式的砌体岸坡，设计中应明确规定砌块要错缝砌筑，不得齐缝。而缝口外的勾缝，勾成平缝、阳缝都可以，一般不勾成阴缝，具体勾缝形式可视整形条石的砌筑情况而定。

对于具有自然纹理的毛石，可按重力式挡土墙砌筑。砌筑时砂浆要饱满，并且顺着自然纹理，按冰裂式勾成明缝，使岸壁壁面呈现冰裂纹。在北方冻害区，应于冰冻线高约1m处嵌块石混凝土层，以抗冻害侵蚀破坏。为隐蔽起见，可做成人工斩假石状。但岸坡过长时，这种做法显得单调无味。

山水庭园的水池、溪涧中，根据需要可选用更富于自然特质的驳岸形式，如草坡驳岸、山石驳岸（局部使用）等。庭院水池也常用砖砌池壁、混凝土池壁、浆砌块石池壁等。

为了丰富岸边景观并与叠山理水相结合，可利用就地取材的山石（如南方的黄石、太湖石、石灰岩风化石，北方的虎皮石、北太湖石、青石等)，置于大面积水体的岸边，拼砌成凹深凸浅、纹理相顺、颜色协调、体态各异的自然山石驳岸。在岸线凸出地方，再立一些峰石、剑石，增加山石的景观分量。为便于游人更能接近水面，在湖池岸边可设挑出水面的山石磴道。邻近水面处还可设置参差不齐的礁石，并和水边的石矶相结合，时而平卧，时而竖立；有的翘首昂立，剑指蓝天；有的低伏水面，半浸碧波。让人坐踏其上，戏水观鱼怡然自得。此外，还可在山石缝隙间栽植灌木花草，点缀岸坡，展示自然美景。

自然山石驳岸在砌筑过程中，要求施工人员的技艺水平比较高，而且工程造价比较高昂，因此，一般不大量应用于园林湖池作为岸坡，而是与草皮岸坡、干砌大块石驳岸等结合起来使用。

就一般大、中型园林水体来说，只要岸边用地条件能够满足需要，就应当尽量采用草皮岸坡。草皮岸坡的景色自然优美，工程造价不高，很适于岸坡工程量浩大的情况。

草皮岸坡的设计要点是：在水体岸坡常水位线以下层段，采用砌块石或浆砌卵石做成斜坡岸体。常水位以上，则做成低缓的土坡，土坡用草皮覆盖，或用较高的草丛布置成草丛岸坡也可以。草皮缓坡或草丛缓坡上，还可以点缀一些低矮灌木，进一步丰富水边景观。

4.4 水池喷泉工程设计

水池喷泉工程是现代都市园林采用最为广泛的水景形式之一，常用于城市广场、公共建筑或作为建筑、园林的小品，广泛应用于室内外空间。

4.4.1 水池工程

4.4.1.1 水池的形态和分类

水池的形态种类众多，其深浅和池壁、池底材料也各不相同；常有规则严谨的几何式和自由活泼的自然式之分，也有浅盆式（水深不大于60mm）与深水式（水深不小于1000mm）之别，更有运用节奏韵律的错位式、半岛与岛式、错落式、池中池、多边形组合式、圆形组合式、多格式、复合式和拼盘式等等。值得一提的是雕塑式，它配上喷泉彩灯，形成水雾彩霞露珠，产生彩雾缥缈再现人间仙境的幻景效果。

水池按其修建材料来分，可分为刚性（钢筋混凝土、砖石）和柔性结构两种。

4.4.1.2 水池构造

1）刚性水池。刚性水池主要是采用钢筋混凝土或砖石修建的水池。这类水池在园林水景中最为常见。它一般由池底、池壁、池顶、进水口、泄水口、溢水口六部分构成。

（1）池底。为保证不漏水，宜采用防水混凝土。为防止裂缝，应适当配置钢筋（有时要进行配筋计算）。大型水池还应考虑适当设置伸缩缝、沉降缝，这些构造缝应设止水带，用柔性防漏材料填塞（图4-23）。

（2）池壁。起围护的作用，回填素土夯实要求防漏水，与挡土墙受力关系相类似，分外壁和内壁，内壁做法同池底，并同池底浇筑为一整体。

（3）池顶。强化水池边界线条，使水池结构更稳定，用石材压顶，其挑出的长度受限，与墙体连接性差，用钢筋混凝土作压顶，其整体性好（图4-24）。

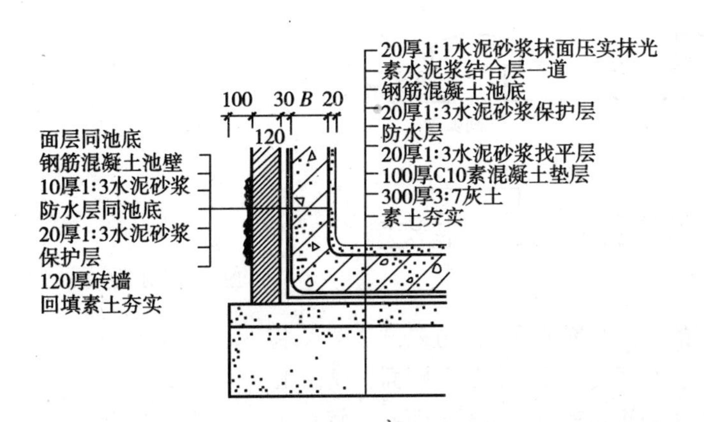

图4-23 池底池壁构造做法（左）

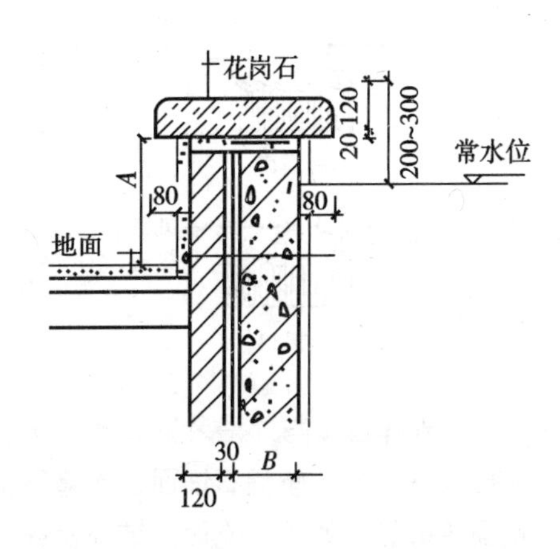

图4-24 池顶构造做法（左）

(4) 进水口。水池的水源一般为人工水源（自来水等），为了给水池注水或补充水，应当设置进水口，进水口可以设置在隐蔽处或结合山石布置。

(5) 泄水口。为便于清扫、检修和防止停用时水质腐败或结冰，水池应设泄水口。水池应尽量采用重力方式泄水，也可利用水泵的吸水口兼作泄水口，利用水泵泄水。泄水口的入口也应设格栅或格网，其栅条间隙和网格直径也以不大于管道直径的1/4为好，当然，也可根据水泵叶轮的间隙决定（图4-25）。

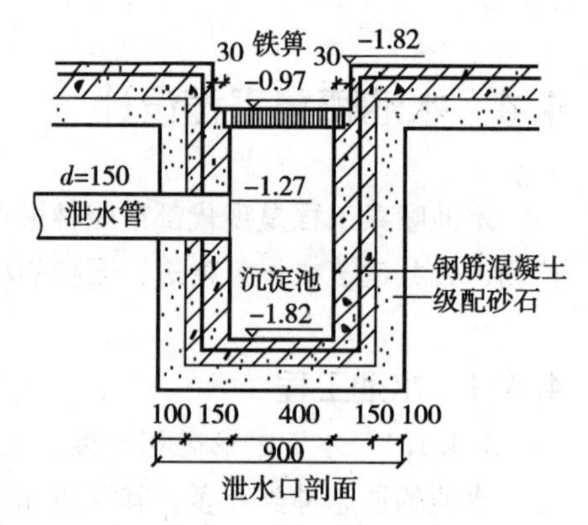

图4-25　泄水口构造做法

(6) 溢水口。为防止水满从池顶溢出到地面，同时为了控制池中水位，应设置溢水口。常用溢水口形式有堰口式、漏斗式、管口式、连通管式等，也可根据具体情况选择。大型水池若设一个溢水口不能满足要求时，可设若干个，但应均匀布置在水池内。溢水口的位置应不影响美观，而且便于清除积污和疏通管道。溢水口外应设格栅或格网，以防止较大漂浮物堵塞管道。格栅间隙或筛网网格直径应不大于管道直径的1/4。

管道穿池底和外壁时要采取防漏措施，一般是设置防水套管。在可能产生振动的地方，应设柔性防水套管。

刚性水池要特别注意其外观的装饰性，水池具体的装饰设计情况如下所述：

● 池底装饰。池底可利用原有土石，亦可用人工铺筑砂土砾石或钢筋混凝土做成。其表面要根据水景的要求，选用深色的或浅色的池底镶嵌材料进行装饰，以示深浅。如池底加进镶嵌的浮雕、花纹、图案，池景更显得生动活泼。室内及庭院水池的池底常常采用白色浮雕，如美人鱼、贝壳、海螺之类，构图颇具新意，装饰效果突出，渲染了水景的寓意和水环境的气氛。

● 池壁的装饰。池壁壁面的装饰材料和装饰方式一般可与池底相同，但其顶面的处理则往往不尽相同。池壁顶的设计常采用压顶形式，而压顶形式常见的有六种（图4-26）。这些形式的设计都是为了使波动的水面很快地平静下来，以便能够形成镜面倒影。

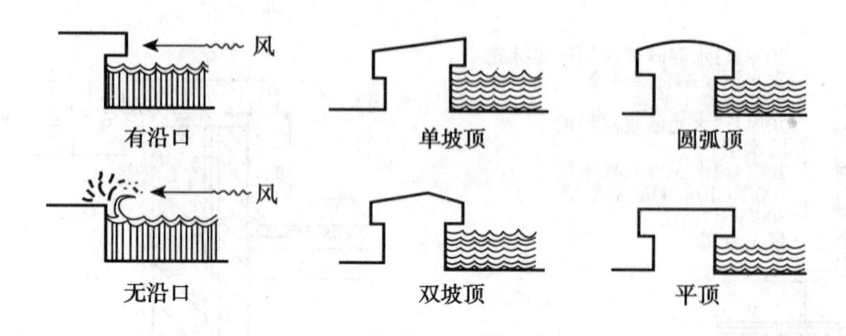

图4-26　水池压顶形式

● 池岸压顶与外沿装饰。池岸压顶石的表面装饰常采用的方式方法有：水泥砂浆抹光面、斩假石饰面、水磨石饰面、釉面砖贴面、花岗石贴面、汉白玉贴面等等，一般采用光面的装饰材料，少做成粗糙表面。池岸外沿的表面装饰做法也很多，常见的是水泥砂浆抹光面、斩假石面、水磨石面、豆石干粘饰面、水刷石饰面、釉面砖饰面、花岗石饰面等等，其表面装饰材料可以用光面的，也可以用粗糙质地的。

● 池面小品装饰。装饰小品诸如各种题材的雕塑作品，具有特色的造型，增加生活情趣的石灯、石塔、小亭，池面多姿多彩的荷花灯、金鱼灯等等，以及结合功能要求而加上的荷叶汀步、仿树桩汀步、跳石等。这一切都能够起到点缀和活跃庭园气氛的作用。

2）柔性结构水池。近几年，随着新建筑材料的出现，水池的结构出现了柔性结构，以柔克刚，另辟蹊径，使水池设计与施工进入了一个新的阶段。实际上水池若是一味靠加厚混凝土和加粗加密钢筋网片是无济于事的，这只会导致工程造价的增加，尤其对北方水池的渗漏冻害，不如用柔性不渗水的材料作水池夹层为好。目前在工程实践中使用的有如下几种：

（1）玻璃布沥青戏水池（图4-27）。

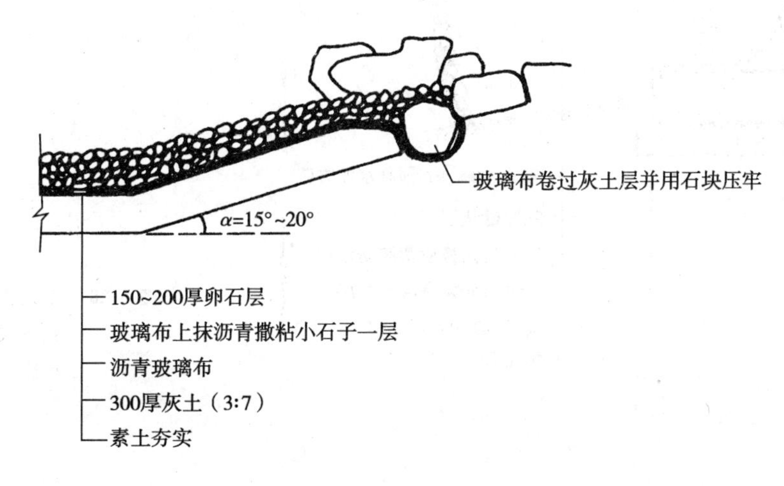

图4-27　玻璃布沥青戏水池构造

● 材料：玻璃纤维布：最好属中性，碱金属氧化物不超过0.5%～0.8%，玻璃布孔目8mm×8mm～10mm×10mm；矿粉：用粒径不大于9mm的石灰石矿粉，无杂质；粘合剂：沥青—0号∶3号＝2∶1，调配好后再与矿粉配比，沥青30%，矿粉70%。

● 工序：沥青、矿粉分别加热到100℃；将矿粉加入沥青锅内拌匀；将玻璃纤维布放入拌合锅内，浸蘸均匀再慢慢拉出，并使粘结在布上的沥青层厚度控制在2～3mm，拉出后立即撒滑石粉，并用机械滚压均匀密实，每块席长40m左右。

● 施工方法：将土基夯实，铺300mm厚灰土（3∶7），再将沥青席铺在其上，搭接长为50～100mm。同时用火焰喷灯焊牢，端头用块石压固，并随即洒铺小石屑一层。而后在表层散铺150～200mm厚卵石一层即可。

（2）三元乙丙薄膜、橡胶薄膜水池（图4-28）。三元乙丙薄膜和橡胶薄膜水池，是对传统的钢筋混凝土水池材料的革新，前者已在新建的北京香山饭店水池中使用。商业名称为三元乙丙防水布，由北京建工研究所和保定市第一橡胶厂联合试制成功，厚度为0.3～5mm。能经受-40～80℃的温度，施工方便，可以冷作，大大减轻了劳动强度。自重轻，不漏水，更适用于展览馆等临时性水池建筑，也适用于屋顶花园水池，且不致增加屋顶层的负荷。

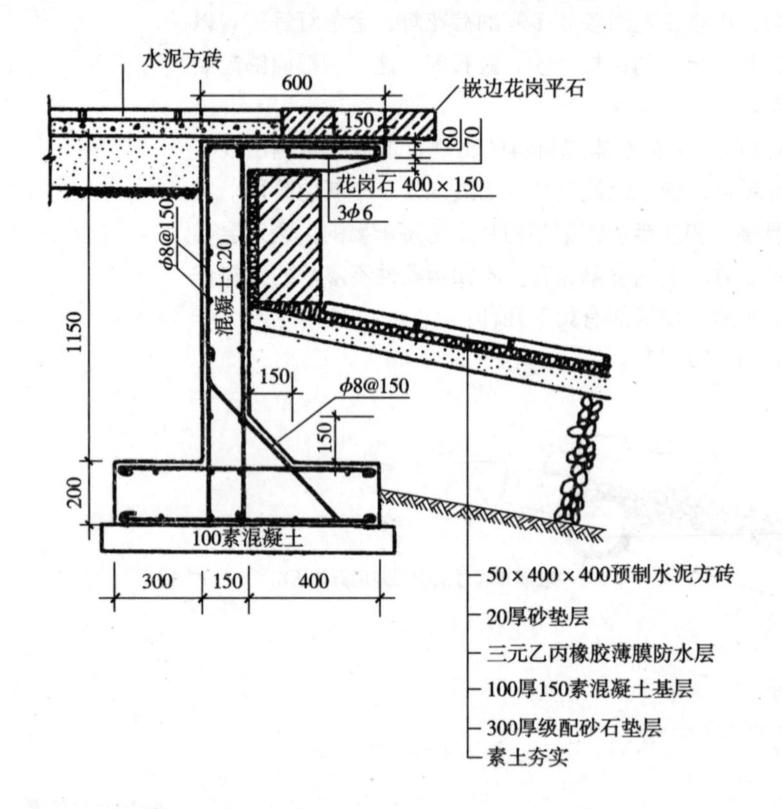

图4-28　三元乙丙橡胶薄膜水池构造

4.4.2　喷泉工程设计

在园林的动态水景形式中，喷泉是最常见的一种。喷泉以它华丽的水声、活跃的氛围和动态的、优美的、花样繁多的水形，装饰着城市和公共园林。喷泉工程就是设计、建造喷泉水景的一项专门工程。

4.4.2.1　喷泉类别与喷泉布置

喷泉是园林理水造景的重要形式之一。喷泉常应用于城市广场、公共建筑庭园、园林广场，或作为园林的小品，广泛应用于室内外空间中。

1）喷泉的造景作用。从造景作用方面来讲，喷泉首先可以为园林环境提供动态水景，丰富城市景观。这种水景一般都被作为园林的重要景点来使用。例如，在西方传统的大规模宫廷园林中，喷泉群以及依附于喷泉的大型雕塑，常构成园林的主要景物，并在园林中广泛应用。其次，喷泉对旁边一定范围内的环境质量还有改良作用。它能够增加局部环境中的空气湿度，增加空气中负氧离子的浓度，减少空气尘埃，有利于改善环境质量，有益于人们的身心健康。它可以陶冶情怀、振奋精神、培养审美意识和情趣，所以，它不仅仅是一种独立的城市艺术品。正因为这样，喷泉在艺术上和技术上才能够不断地发展、不断地创新、不断地得到人们的喜爱。

2）喷泉的种类。喷泉有很多种类和形式，如果进行大体上的区分，可以分为如下四类：

（1）普通装饰性喷泉。是由各种普通的水花图案组成的固定喷水型喷泉。

（2）与雕塑结合的喷泉。喷泉的各种喷水花型与雕塑、水盘、观赏柱等共同组成景观。

（3）水雕塑。用人工或机械塑造出各种抽象或具体的喷水水形，其水形成某种艺术性“形体”的造型。

（4）自控喷泉。是利用各种电子技术，按设计程序来控制水、光、音、色的变化，从而形成变幻多姿的奇异水景。

3）喷泉的布置要点。在选择喷泉位置、布置喷水池周围的环境时，首先要考虑喷泉的主题与形式。所确定的主题与形式要与环境相协调，把喷泉和环境统一起来考虑，用环境渲染和烘托喷泉，以达到装饰环境的目的。或者，借助特定喷泉的艺术联想，来创造意境。

喷水池的位置一般多设在建筑广场的轴线焦点、端点和花坛群中，也可以根据环境特点，做一些喷泉小景，布置在庭院中、门口两侧、空间转折处、公共建筑的大厅内等等地点，采取灵活的布置，自由地装饰室内外空间。但在布置中要注意，不要把喷泉布置在建筑之间的风口道上，而应当安置在避风的环境中，以避免大风吹袭、喷泉水形被破坏和落水被吹出水池外。

喷水池的形式有自然式和规则式两类。喷水的位置可居于水池中心，组成图案；也可以偏于一侧或自由地布置。其次，要根据喷泉所在地的空间尺度来确定喷水的形式、规模及喷水池的大小比例。

开阔的场地（如车站前、公园入口、街道中心岛、水池等）多选用规则式喷泉池。水池要大，喷水要高，照明不要太华丽。狭长的场地，如街道转角、建筑物前等处，水池多选用长方形或它的变形。现代建筑，如旅馆、饭店、展览会会场等，水池多为圆形、长方形等。喷泉的水量要大，水感要强烈，照明可以比较华丽。中国传统式园林的水池形状多为自然式，其喷泉形式比较简单，可做成跌水、涌泉、瀑布，以表现天然水态为主。热闹的场所，如旅游宾馆、游乐中心，喷水水态要富于变化，色彩华丽，如使用各种音乐喷泉等。寂静的场所，如公园内的一些小局部，喷泉的形式自由，可与雕塑等各种装饰性小品结合，一般变化不宜过多，色彩也较朴素。

4.4.2.2 喷头与喷泉造型

1）常用的喷头种类

喷头是喷泉的主要组成部分，它决定喷水的姿态。作用是把具有一定压力的水，经过喷嘴的造型，形成各种预想的、绚丽的水形。因此，喷头的形式、结构、制造的质量和外观等，都对整个喷泉的艺术效果产生重要的影响。

喷头因受水流的摩擦，一般多用耐磨性好、不易锈蚀、又具有一定强度的黄铜或青铜制成。为了节省铜材，近年来亦使用铸造尼龙制造喷头，这类喷头具有耐磨、自润滑性好、加工容易、轻便（它的重量为铜的1/7）、成本低等优点；但目前尚存在着易老化、使用寿命短、零件尺寸不易严格控制等问题，因此，主要用于低压喷头。

目前，国内外经常使用的喷头式样可以归结为以下几种类型：

（1）单射流喷头。单射流喷头是喷泉中应用最广的一种喷头，是压力水喷出的最基本形式。它不仅可以单独使用，也可以组合、分布为各种阵列，形成多种式样的喷水水形图案，如图4-29（*a*）所示。

（2）喷雾喷头。这种喷头内部装有一个螺旋状导流板，使水具有圆周运动，水喷出后，形成细细的弥漫的雾状水滴。每当天空晴朗，阳光灿烂，在太阳对水珠表面与人眼之间连线的夹角为36°～42°时，明净清澈的喷水池水面上，就会伴随朦胧的雾珠，呈现出彩色缤纷的虹。它辉映着湛蓝的天空，景色十分瑰丽，如图4-29（*b*）所示。

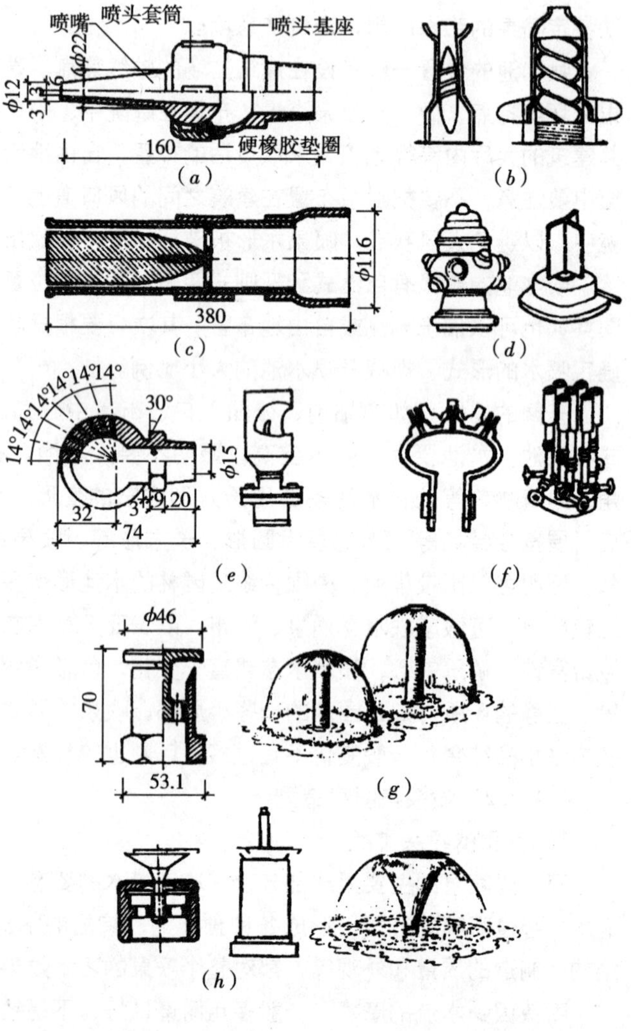

（3）环型喷头。喷头的出水口为环型断面，即外实内空，使水形成集中而不分散的环型水柱。它以雄伟、粗犷的气势跃出水面，给人们带来一种向上激进的气氛，如图4-29（*c*）所示。

（4）旋转喷头。它利用压力水由喷嘴喷出时的反作用力或其他动力带动回转器转动，使喷嘴不断地旋转运动，从而丰富了喷水造型，喷出的水花或欢快旋转或飘逸荡漾，形成各种扭曲线型，婀娜多姿，如图4-29（*d*）所示。

（5）扇型喷头。这种喷头的外形很像扁扁的鸭嘴。它能喷出扇形的水膜或像孔雀开屏一样美丽的水花，如图4-29（*e*）所示。

（6）多孔喷头。多孔喷头可以由多个单射流喷嘴组成一个大喷头；也可以由平面、曲面或半球型的带有很多细小孔眼的壳体构成喷头，它们能呈现出造型各异的盛开的水花，如图4-29（*f*）所示。

（7）变形喷头。喷头形状的变化，使水花形成多种花式。变形喷头的种类很多，它们共同的特点是在出水口的前面有一个可以调节的、形状各异的反射器。射流通过反射器，起到使水花造型的作用，从而

图4-29　喷头的种类（一）

（*a*）单射流喷头；（*b*）喷雾喷头；（*c*）环型喷头；（*d*）旋转喷头；（*e*）扇型喷头；（*f*）多孔喷头；（*g*）半球型喷头；（*h*）牵牛花型喷头

形成各式各样的、均匀的水膜，如牵牛花型、半球型、扶桑花型等，如图4-29（*g*）、图4-29（*h*）所示。

（8）蒲公英型喷头。这种喷头是在圆球形壳体上，装有很多同心放射状喷管，并在每个管头上装有一个半球型变形喷头。因此，它能喷出像蒲公英一样美丽的球型或半球型水花。它可以单独使用，也可以几个喷头高低错落地布置，显得格外新颖、典雅，如图4-30（*a*）、图4-30（*b*）所示。

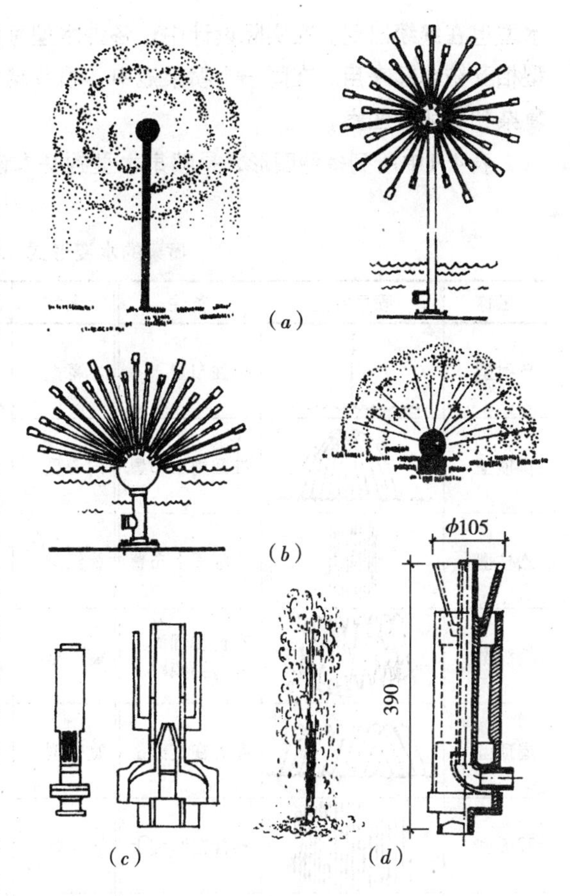

图4-30　喷头的种类（二）

（*a*）球型蒲公英喷头；（*b*）半球型蒲公英喷头；（*c*）吸力喷头；（*d*）组合喷头

（9）吸力喷头。此种喷头是利用压力水喷出时，在喷嘴的喷口附近形成负压区。由于压差的作用，它能把空气和水吸入喷嘴外的环套内，与喷嘴内喷出的水混合后一并喷出。这时水柱的体积膨大，同时因为混入大量细小的空气泡，形成白色不透明的水柱。它能充分地反射阳光，因此光彩艳丽。夜晚如有彩色灯光照明则更为光彩夺目。吸力喷头又可分为吸水喷头、加气喷头和吸水加气喷头，如图4-30（*c*）所示。

（10）组合式喷头。由两种或两种以上形体各异的喷嘴，根据水花造型的需要，组合成一个大喷头，叫组合式喷头，它能够形成较复杂的花形，如图4-30（*d*）所示。

2）喷泉的水型设计

喷泉水型是由不同种类的喷头、喷头的不同组合与喷头的不同俯仰角度几个方面因素共同造成的。从喷泉水型的构成来讲，其基本构成要素，就是由不同形式喷头喷水所产生的不同水型，即水柱、水带、水线、水幕、水膜、水雾、水花、水泡等等。而由这些水型要素按照设计的图样进行不同的组合，就可以造出千变万化的水型来。水型的组合造型也有很多方式，既可以采用水柱、水线的平行直射、斜射、仰射、俯射，也可以使水线交叉喷射、相对喷射、辐状喷射、旋转喷射，还可以用水线穿过水幕、水膜，用水雾掩藏喷头，用水花点击水面等等。从喷泉水流的基本形象来分，水型的组合形式有单射流、集射流、散射流和组合射流四种（图4-31）。

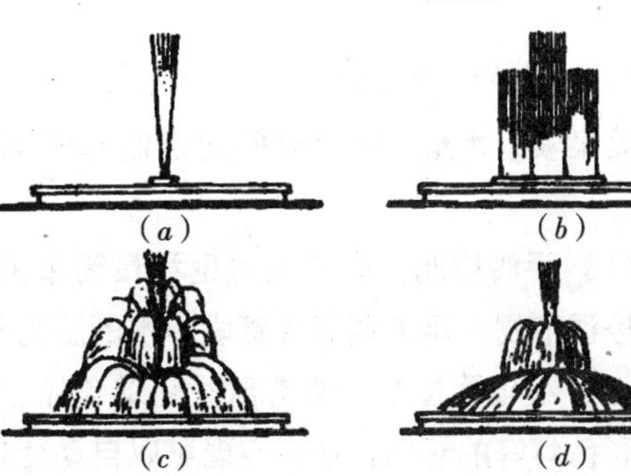

图4-31　喷泉射流的基本形式

（*a*）单射流；（*b*）集射流；（*c*）散射流；（*d*）组合射流

随着喷头设计的改进、喷泉机械的创新和喷泉与电子设备、声光设备等的结合，喷泉的自动化、智能化和声光化都将有更大的发展，将会带来更加美丽、更加奇妙和更加丰富多彩的喷泉水景效果。

目前，常见的喷泉水型样式已经比较多，新的水型也在继续出现。在实际设计中，各种水型可以单独使用，也可以由几种水型相互结合起来用。在同一个喷泉池中，喷头越多，水型越丰富，就越能构成复杂和美丽的图案。

表4-1中所列多种图形，是喷泉水型的基本设计样式，可供参考。

喷泉的水姿形式 **表4-1**

名称	喷泉水型	备注	名称	喷泉水型	备注
单射型	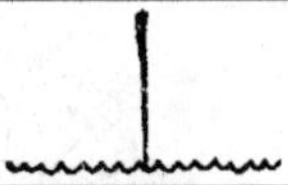	单独布置	水幕型		在直线上布置
拱顶型		在圆周上布置	向心型		在圆周上布置
圆柱型		在圆周上布置	编织型	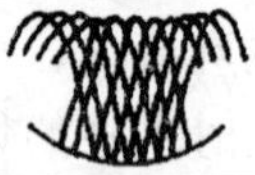	布置在圆周上向外编织
编织型	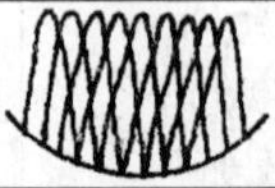	布置在圆周上向内编织	篱笆型	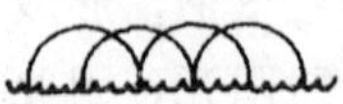	在直线或圆周上编成篱笆
屋顶型	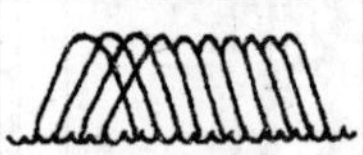	布置在直线上	旋转型	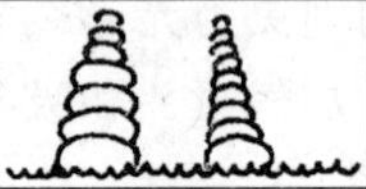	单独布置
圆弧型		布置在曲线上	吸力型	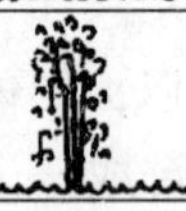	有吸水型、吸气型、吸水气型
喷雾型		单独布置	洒水型		在曲线上布置
扇型		单独布置	孔雀型		单独布置
半球型		单独布置	牵牛花型		单独布置
多层花型		单独布置	蒲公英型		单独布置

3）喷泉的控制方式

喷泉喷射水量、喷射时间的控制和喷水图样变化的控制主要有以下三种方式：

（1）手阀控制。这是最常见和最简单的控制方式，在喷泉的供水管上安装手控调节阀，用来调节各管段中水的压力和流量，形成固定的喷水水姿。

（2）继电器控制。通常用时间继电器按照设计时间程序控制水泵、电磁阀、彩色灯等的起闭，从而实现可以自动变换的喷水水姿。

(3) 音响控制。声控喷泉是利用声音来控制喷泉喷水水型变化的一种自控泉。它一般由以下几部分组成：

- 声电转换、放大装置：通常是由电子线路或数字电路、计算机组成。
- 执行机构：通常使用电磁阀来执行控制指令。
- 动力设备：用水泵提供动力，并产生压力水。
- 其他设备：主要有管路、过滤器、喷头等。

声控喷泉的原理是将声音信号转变为电信号，经放大及其他一些处理，推动继电器或其电子式开关，再去控制设在水路上的电磁阀的启闭，从而达到控制喷头水流动的通断。这样，随着声音的变化，人们可以看到喷水大小、高矮和形态的变化。它能把人们的听觉和视觉结合起来，使喷泉喷射的水花随着音乐优美的变化旋律而翩翩起舞。因此这样的喷泉也被喻为“音乐喷泉”或“会跳舞的喷泉”。

4.4.2.3　旱喷

旱喷俗称地埋式喷泉，又称隐形喷泉，是管线、水池或水渠隐藏于广场铺地之下，采用直流式喷头或可升降半球型喷泉通过铺地预留孔喷水，不喷水时，还可作为集会、锻炼身体的场所，因而在城市广场、步行街上得到广泛应用。但造价高、维护管理困难。

4.4.2.4　喷泉的给水排水系统

喷泉的水源应为无色、无味、无有害杂质的清洁水。因此，喷泉除用城市自来水作为水源外，也可用地下水。其他像冷却设备和空调系统的废水也可作为喷泉的水源。喷泉的给水方式有下述四种。

1) 喷泉的给水方式

(1) 由自来水直接给水。流量在2～3L/s以内的小型喷泉，可直接由城市自来水供水。使用过后的水通过园林雨水管网排除掉（图4-32）。

(2) 泵房加压用后排掉。为了确保喷水有稳定的高度和射程，给水需经过特设的水泵房加压，喷出后的水仍排入雨水管网（图4-33）。

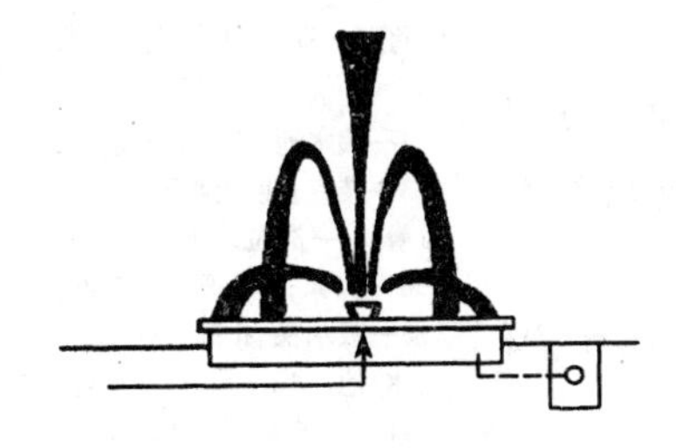

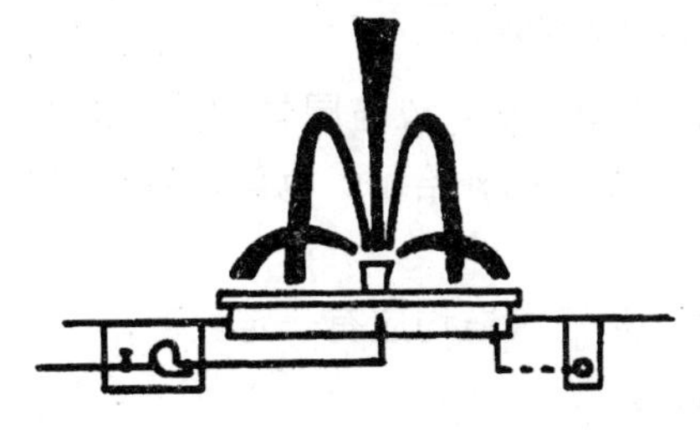

图4-32　小型喷泉的给水方式（左）

图4-33　小型加压喷泉供水（右）

(3) 泵房加压，循环供水。为确保喷水具有必要的、稳定的压力和节约用水，对于大型喷泉，一般采用循环供水。循环供水的方式可以设水泵房（图4-34）。

(4) 潜水泵循环供水。将潜水泵放置在喷水池中较隐蔽处或低处，直接抽取池水向喷水管及喷头循环供水。这种供水方式的水量有一定限度，因此适用于小型喷泉（图4-35）。

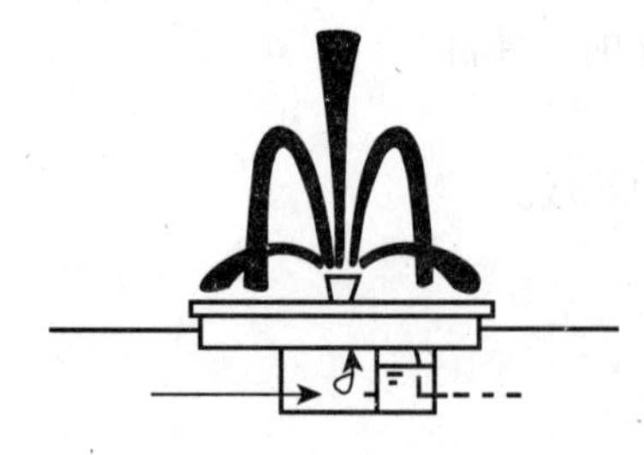

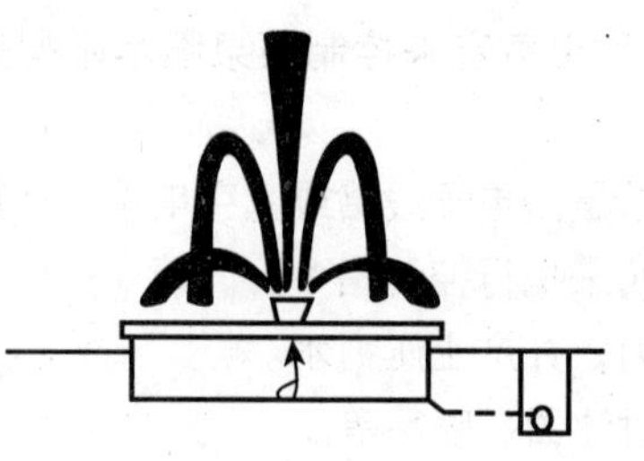

图4-34　设水泵房循环供水（左）

图4-35　用潜水泵循环供水（右）

2）喷泉管道布置

大型水景工程的管道可布置在专用管沟或共用沟内。一般水景工程的管道可直接敷设在水池内。为保持各喷头的水压一致，宜采用环状配管或对称配管，并尽量减小水头损失。每个喷头或每组喷头前宜设有调节水压的阀门。对于高射程喷头，喷头前应尽量保持较长的直线管段或设整流器。喷泉池给水排水系统的构成如图4-36所示，水池管线布置示意如图4-37所示。喷泉给水排水管网主要由输水管、配水管、补给水管、溢水管和泄水管等组成。其布置要点为：

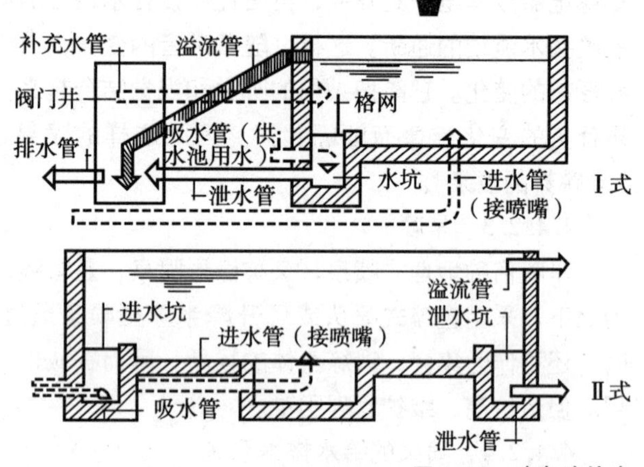

图4-36　喷泉池给水排水系统

（1）由于喷水池中水的蒸发及在喷射过程中有部分水被风吹走等，造成喷水池内水量的损失，因此，在水池中应设补给水管。补给水管和城市给水管连接，并在管上设浮球阀或液位继电器，随时补充池内水量的损失，以保持水位稳定。

（2）为了防止降雨使水上涨而设的溢水管，应直接接通园林内的雨水井，并应有不小于3‰的坡度。在溢水口外应设拦污栅。

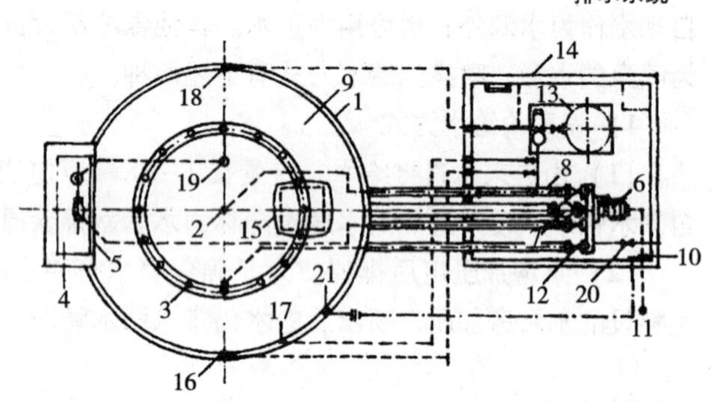

图4-37　水池管线布置示意

1—喷水池；2—加气喷头；3—装有直射流喷头的环状管；4—高位水池；5—堰；6—水泵；7—吸水滤网；8—吸水关闭阀；9—低位水池；10—风控制盘；11—风传感计；12—平衡阀；13—过滤器；14—泵房；15—阻涡流板；16—除污器；17—真空管线；18—可调眼球状进水装置；19—溢流排水口；20—控制水位的补水阀；21—液位控制器

（3）泄水管直通园林排水管道系统，或与园林湖池、沟渠等连接起来，使喷泉水泄出后，作为园林其他水体的补给水。也可供绿地灌溉或地面洒水用，但需另行设计。

（4）在寒冷地区为防冻害，所有管道均应有一定坡度，一般不小于2%，以便冬季将管道内的水全部排出。

（5）连接喷头的水管不能有急剧变化，如有变化，必须使管径由大逐渐变小，并且在喷头前必须有一段适当长度的直管，管长一般不小于喷头直径的20～50倍，以保持射流稳定。图4-38为某单位喷泉设计实例。

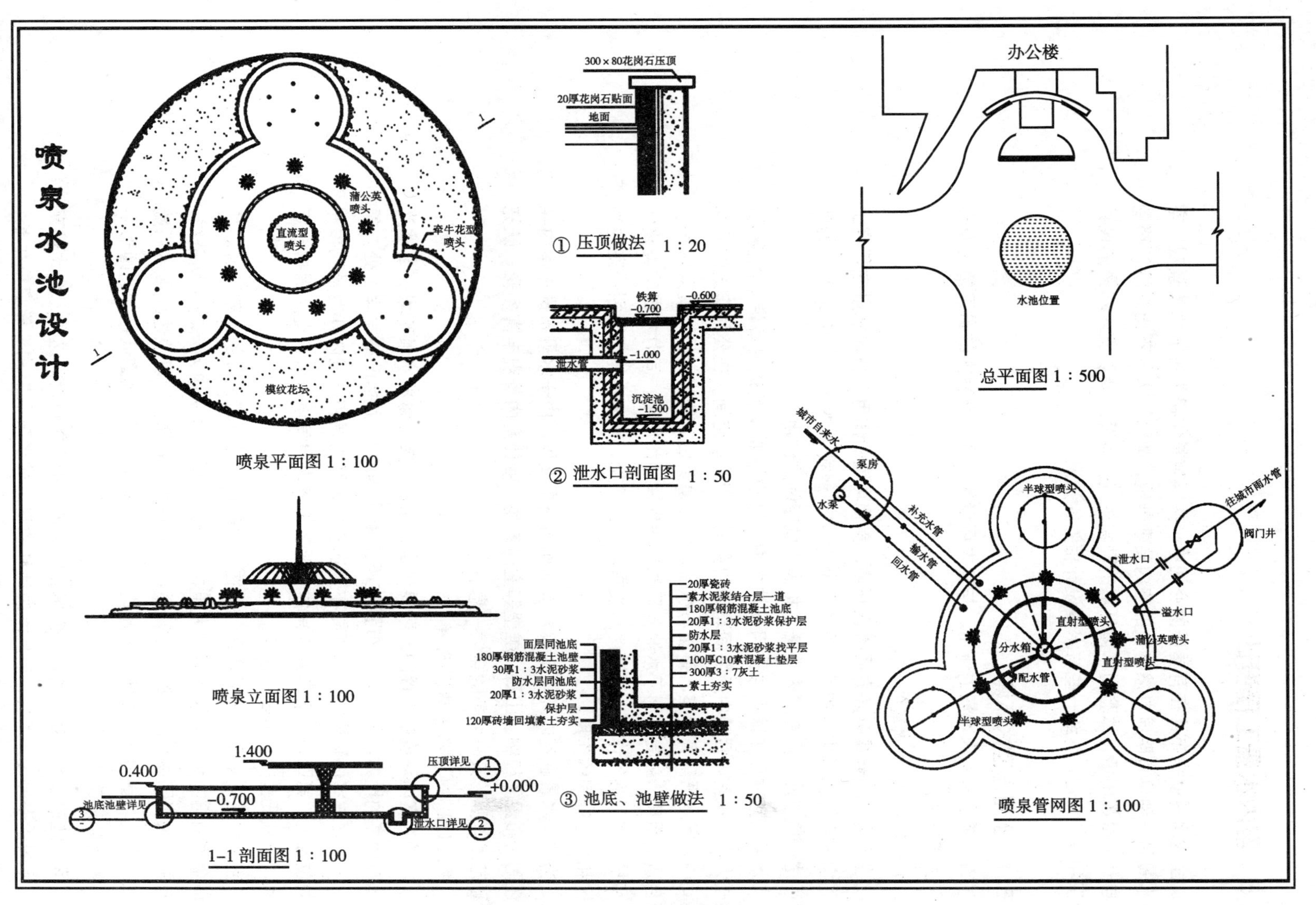

图4-38 喷泉水池设计实例

4.5 室内水景工程设计

室内水景就是布置在有屋顶的空间中，并以观赏作用为主的水体景观。室内水景是一种具有明显自然特质的室内要素景观，能够让人足不出户就领略到大自然的野趣闲情，体验到水体环境的勃勃生气。本节主要讲室内水景的设计知识和设计方法，介绍一些与水景设计相关的知识。

4.5.1 水景与室内环境

首先要了解室内水景的作用、与室内环境的关系、在室内的布置情况及造景形式等问题。

4.5.1.1 室内水景的作用

在室内，水景具有多方面改良环境、美化环境的作用。室内水景在尺度上受到室内空间的局限，因此，在水景设计中一般都采取了“小中见大”的处理手法，这就使水景在室内具备了扩大视觉空间的作用。

水景在室内形成景观并占用一块地面，这块地面及其边沿地带上的空间，就成为人们在室内活动中所共同享用的空间，即共享空间。在公共建筑的共享空间中，用水面隔开餐座、茶座与歌台、钢琴演奏台，使演奏员与观众保持一个合适的距离，就更有利于水池及周围地面发挥功能作用，同时水面的美化作用和扩大空间感的作用也能够得到发挥。由此可见，室内水体还有划分室内功能区和划分空间的作用。

当然，水景在室内环境中最根本的作用还是造景。由于水景布置在室内并且还附带布置了植物、山石、雕塑等室内景物，就使室内景观丰富多彩，既充满了艺术氛围，又有浓郁的自然气息。

4.5.1.2 水景在室内的布置

水景在室内环境中布置的一般要求是：第一，要尽量将水景布置在自然光线比较明亮的地方。第二，应布置在不影响室内其他功能正常发挥之处。第三，一定要与室内环境协调，不要布置在室内装修格调和与室内其他景观相冲突的位置上。第四，水景布置的具体位置要与室内电气设备所在地点保持一定距离，要保证室内水电安全使用。

室内水景很常见的布置位置，是在室内的敞厅或一般大厅的中部区域。如深圳金碧酒店的水景池就布置在大堂的中部。照顾到大堂内人流的走动路线，水池前沿采用了曲线形边线与之相适应。而在水池后侧，则以池边和平台后端构成的直线与室内墙面相协调。池边布置了一些大小不同且高低错落的圆形平台，作为音乐茶座。

靠窗边的较明亮处，也是室内水景常见的一种布置位置。这里光线比较充足，水景的表现效果很好，而且水边栽种的耐阴或半耐阴植物都能良好生长，植物景观效果也不错。

在房间某一角落布置室内水景，既能避免水景设施对室内空间使用功能的影响，又使水景区域成为一个独立的造景空间，给室内造景带来很大的方便。在房间一角设置小水池，池后墙壁壁面嵌入自然山石，做成自然石壁状。在石壁上部设置出水口，就可造出室内的三叠泉景观。布置水池的房间角落如果是靠着光线明亮的窗边，其景观效果最好，但若不靠窗，就要考虑在水池上方布置有足够明亮的照明灯具。

水景还可以布置在室内的楼梯边、楼梯下，作为陪衬楼梯的附属景点。楼梯下的空间往往是没有被利用的空间，这个空间用来营造室内水景，既丰富了室内景观，又可避免空间的浪费。

建筑物的内庭是集中布置室内水景最好的场所。由于建筑内庭的面积一般都比大厅、房间角落等大得多，能够容纳的水景景物也比较多，在这里营造室内水景，能够获得最好的景观效果。

4.5.1.3　室内水景的设计形式

室外环境中采用的水景形式，有许多在室内环境中也一样能用。但室内所用的水景由于空间条件所限，一般只能占用少量空间，规模都很小。下面所述室内的水景形式，基本上都属于这类小水体。

（1）浅水池。室内筑池蓄水，可以水面为镜，倒映物像，做成光影景观；也可以引流泉浸红鱼，使得清波鱼影，满堂生辉。浅水池平面变化形式多种多样，或方或圆，或长或短，或曲折或自然，要与室内环境相协调。池岸采用不同的材料作表面装饰，也能呈现不同的格调和风采。

（2）观赏鱼缸。可算是室内环境中最小的水景，缸内可养金鱼或多种多样的热带观赏鱼类。

（3）水帘瀑布。在室内利用假山、叠石，并在低处筑池作潭。山石上做出瀑布，池底、池壁的做法应视具体情况，进行力学计算之后再做出专门设计。使水帘轻泻潭中，击石有声，水花喷溅。也可利用室内专设的景墙作骨架，引水从上端轻轻流泻而下。墙头流水的堰口平直整齐，水量适度，水流形成薄而透明的水帘，显得轻曼柔美。此外，还可用金属管件作挂瀑；将金属管的一侧开长缝作为瀑布口，再把瀑口管水平悬空架立室内，其下做水槽接水，这就做成了金属管挂瀑。室内因有瀑布、水帘的动感装饰，环境既有声有色，又有静有动，明显地增强了环境的艺术性。

（4）涌泉。清澈的泉水自池下砾石的缝间涌上，带起串串亮闪闪如珍珠般的水泡，可在室内构成“珍珠泉”小景。或者，在池底安装粗径涌水管，从管口涌出的水流自下而上涌出水面，在水面上形成噗噗跳腾的低矮水柱，成为名副其实的涌泉。

（5）小喷泉。布置于室内的喷泉，其水流射程设计得不太大，喷头为膜状、水雾式以及加气混合式，再配以灯光效果与音乐的控制，使室内空间绚丽多彩，更能烘托环境氛围。

（6）壁泉、滴泉。房屋局部的内壁上，安装鱼、蛙、龙、兽甚至人面的吐水雕塑小品，引水管于其口中，作细流吐水，就成了壁泉。或者把水量调节到很小，使水断续地滴下，在室内造成滴滴答答、叮叮咚咚的声响效果，即成为滴泉。室内墙壁上也可贴以自然山石，做成自然石壁状，并在石间种植耐阴、耐湿的草本植物，如虎耳草、石菖蒲及一些蕨类植物等。石壁上可引出涓涓细流，也可作串串滴水，既是壁泉，又是滴泉。

（7）室内休闲泳池。与室外休闲泳池相似，只因在室内，面积一般比较小些。

在进行水景设计之前，首先应根据具体的室内条件，来确定所采用的水景形式。然后才按照所选定水景形式的设计要领，进行水景及水景附属景物的详细设计。

4.5.2 室内水景设计

针对室内环境而展开的水景设计，应密切结合具体的室内环境条件进行。在水景的形态确定、水景的景观结构设计以及水池的设计等方面，都要照顾到室内的环境特点。

4.5.2.1 水景形态设计

室内水景从视觉感受方面可分为静水和流水两种形式。

静水给人以平和宁静之感，它通过平静水面反映周围的景物，既扩大了空间又使空间增加了层次。在设计静态水景时，所采用的水体形式一般都是普通的浅水池。设计中要求水池的池底、池壁最好做成浅色的，以便盛满池水后能够突出地表现水的洁净和清澈见底的效果。流动的水景形式，在室内可以有许多，如循环流动的室内水渠、小溪和喷射垂落的喷泉、瀑布等，就既能在室内造景，又能起到分隔室内空间的作用。蜿蜒的小溪生动活跃，形态多变的喷泉则有强烈的环境氛围创造力，这些都能增加室内空间的动态感。

水体的动态和水的造型以及与静态水景的对比，给室内环境增加了活力和美感。尤其是现代室内水体与灯光、音响、雕塑的相互结合，使现代建筑室内空间充满了喷水声、潺潺流水声和优美的音乐声，流光溢彩的水池也为室内环境增添了浓重的色韵和醉人的情调。因此，水景形态设计中也应考虑水、声、光、电效果的利用。

4.5.2.2 水体主景设计

常利用水体作为建筑中庭空间的主景，以增强空间的表现力。而瀑布、喷泉等水体形态自然多变，柔和多姿，富有动感，能和建筑空间形成强烈的对比，因而常成为室内环境中最动人的主体景观。天津伊士丹商场一楼大厅中部，就采用了一组水景作为主景。从三楼高处落下一圆形细水珠帘，水落入下面的池中形成二层叠水，在水池中还设有薄膜状牵牛花型喷泉。整个水景的形状以圆形来统一处理，与环境协调，水景效果也十分好看。

4.5.2.3 水体的背景处理

在特定的室内环境中，水体基本上都以内墙墙面作为背景。这种背景具有平整光洁、色调淡雅、景象单纯的特点，一般都能很好地当做背景使用。但是，对于主要以喷涌的白色水花为主的喷泉、涌泉、瀑布，则背景可以采用颜色稍深的墙面，以构成鲜明的色彩对比，使水景得以突出表现。

室内水体大都和山石、植物、小品共同组成丰富的景观，成为通常所说的室内景园。为了突出水上的小品、山石或植物，也常常反过来以水体作为背景，由水面的衬托而使山石植物等显得格外醒目和生动。可见，室内水面除了具有观赏作用之外，还能在一些情况下作为背景使用。

4.5.2.4　室内空间的分隔与沟通

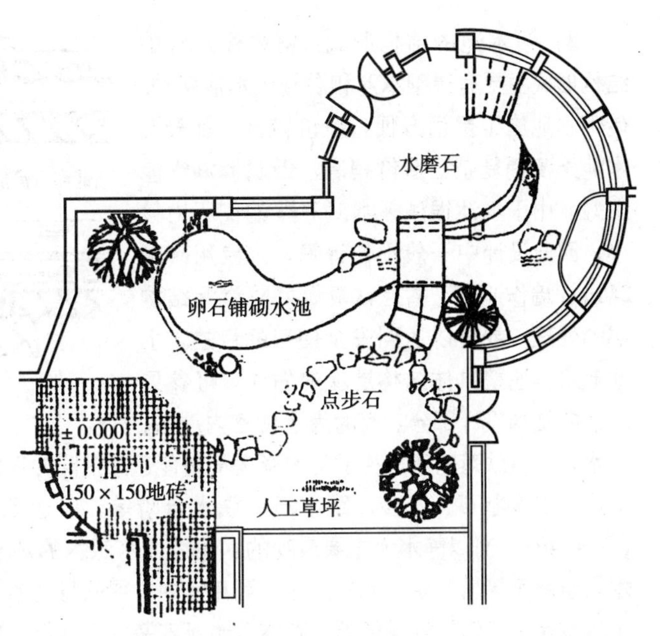

图4-39　上海龙柏饭店门厅水景设计

室内与室外、室内各个局部之间，常常用水体、溪流作为纽带进行联络，也常常进行一定程度上的空间分隔。如图4-39所示，上海龙柏饭店门厅的池与庭院相通，中间隔一大玻璃窗，使内外空间紧密地融为一体。日本大阪皇家饭店的餐厅，由于引入小溪而使室内环境更为明快。用水体也可分隔空间，而水体分隔的空间在视线上仍能相互贯通，被分开的各个空间在视觉上仍是一个整体，产生了既分又合的空间效果。如日本东京大同人寿保险公司内部，沿纵向开了一条水渠，把功能分为两部分，一边为营业部，另一边为办公机构，两部分既隔离，又相互联系。

4.5.2.5　室内浅水池

一般水深在1m以内者，称为浅水池。它也包括儿童戏水池和小型泳池、造景池、水生植物种植池、鱼池等。浅水池是室内水景中应用最多的设施，如室内喷泉、涌泉、瀑、壁泉、滴泉和一般的室内造景水池等，都要用到浅水池。因此，对室内浅水池的设计，应该多一些了解。

1）浅水池的平面形式：室内水景中水池的形态种类众多，水池深浅和池壁、池底材料也各不相同。浅水池的大致形式如下：

（1）如果要求构图严谨、气氛严肃庄重，则应多用规则方正的池形或多个水池对称的形式。为使空间活泼、更显水的变化和深水环境，则用自由布局的、参差跌落的自然式水池形式。

（2）按照池水的深浅，室内浅水池又可设计为浅盆式和深盆式。水深小于600mm的为浅盆式；水深不小于600mm的为深盆式。一般的室内造景水池和小型喷泉池、壁泉池、滴泉池等，宜采用浅盆式；而室内瀑布水池则常可采用深盆式。

（3）依水池的分布形式，也可将室内浅水池设计为多种造型形式，如错落式、半岛与岛式、错位式、池中池、多边组合式、圆形组合式、多格式、复合式、拼盘式等等。

2）浅水池的结构形式：室内浅水池的结构形式主要有砖砌水池和混凝土水池两种。砖砌水池施工灵活方便，造价较低；混凝土水池施工稍复杂，造价稍高，但防渗漏性能良好。由于水池很浅，水对池壁的侧压力较小，因此设计中一般不作计算，只要用砖砌240mm墙作池壁，并且认真做好防渗漏结构层的处理，就可以达到安全使用的目的。水池池底、池壁具体结构层次的做法，可参见水池的结构设计部分。有时为了使室内瀑布、跌水在水位跌落时所产生的巨大落差能量能迅速消除并形成水景，需要在溪流的沿线上布设卵石、汀步、跳水石、跌水台阶等，以达到快速"消能"的目的(图4-40)。当以静水为主要景观的水池经过水源水的消能并轻轻流入时，倒影水景也就可伴随产生。此外，还可利用室内方便的灯光条件，用灯光透射、投射水景或用色灯渲染氛围情调。在水下也可安装水下彩灯，使清水变成各种有色的水，能够收到奇妙的水景效果。

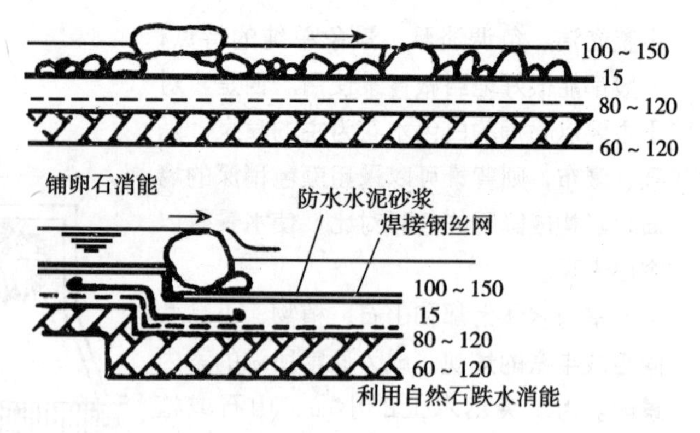

图4-40 人工浅水池消能构造

■本章小结

园林水景是园林造景的重要组成部分，甚至有人说"无水不成园"也有一定道理，园林四要素：山、水、建筑、植物，也说明水的重要性。园林中水讲究"来龙去脉"，"因水而活"。因此，水景的设计涵盖内容广泛，从形式布局到水工设施，从水上到水下均需精心设计和建造。水景设计主要利用天然水源，因水制宜，注意经济合理，不可铺张浪费。要重视水的生态、节能方面的开发利用，水生植物的利用是我们今后水体净化的主要方式。在室内建造水景越来越受人们的亲睐，喷泉水池成为现代广场景观必不可少的景观之一，由于水景建造费用、使用费用都较高昂，设计师如何体现环保节能也是今后关注的焦点。水景设计中也要注重新材料、新工艺的应用，在小型水池、室内水池的设计中应用新材料、新工艺是设计的发展方向。

复习思考题

1. 庭院造景中如何运用水的表现形态？
2. 水面空间处理的手法有哪些？
3. 常见水生植物种植池的构造做法。
4. 破坏驳岸的主要因素有哪些？
5. 分析水池防水渗漏各种方法的优缺点。
6. 喷泉管道按功能分由哪些管道组成？

■实习实训

实训一　建筑广场喷泉设计

目的及要求：掌握广场喷泉设计的基本方法。

材料及工具：2 号图板，绘图工具、水力计算资料。

内容与方法：（1）广场喷泉水池平面设计，绘制平面图。

（2）广场喷泉水池立面及装饰设计，绘制立面图。

（3）广场喷泉管道及喷头、喷水型设计，确定喷水高度，绘制平面、立面图。

（4）喷泉水力计算，确定水泵、管径。

（5）喷泉施工图设计，绘制施工图。

实训成果：每个学生完成一套设计书。

实训二　精品水池测绘

目的及要求：掌握水池的设计要点。

材料及工具：皮尺、记录夹、2 号图板、绘图工具。

内容与方法：（1）测量水池的各种尺寸以及水池的周围环境距离尺寸。

（2）量测水池管道的布局、管径、各种喷头的高度。

（3）绘制水池平面图及立面图。

（4）绘制水池管道及喷头布置图。

实训成果：每个小组完成一套测绘图。

第5章 园路工程设计

园林工程（二）

园林中的道路，即为园路。它是园林基本组成要素之一，包括道路、广场、游憩场地等一切硬质铺装。园路除了具有交通、导游、组织空间、划分景区等功能以外，还有造景作用，也是园林工程设计与施工的主要内容之一。

本章主要介绍园路的功能、分类、结构、线型、装饰等方面的内容。

5.1 园路工程概述

道路的修建在我国有着悠久的历史，从考古和出土的文物来看，我国铺地的结构复杂，图案十分精美。如战国时代的“米”字纹砖，秦咸阳宫出土的太阳纹铺地砖，西汉遗址中的卵石路面，东汉的席纹铺地，唐代以莲纹为主的各种“宝相纹”铺地，西夏的火焰宝珠纹铺地，明清时的雕砖卵石嵌花路及江南庭园的各种花街铺地等。在中国古代园林中，道路铺地多以砖、瓦、卵石、碎石片等组成各种图案，具有雅致、朴素、多变的风格，为我国园林艺术的成就之一。近年来，随着科技、建材工业及旅游业的发展，园林铺地中又陆续出现了水泥混凝土、沥青混凝土以及彩色水泥混凝土、彩色沥青混凝土、透水透气性路面等，这些新材料、新工艺的应用，使园路更富有时代感，为园林增添了新的光彩。

5.1.1 园路的功能

园路是贯穿全园的交通网络，是联系若干个景区和景点的纽带，是组成园林风景的要素，并为游人提供活动和休息的场所。园路的走向对园林的通信、光照、环境保护也有一定的影响。因此，无论从实用功能上，还是从美观方面，均对园路的设计有一定的要求。

5.1.1.1 划分、组织空间

园林功能分区的划分多是利用地形、建筑、植物、水体或道路。对于地形起伏不大、建筑相对密度小的现代园林绿地，用道路围合、分隔不同景区则是主要方式。同时，借助道路面貌（线形、轮廓、图案等）的变化可以暗示空间性质、景观特点的转换以及活动形式的改变，从而起到组织空间的作用。尤其在专类园中，划分空间的作用十分明显。

5.1.1.2 组织交通和导游

首先，经过铺装的园路能耐践踏、辗压和磨损，可满足各种园务运输的要求，并为游人提供舒适、安全、方便的交通条件；其次，园林景点间的联系是依托园路进行的，为动态序列的展开指明了前进的方向，引导游人从一个景区进入另一个景区；再次，园路还为欣赏园景提供了连续的、不同的视点，可以取得步移景异的效果。

5.1.1.3 提供活动场地和休息场所

在建筑小品周围、花坛、水旁、树下等处，园路可扩展为广场（可结合材料、质地和图案的变化），为游人提供活动和休息的场所。

5.1.1.4 参与造景

园路作为空间界面的一个方面而存在着，自始至终伴随着游览者，影响着风景效果，它与山、水、植物、建筑等等，共同构成优美丰富的园林景观。

(1) 渲染气氛，创造意境。意境绝不是某一独立的艺术形象或造园要素的单独存在所能创造的，它还必须有一个能使人深受感染的环境，共同渲染这一气氛。中国古典园林中园路的花纹和材料与意境相结合，有其独特的风格与完善的构图。

(2) 参与造景。通过园路的引导，将不同角度、不同方向的地形地貌、植物群落等园林景观展现在眼前，形成一系列动态画面，即所谓“步移景异”，此时园路也参与了风景的构图，即因景得路。再者，园路本身的曲线、质感、色彩、纹样、尺度等与周围环境协调统一，都是园林中不可多得的风景要素。

(3) 影响空间比例。园路的每一块铺料的大小以及铺砌形状的大小和间距等，都能影响整个园林空间的视觉比例。形体较大、较开展，会使一个空间产生一种宽敞的尺度感；而较小、紧缩的形式，则使空间具有压缩感和亲密感。例如，在园路面铺装中加入第二类铺装材料，能明显地将整个空间分割得较小，形成更易被感受的副空间。

(4) 统一空间环境。在园路设计中，其他要素会在尺度和特性上存在很大差异，但在总体布局中当处于共同的铺装地面中，相互之间便连接成一整体，在视觉上统一起来。

(5) 构成空间个性。园路的铺装材料及其图案和边缘轮廓，具有构成和增强空间个性的作用，不同的铺装材料和图案造型，能形成和增强不同的空间感，如细腻感、粗犷感、宁静感、亲切感等。并且，丰富而独特的园路可以创造视觉趣味，增强空间的独特性和可识性。

5.1.1.5 组织排水

道路可以借助其路缘或边沟组织排水。一般园林绿地都高于路面，方能实现以地形排水为主的原则。道路汇集两侧绿地径流之后，利用其纵向坡度即可按预定方向将雨水排除。

5.1.2 园路的分类

5.1.2.1 根据构造形式分

(1) 路堑型（也称街道式）。立道牙位于道路边缘，路面低于两侧地面，道路排水。构造如图5-1所示。

(2) 路堤型（也称公路式）。平道牙位于道路靠近边缘处，路面高于两侧地面（明沟），利用明沟排水。构造如图5-2所示。

(3) 特殊型。包括步石、汀步、磴道、攀梯等。如图5-3所示。

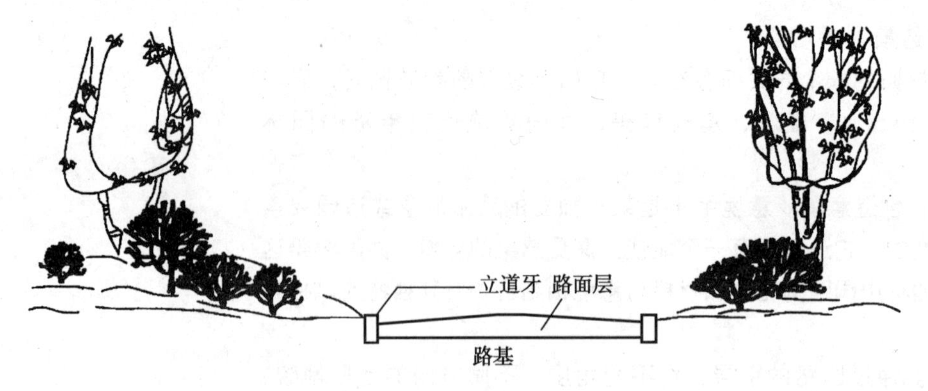

图 5-1　路堑型

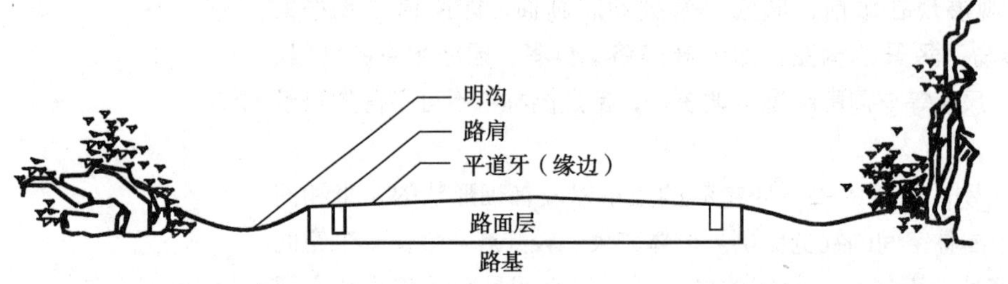

图 5-2　路堤型

5.1.2.2　按面层材料分

（1）整体路面：包括现浇水泥混凝土路面和沥青混凝土路面。整体路面平整、耐压、耐磨，适用于通行车辆或人流集中的公园主路和出入口。

（2）块料路面：包括各种天然块石、陶瓷砖及各种预制水泥混凝土块料路面等。块料路面坚固、平稳，图案纹样和色彩丰富，适用于广场、游步道和通行轻型车辆的地段。

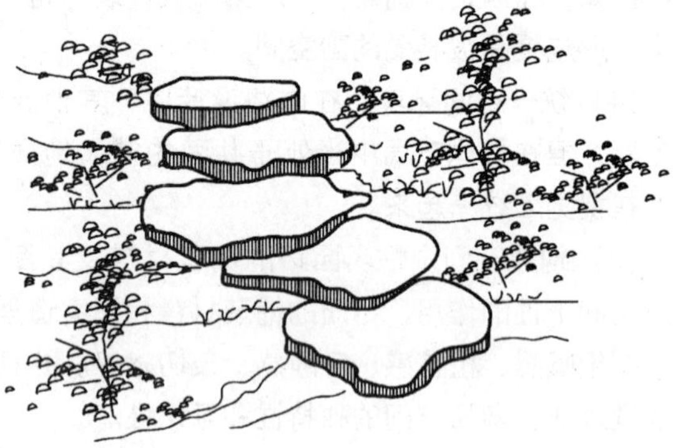

图 5-3　特殊型

（3）碎料路面：用各种石片、砖瓦片、卵石等碎石料拼成的路面，图案精美，表现内容丰富，做工细致，巧夺天工。主要用于庭园和各种游步小路。

（4）简易路面：由煤屑、三合土等组成的路面，多用于临时性或过渡性园路。

5.1.2.3　按使用功能划分

（1）主干道：联系公园主要出入口、园内各功能分区、主要建筑物和主要广场，成为全园道路系统的骨架，是游览的主要线路，多呈环形布置。其宽度视公园性质和游人容量而定，一般为 3.5 ~ 6.0m。至少能够通行卡车、消防车等。

（2）次干道：为主干道的分支，是贯穿各功能分区、联系重要景点和活动场所的道路。宽度一般为 2.0 ~ 3.5m。能单向通行轻型机动车辆。

（3）游步道：风景区内连接各个景点、深入各个角落的游览小路。宽度一般为 1 ~ 2m。考虑二人并行。

（4）小径：用于深入细部，作细部观察的小路，多布置在各种专类园中，如花卉专类园。宽度一般为 0.6 ~ 1.0m，主要考虑单人行走。

5.2 园路的线型设计

园路的线型包括平面线型和纵断面线型。线型设计是否合理，不仅关系到园林景观序列的组合与表现，也直接影响道路的交通和排水功能。

5.2.1 平面线型

即园路中心线的水平投影形态。

5.2.1.1 线型种类

（1）直线：在规则式园林绿地中，多采用直线型园路。因其线型规则、平直，方便交通。

（2）圆弧曲线：道路转弯或交会时，考虑行驶机动车的要求，弯道部分应取圆弧曲线连接，并具有相应的转弯半径。

（3）自由曲线：指曲率不等且随意变化的自然曲线。在以自然式布局为主的园林游步道中多采用此种线型，可随地形、景物的变化而自然弯曲，柔顺流畅和协调。

5.2.1.2 设计要求

（1）对于总体规划时确定的园路平面位置及宽度应再次核实，并做到主次分明。在满足交通要求的情况下，道路宽度应趋于下限值，以扩大绿地面积的比例。游人及各种车辆的最小运动宽度，见表 5-1。

游人及车辆的最小运动宽度表　　　　表 5-1

交通种类	最小宽度（m）	交通种类	最小宽度（m）
单人	0.75	小轿车	2.00
自行车	0.6	消防车	2.06
三轮车	1.24	卡车	2.05
手扶拖拉机	0.84 ~ 1.5	大轿车	2.66

（2）行车道路转弯半径在满足机动车最小转弯半径条件下，可结合地形、景物灵活处置。

（3）园路的曲折迂回应有目的性。一方面曲折应是为了满足地形及功能上的要求，如避绕障碍、串联景点、围绕草坪、组织景观、增加层次、延长游览路线、扩大视野；另一方面应避免无艺术性、功能性和目的性的过多弯曲。

5.2.1.3 平曲线最小半径

当车辆在弯道上行驶时，为了使车体顺利转弯，保证行车安全，要求弯道上部分应为圆弧曲线，该曲线称为平曲线，如图5-4所示。自然式园路曲折迂回，在平曲线变化时主要由下列因素决定：①园林造景的需要；②当地地形、地物条件的要求；③在通行机动车的地段上，要注意行车安全。在条件困难的个别地段上，可以采取较小的转弯半径。

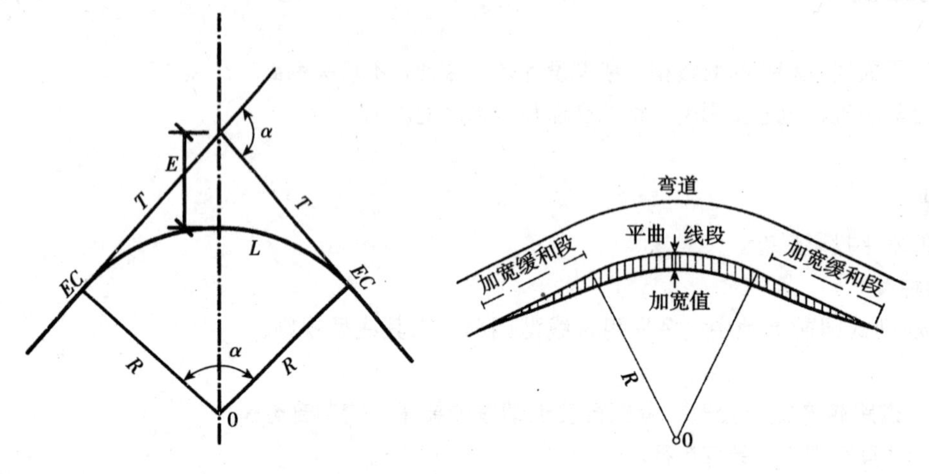

图5-4　平曲线图(左)
T—切线长；E—曲线矢矩；L—曲线长；α—路线转折角度；R—平曲线半径

图5-5　平曲线加宽(右)

5.2.1.4　平曲线加宽

当汽车在弯道上行驶时，由于前轮的轮迹较大，后轮的轮迹较小，出现轮迹内移现象，同时，本身所占宽度也较直线行驶时为大，弯道半径越小，这一现象越严重。为了防止后轮驶出路外，车道内侧（尤其是小半径弯道）需适当加宽，称为平曲线加宽。如图5-5所示。

（1）平曲线加宽值与车体长度的平方成正比，与弯道半径成反比。

（2）当弯道中心线平曲线半径 $R\geqslant200$m 时可不必加宽。

（3）为了使直线路段上的宽度逐渐过渡到弯道上的加宽值，需设置加宽缓和段。

（4）园路的分支和交会处，为了通行方便，应加宽其平曲线部分，使其线型圆润、流畅，形成优美的视觉效果。

5.2.2　纵断面线型

即道路中心线在其竖向剖面上的投影形态。它随着地形的变化而呈连续的折线。在折线交点处，为使行车平顺，需设置一段竖曲线。

5.2.2.1　线型种类

（1）直线：表示路段中坡度均匀一致，坡向和坡度保持不变。

（2）竖曲线：两条不同坡度的路段相交时，必然存在一个变坡点。为使车辆安全平稳通过变坡点，须用一条弧曲线把相邻两个不同坡度线连接，这条曲线因位于竖直面内，故称竖曲线。当圆心位于竖曲线下方时，称为凸型竖曲线。当圆心位于竖曲线上方时，称为凹型竖曲线。见图5-6。

5.2.2.2 设计要求

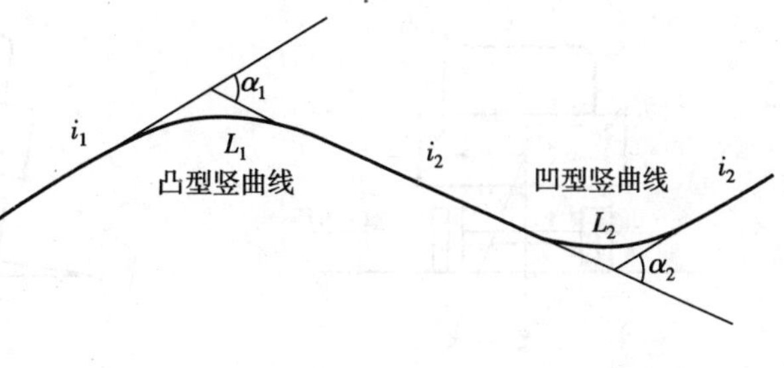

图5-6 竖曲线

(1) 园路根据造景的需要，应随形就势，一般随地形的起伏而起伏。

(2) 在满足造景艺术要求的情况下，尽量利用原地形，以保证路基稳定，减少土方量。行车路段应避免过大的纵坡和过多的折点，使线型平顺。

(3) 园路应与相连的广场、建筑物和城市道路在高程上有一个合理的衔接。

(4) 园路应配合组织地面排水。

(5) 纵断面控制点应与平面控制点一并考虑，使平、竖曲线尽量错开，注意与地下管线的关系，达到经济、合理的要求。

(6) 行车道路的竖曲线应满足车辆通行的基本要求，应考虑常见机动车辆线型、尺寸对竖曲线半径及会车安全的要求。

5.2.2.3 纵横向坡度

(1) 纵向坡度：即道路沿其中心线方向的坡度。园路中，行车道路的纵坡一般为0.3%~0.8%，以保证路面水的排除与行车的安全。游步道、特殊路应不大于12%。

(2) 横向坡度：即垂直道路中心线方向的坡度。为了方便排水，园路横坡一般在1%~4%之间，呈两面坡。弯道处因设超高而呈单向横坡。

不同材料路面的排水能力不同，其所要求的纵横坡度也不同，见表5-2。

各种类型路面的纵横坡度表 **表5-2**

路面类型	纵坡（%）				横坡（%）	
	最小	最大		特殊	最小	最大
		游览大道	园路			
水泥混凝土路面	0.3	6	7	10	1.5	2.5
沥青混凝土路面	0.3	5	6	10	1.5	2.5
块石、砾石路面	0.4	6	8	11	2	3
拳石、卵石路面	0.5	7	8	7	3	4
粒料路面	0.5	6	8	8	2.5	3.5
改善土路面	0.5	6	6	8	2.5	4
游览小道	0.3		8		1.5	3
自行车道	0.3	3			1.5	2
广场、停车场	0.3	6	7	10	1.5	2.5
特别停车场	0.3	6	7	10	0.5	1

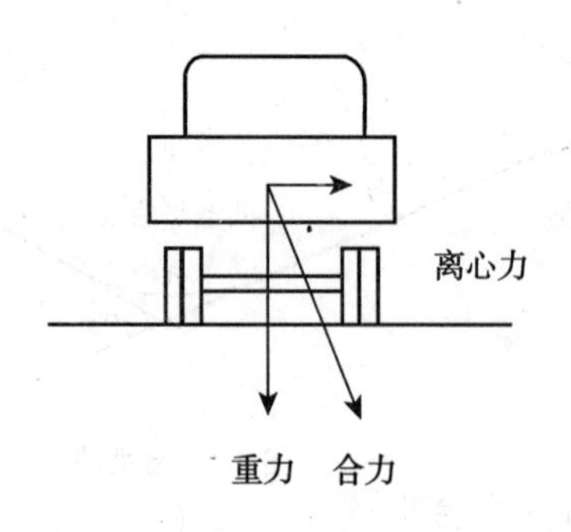

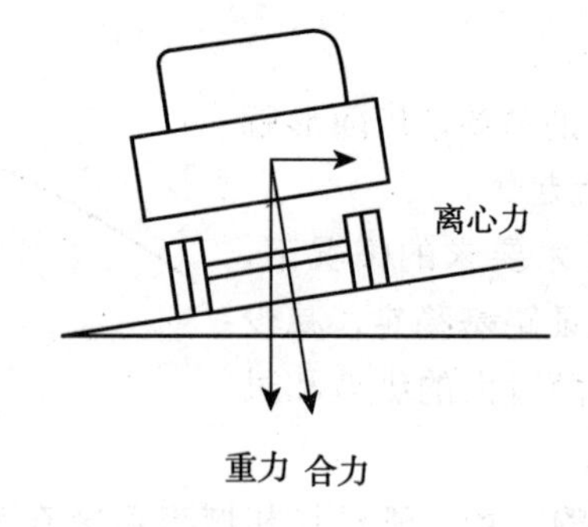

图5-7 汽车在弯道上行驶受力分析图

（3）弯道超高：当汽车在弯道上行驶时，产生横向推力即离心力。这种离心力的大小，与行车速度的平方成正比，与平曲线半径成反比。为了防止车辆向外侧滑移及倾覆，并抵消离心力的作用，就需将路的外侧抬高。设置超高的弯道部分（从平曲线起点至终点）形成了单一向内侧倾斜的横坡。为了便于直线路段的双向横坡与弯道超高部分的单一横坡有平顺衔接，应设置超高缓和段。如图5-7、图5-8所示。

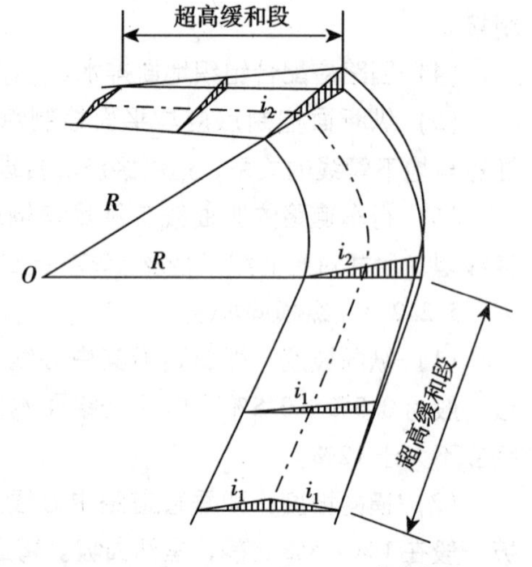

图5-8 弯道超高

附：供残疾人使用的园路在设计时的要求

①路面宽度不宜小于1.2m，回车路段路面宽度不宜小于2.5m。

②道路纵坡一般不宜超过4%，且坡长不宜过长，在适当距离应设水平路段，并不应有阶梯。

③应尽可能减小横坡。

④坡道坡度1/20～1/15时，其坡长一般不宜超过9m；每逢转弯处，应设不小于1.8m的休息平台。

⑤园路一侧为陡坡时，为防止轮椅从边侧滑落，应设10cm高以上的挡石。并设扶手栏杆。

⑥排水沟箅子等，不得突出路面，并注意不得卡住车轮和盲人的拐杖。

具体做法参照《方便残疾人使用的城市道路和建筑设计规范》JGJ 50—88。

5.3 园路的结构设计

5.3.1 园路的结构

园路一般由面层、结合层、路基和附属工程四部分组成。

5.3.1.1 路面层的结构

1）典型的路面图式

路面层的结构组合形式是多样的，但园路路面层的结构一般比城市道路简单，其典型的面层图式如图5-9所示。

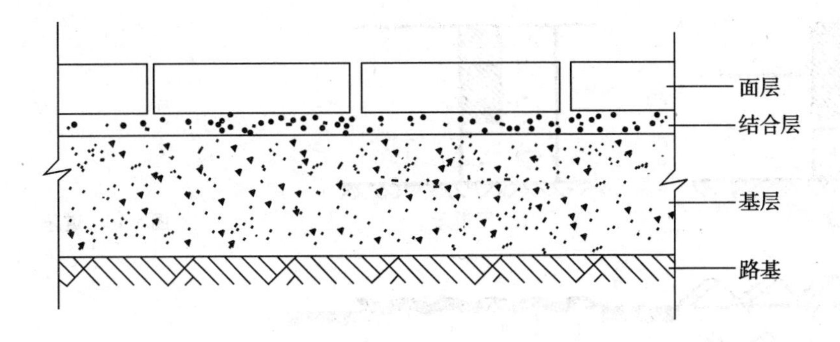

图 5-9　路面层结构

2）路面各层的作用和设计要求

(1) 面层。是路面最上面的一层，它直接承受人流、车辆和大气因素（如烈日、严冬、风、雨、雪等）的破坏。如面层选择不好，就会给游人带来"无风三尺土，雨天一脚泥"或反光刺眼等不利影响。因此，从工程上来讲，面层设计时要坚固、平稳、耐磨耗，具有一定的粗糙度、少尘性，便于清扫。

(2) 基层。一般在土基之上，起承重作用。一方面支承由面层传递下来的荷载，另一方面把此荷载均匀地传给土基。基层不直接接受车辆和气候因素的作用，对材料的要求比面层低。一般用碎（砾）石、灰土或各种工业废渣等筑成。

(3) 结合层。在采用块料铺筑面层时，在面层和基层之间，为了结合和找平而设置的一层。一般用 3～5cm 的粗砂、水泥砂浆或白灰砂浆即可。

(4) 垫层。在路基排水不良或有冻胀、翻浆的路段上，为了排水、隔温、防冻的需要，用煤渣土、石灰土等筑成。在园林中可以用加强基层的方法，而不另设此层。

5.3.1.2　路基

路基是路面的基础，它不仅为路面提供一个平整的基面，承受路面传下来的荷载，也是保证路面强度和稳定性的重要条件之一。因此，对保证路面的使用寿命具有重大意义。

经验认为：一般黏土或砂性土开挖后用蛙式夯夯实三遍，如无特殊要求，就可直接作为路基。

对于未压实的下层填土，经过雨季被水浸润后能使其自身沉陷稳定，其密度为 $180g/cm^3$，可以用于路基。

在严寒地区，严重的过湿冻胀土或湿软呈橡皮状土，宜采用 1∶9 或 2∶8 灰土加固路基，其厚度一般为 15cm。

5.3.1.3　附属工程

1）道牙。道牙一般分为立道牙和平道牙两种形式，其构造如图 5-10 所示。它们安置在路面两侧，使路面与路肩在高程上起衔接作用，并能保护路面，便于排水。道牙一般用砖或混凝土制成，在园林中也可以用瓦、大卵石等（图 5-11）。

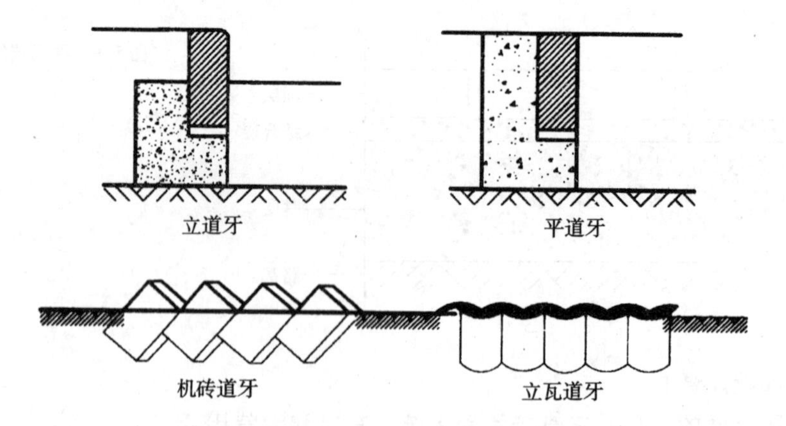

图 5-10 道牙

图 5-11 特殊道牙

2）明沟和雨水井。是为收集路面雨水而建的构筑物，在园林中常用砖块砌成。

3）台阶、礓磜、磴道

（1）台阶。当路面坡度超过 12°时，为了便于行走，在不通行车辆的路段上，可设台阶。台阶的宽度与路面相同，每级台阶的高度为 12 ~ 17cm，宽度为 30 ~ 38cm。一般台阶不宜连续使用，如地形许可，每 10 ~ 18 级后应设一段平坦的地段，使游人有恢复体力的机会。为了防止台阶积水、结冰，每级台阶应有 1% ~2% 的向下的坡度，以利排水。在园林中根据造景的需要，台阶可以用天然山石、预制混凝土做成木纹板、树桩等各种形式，装饰园景。为了夸张山势、造成高耸的感觉，台阶的高度也可增至 25cm 以上，以增加趣味。

（2）礓磜。在坡度较大的地段上，一般纵坡超过 15% 时，本应设台阶，但为了能通行车辆，将斜面做成锯齿形坡道，称为礓磜。其形式和尺寸如图 5-12 所示。

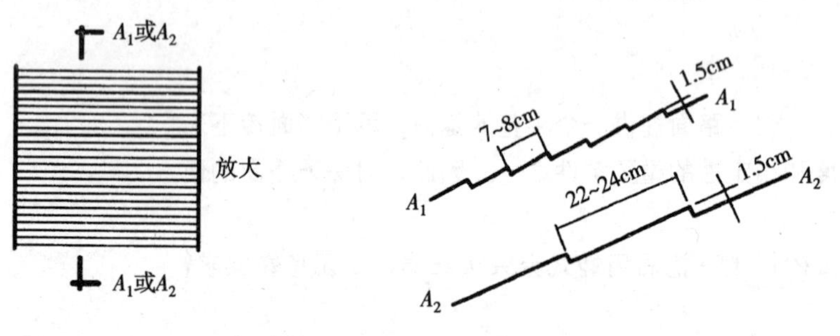

图 5-12 礓磜

图 5-13 磴道

（3）磴道。在地形陡峭的地段，可结合地形或利用露岩设置磴道。当纵坡大于 60% 时，应作防滑处理，并设扶手栏杆等。如图 5-13所示。

4）种植池。在路边或广场上栽种植物，一般应留种植池。种植池的大小应由所栽植物的要求而定，在栽种高大乔木的种植池上应设保护栅。

5.3.2 园路的常见“病害”及其原因

园路的“病害”是指园路破坏的现象。一般常见的病害有裂缝、凹陷、啃边、翻浆等。

（1）裂缝与凹陷。造成这种破坏的主要原因是基土过于湿软或基层厚度不够，强度不足或不均匀，在路面荷载超过土基的承载力时出现。

（2）啃边。路肩和道牙直接支撑路面，使之横向保持稳定。因此路肩与其基土必须紧密结实，并有一定的坡度。否则由于雨水的侵蚀和车辆行驶时对路面的边缘啃蚀，使之损坏，并从边缘起向中心发展，这种破坏现象叫啃边，如图 5-14 所示。

（3）翻浆。在季节性冰冻地区，地下水位高，特别是对于粉砂性土基，由于毛细管的作用，水分上升到路面下，冬季气温下降，水分在路面下形成冰粒，体积增大，路面就会出现隆起现象。到春季上层冻土融化，而下层尚未融化，这样使土基变成湿软的橡皮状，路面承载力下降，这时如果车辆通过，路面下陷，邻近部分隆起，并将泥土从裂缝中挤出来，使路面破坏，这种现象叫翻浆，如图 5-15 所示。

图 5-14　啃边（左）

图 5-15　翻浆（右）

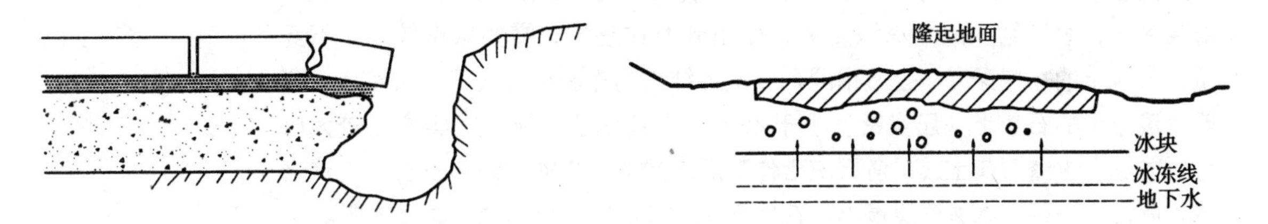

路面的这些常见的“病害”，在进行路面结构设计时，必须给予充分的重视。

5.3.3　园路的结构设计

5.3.3.1　园路结构设计中应注意的问题

（1）就地取材。园路修建的经费，在整个公园建设投资中占有很大的比例。为了节省资金，在园路修建设计时应尽量使用当地材料、建筑废料、工业废渣等。

（2）薄面、强基、稳基土。在设计园路时，往往存在对路基的强度重视不够的现象。

在公园里，我们常看到一条装饰性很好的路面，没有使用多久，就变得坎坷不平、破破烂烂了。其主要原因：一是园林地形经过整理，其土基不够坚实，修路时又没有充分夯实。二是园路的基层强度不够，在车辆通过时路面被压碎。

为了节省水泥石板等建筑材料、降低造价、提高路面质量，应尽量采用薄面、强基、稳基土。使园路结构经济、合理和美观。

5.3.3.2　几种结合层的比较

（1）白灰干砂：施工时操作简单，遇水后会自动凝结。白灰的体积膨胀，密实性好。

（2）净干砂：施工简便，造价低。但经常遇水会使砂子流失，造成结合层不平整。

（3）混合砂浆：由水泥、白灰、砂组成，整体性好，强度高，粘结力强。适用于铺筑块料路面。造价较高。

5.3.3.3　基层的选择

基层的选择应视路基土壤的情况、气候特点及路面荷载的大小而定，并应尽量利用当地材料。

（1）在冰冻不严重、基土坚实、排水良好的地区，铺筑游步道时，只要把路基稍微平整，就可以铺砖修路。

（2）灰土基层。它是由一定比例的白灰和土拌合后压实而成。使用较广，具有一定的强度和稳定性，不易透水，后期强度近刚性物质。在一般情况下使用一步灰土（压实后为15cm），在交通量较大或地下水位较高的地区，可采用压实后为20～25cm或二步灰土。

（3）隔温材料选择。在季节性冰冻地区，地下水位较高时，为了防止发生道路翻浆，基层应选用隔温性较好的材料。据研究结果，砂石的含水量少，导温率大，故该结构的冰冻深度大，如用砂石作基层，需要做得较厚，不经济；石灰土的冰冻深度与土壤相同，石灰土结构的冻胀量仅次于粉质黏土，说明密度不足的石灰土（压实密度小于85%）不能防止冻胀，压实密度较大时可以防冻；煤渣石灰土或矿渣石灰土作基层，用7∶1∶2的煤渣、石灰、土混合料，隔温性较好，冰冻深度最小，在地下水位较高时，能有效地防止冻胀。

5.3.4　常见园路结构图（表5-3）

常见园路结构图　　表5-3

编号	类型	结构图式（mm）
1	石板嵌草路	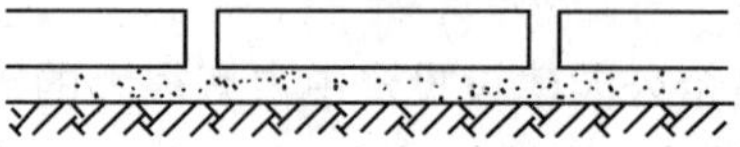 ①100厚石板 ②50厚黄砂 ③素土夯实 注：石间宽30～50嵌草
2	卵石嵌草路	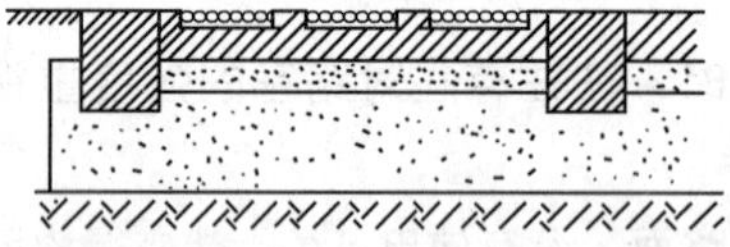 ①70厚预制土嵌卵石 ②50厚M2.5混合砂浆 ③一步灰土 ④素土夯实
3	方砖路	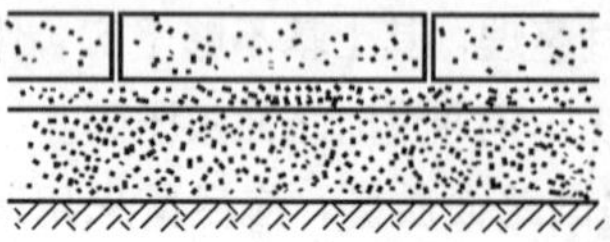 ①50×500×100C15混凝土方砖 ②50厚粗砂 ③150～250厚灰土 ④素土夯实 注：膨胀缝加10×9.5橡皮条
4	水泥混凝土路	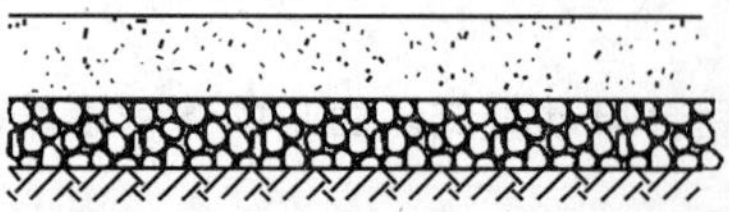 ①80～150厚C20混凝土 ②80～120厚碎石 ③素土夯实 注：基层可用二渣（水碎渣、散石灰），三渣（水碎渣、散石灰、道渣）

续表

编号	类型	结构图式（mm）
5	卵石路	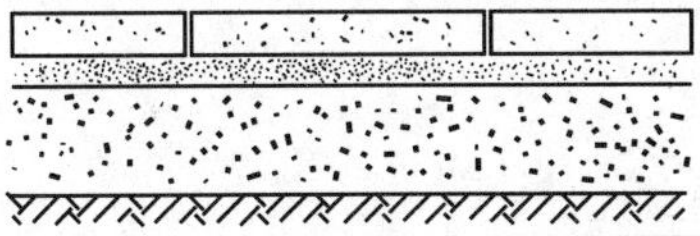 ①70 厚混凝土栽小卵石 ②30～50 厚 M2.5 混合砂浆 ③150～250 厚碎砖三合土 ④素土夯实
6	沥青碎石路	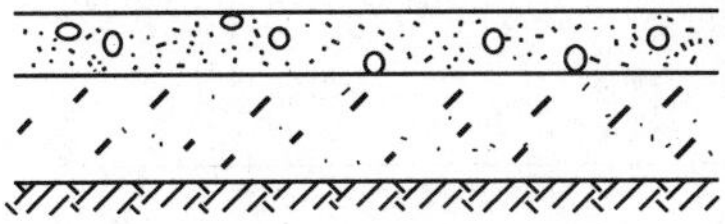 ①10 厚二层柏油表面处理 ②50 厚泥结碎石 ③150 厚碎砖或石灰、煤渣 ④素土夯实
7	青（红）砖铺路	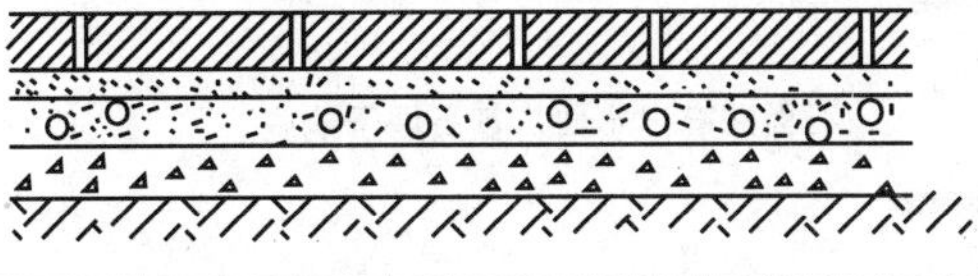 ①50 厚青砖 ②30 厚灰泥 ③50 厚混凝土 ④50 厚碎石 ⑤素土夯实
8	钢筋混凝土砖路	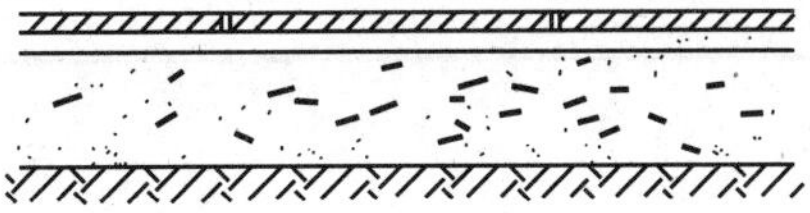 ①50 厚钢筋混凝土预制块 ②20 厚 1:3 白灰砂浆 ③150 厚灰土 ④素土夯实
9	红石板弹石砖路	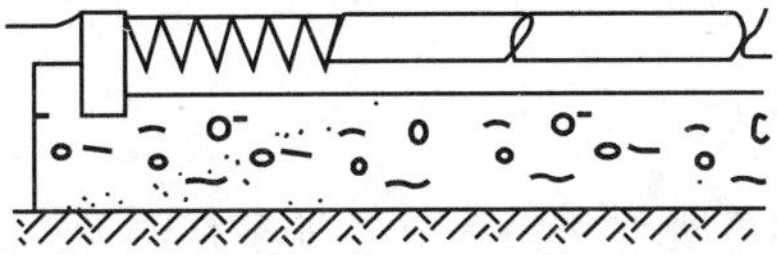 ①50 厚红石板 ②50 厚煤屑 ③150 厚碎砖三合土 ④素土夯实
10	彩色混凝土砖路	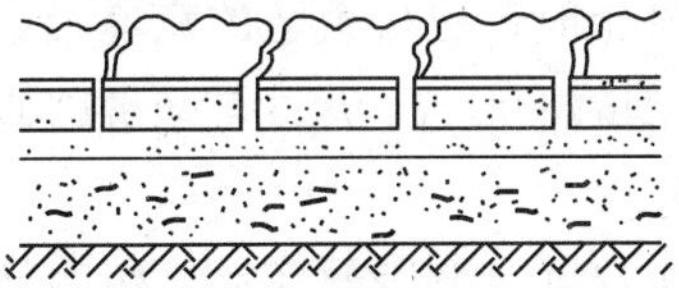 ①100 厚彩色混凝土花砖（彩色表面层 20 厚） ②30 厚粗砂 ③150 厚灰土 ④素土夯实
11	自行车路	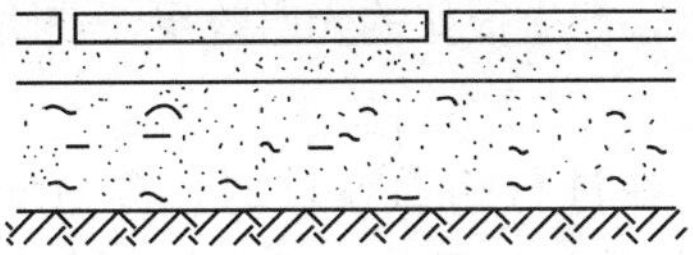 ①50 厚水泥方砖 ②50 厚 1:3 白灰砂浆 ③150 厚灰土 ④素土夯实
12	羽毛球场铺地	 ①20 厚 1:3 水泥砂浆 ②80 厚 1:3:6 水泥:白灰:碎石 ③素土夯实
13	汽车停车场铺地	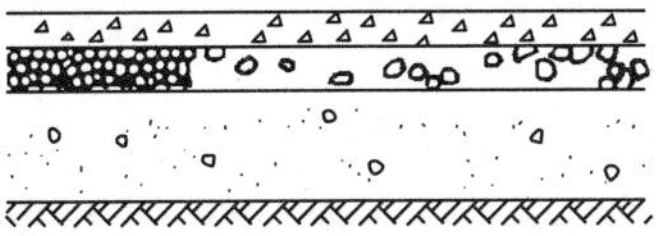 ①黑色碎石 ②碎石 ③级配砂石 ④素土夯实
		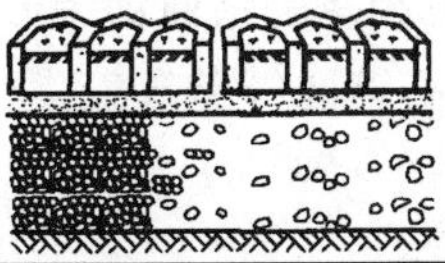 ①100 厚混凝土空心砖（内填土壤种草） ②30 厚粗砂 ③250 厚碎石 ④素土夯实
		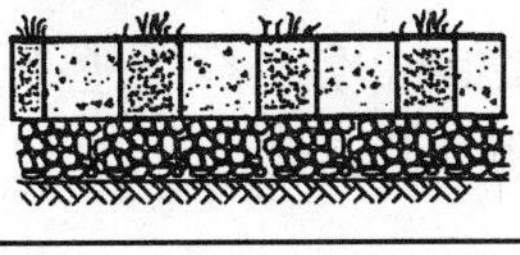 ①200 厚混凝土方砖 ②200 厚培养土种草 ③250 厚砾石 ④素土夯实

续表

编号	类型	结 构 图 式（mm）
14	荷叶汀步	钢筋混凝土现浇
15	块石汀步	石面略高出水面，基石埋于池底

5.4 园路装饰设计

5.4.1 园路路面的特殊要求

（1）园路路面应具有装饰性，或称地面景观作用，它以多种多样的形态、花纹来衬托景色、美化环境。在进行路面图案设计时，应与景区的意境相结合，要根据园路所在的环境，选择路面的材料、质感、形式、尺度与研究路面的寓意、趣味，使路面更好地成为园景的组成部分。

（2）园路路面应有柔和的光线和色彩，减少反光、刺眼感觉。广州园林中采用各种条纹水泥混凝土砖，按不同方向排列，产生很好的光影效果，使路面既朴素又丰富，并且减少了路面的反光强度。

（3）路面应与地形、植物、山石相配合。在进行路面设计时，应与地形、置石等很好地配合，共同构成景色。园路与植物的配合，不仅能丰富景色，使路面变得生气勃勃，而且嵌草的路面可以改变土壤的水分和通气的状态，为广场的绿化创造有利的条件，并能降低地表温度，为改善局部小气候创造条件。

5.4.2 园路铺装实例

根据路面铺装材料、装饰特点和园路使用功能，可以把园路的路面铺装形式分为整体现浇、片材贴面、板材砌块、砌块嵌草和砖块石镶嵌铺装等五类，如图5-16、图5-17所示。

5.4.2.1 整体现浇铺装

整体现浇铺装的路面适宜风景区通车干道、公园主园路、次园路或一些附属道路。采用这种铺装的路面材料，主要是沥青混凝土和水泥混凝土。

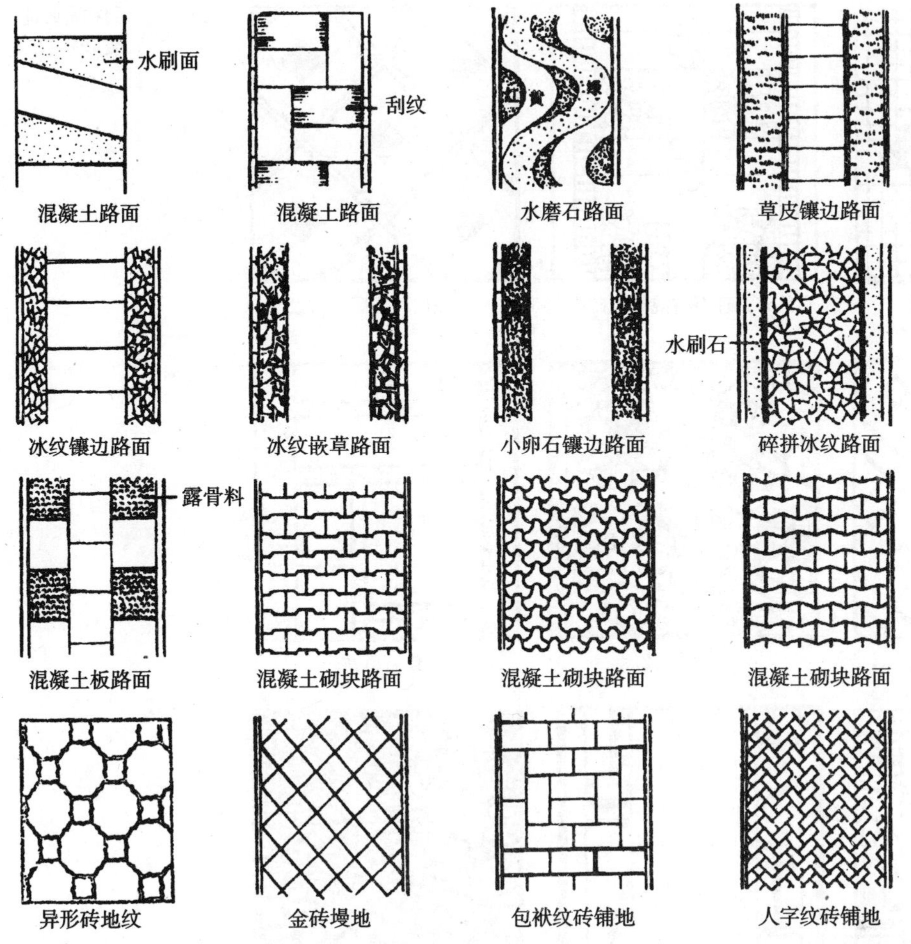

图 5-16 园林路面铺装示例（一）

沥青混凝土路面做法，用 60～100mm 厚泥结碎石作基层，以 30～50mm 厚沥青混凝土作面层。根据沥青混凝土的骨料粒径大小，有细粒式、中粒式和粗粒式沥青混凝土可供选用。这种路面通常称黑色路面，一般不用其他方法来对路面进行装饰处理。

水泥混凝土路面的基层做法，可用 80～120mm 厚碎石层，或用 150～200mm 厚大块石层，在基层上面可用 30～50mm 粗砂作间层。面层则一般采用 C20 混凝土，做 120～160mm 厚。路面每隔 10m 设伸缩缝一道。对路面的装饰，主要是采取各种表面抹灰处理。抹灰装饰的方法有以下几种：

（1）普通抹灰：用水泥砂浆在路面表层作保护装饰层或磨耗层。水泥砂浆可采用 1∶2 或 1∶2.5 比例，常以粗砂配制。

（2）彩色水泥抹灰：在水泥中加各种颜料，配制成彩色水泥砂浆，对路面进行抹灰，可做出彩色水泥路面。

（3）水磨石饰面：水磨石路面是种比较高级的装饰型路面，有普通水磨石和彩色水磨石两种。水磨石面层的厚度一般为 10～20mm，是用水泥和彩色细石子调制成水泥石子浆，铺好面层后打磨光滑。

图 5-17　园林路面铺装示例（二）

（4）露骨料饰面：一些园路的边带或作障碍性铺装的路面，常采用混凝土露骨料方法饰面，做成装饰性边带。这种路面立体感较强，能够和其旁的平整路面形成鲜明的质感对比。

5.4.2.2 片材贴面铺装

这种铺地类型一般用在小游园、庭园、屋顶花园等面积不太大的地方。若铺装面积过大，路面造价将会太高，经济上常不允许。

片材是指厚度在5～20mm之间的装饰性铺地材料，常用的片材主要是花岗石、大理石、釉面墙地砖、陶瓷广场砖和陶瓷锦砖等。这类铺地一般都是在整体现浇的水泥混凝土路面上采用。在混凝土面层上铺垫一层水泥砂浆，起路面找平和结合作用。水泥砂浆结合层的设计厚度为10～25mm，可根据片材具体厚度确定，水泥与砂的配合比例采用1:2.5。用片材贴面装饰的路面，边缘最好要设置道牙石，以使路边更加整齐和规范。

（1）花岗石铺地。这是一种高级的装饰性地面铺装。花岗石可采用红色、青色、灰绿色等多种，要先加工成正方形、长方形的薄片状，然后用来铺贴地面。其加工的规格大小，可根据设计而定，一般采取500mm×500mm、700mm×500mm、700mm×700mm、600mm×900mm等尺寸。大理石铺地与花岗石相同。

（2）石片碎拼铺地。大理石、花岗石的碎片，价格较便宜，用来铺地很经济，既装饰了路面，又可减少铺路经费。形状不规则的石片在地面铺贴出的纹理，多数是冰裂纹，使路面显得比较别致。

（3）釉面墙地砖铺地。釉面墙地砖有丰富的颜色和表面图案，尺寸规格也很多，在铺地设计中选择余地很大。其商品规格主要有：100mm×200mm、300mm×300mm、400mm×400mm、400mm×500mm、500mm×500mm等多种。

（4）陶瓷广场砖铺地。广场砖多为陶瓷或琉璃质地，产品基本规格是100mm×100mm，略呈扇形，可以在路面组合成直线的矩形图案，也可以组合成圆形图案。广场砖比釉面墙地砖厚一些，其铺装路面的强度也大一些，装饰路面的效果比较好。

（5）陶瓷锦砖铺地。庭园内的局部路面还可用陶瓷锦砖铺地，如古波斯的伊斯兰式庭园道路，就常见这种铺地。陶瓷锦砖色彩丰富，容易组合地面图纹，装饰效果较好。但铺在路面较易脱落，不适宜人流较多的道路铺装，所以目前采用陶瓷锦砖装饰路面的并不多见。

5.4.2.3 板材砌砖铺装

用整形的板材、方砖、预制的混凝土砌块铺作路面，作为道路结构面层的，都属于这类铺地形式。这类铺地适用于一般的散步游览道、草坪路、岸边小路和城市游息林荫道、街道上的人行道等。

1）板材铺地。打凿整形的石板和预制的混凝土板，都能用作路面的结构面层。这些板材常用于游览步行道等。

（1）石板。一般被加工成497mm×497mm×50mm、697mm×497mm×60mm、997mm×697mm×70mm等规格，其下直接铺30～50mm的砂土作找平的垫层，可不做基层。或者以砂土层作为间层，在其下设置80～100mm厚的碎（砾）石层作基层也行。石板下不用砂土垫层，而用1:3水泥砂浆作结合层，可以保证面层更坚固和稳定。

（2）混凝土方砖。正方形，常见规格有 297mm×297mm×60mm、397mm×397mm×60mm 等表面经翻模加工为方格或其他图纹，用 30mm 厚细砂土作找平垫层铺砌。

（3）预制混凝土板。其规格尺寸按照具体设计而定，常见有 497mm×497mm、697mm×697mm 等规格，铺砌方法同石板一样。不加钢筋的混凝土板，其厚度不要小于 80mm。加钢筋的混凝土板，最小厚度可仅 60mm，所加钢筋一般用直径 6～8mm 的，间距 200～250mm，双向布筋。预制混凝土铺砌的顶面，常加工成光面、彩色水磨石面或露骨料面。

2）黏土砖墁地。用于铺地的黏土砖规格很多，有方砖，也有长方砖。方砖及其设计参考尺寸（单位：mm）如：尺二方砖，400×400×60；尺四方砖，470×470×60；足尺七方砖，570×570×60；二尺方砖，640×640×96；二尺四方砖，768×768×144。长方砖如：大城砖，480×240×130；二城砖，440×220×110；地趴砖，420×210×85；机制标准青砖，240×115×53。砖墁地时，用30～50mm 厚细砂土或 3∶7 灰土作找平垫层。方砖墁地一般采取平铺方式，有错缝平铺和顺缝平铺两种做法。铺地的砖纹，在古代建筑庭园中有多种样式。在古代，工艺精良的方砖价格昂贵，用于高等级建筑室内铺地，被叫做“金砖墁地”。庭院地面满铺青砖的做法，则叫“海墁地面”。

3）砌块铺地。用凿打整形的石块或预制的混凝土砌块铺地，也可作为园路结构面层使用。混凝土砌块可设计为各种形状、各种颜色和各种规格尺寸，还可以结合路面设计成不同图纹和不同装饰色块，是目前城市街道人行道及广场铺地的最常见材料之一。

4）道牙安装。道牙安装在道路边缘，起保护路面作用，有用石材凿打整形为长条形的，也有按设计用混凝土预制的。

5.4.2.4　砌块嵌草铺装

预制混凝土砌块和草皮相间铺装路面，能够很好地透水透气，绿色草皮呈点状或线状有规律地分布，在路面形成美观的绿色纹理，美化了路面。这种具有鲜明生态特点的路面铺装形式，现在已越来越受到人们的欢迎。采用砌块嵌草铺装的路面，主要用在人流量不太大的公园散步道、小游园道路、草坪道路或庭院内道路等处，一些铺装场地如停车场等，也可采用这种路面。预制混凝土砌块按照设计可有多种形状，大小规格也有很多种，也可做成各种彩色的砌块，但其厚度都不小于80mm，一般厚度都设计为100～150mm。砌块的形状基本可分为实心的和空心的两类。

由于砌块是在相互分离状态下构成路面，使得路面特别是在边缘部分容易发生歪斜、散落。因此，在砌块嵌草路面的边缘，最好要设置道牙加以规范和保护路面。另外，也可用板材铺砌作为边带，使整个路面更加稳定，不易损坏。

5.4.2.5　砖石镶嵌铺装

用砖、石子、瓦片、碗片等材料，通过拼砌镶嵌的方法，将园路的结构面层做成具有美丽图案纹样的路面，这种做法在古代被叫做“花街铺地”。采用花街铺地的路面，其装饰性很强，趣味浓郁，但铺装中费时费工，造价较高，而且路面也不便行走。因此，常在人流不多的庭院道路和局部园林游览道上，才采用这种铺装方式。

镶嵌铺装中，一般用立砖、小青瓦瓦片来镶嵌出线条纹样，并组合成基本的图案。再用各色卵石、砾石镶嵌作为色块，填充图形大面，并进一步修饰铺地图案。我国古代花街铺地的传统图案纹样种类颇多，有四方灯景、长八方、冰纹梅花、攒六方、球门、万字、席纹、海棠芝花、人字纹、十字海棠等等，如图5-18所示。还有镶嵌出人物事件图像的铺地，如：胡人引驼图、奇兽葡萄图、八仙过海图、松鹤延年图、桃园三结义图、赵颜求寿图、凤戏牡丹图、牧童图、十美图、战长沙图等，成为我国园林艺术的杰作。

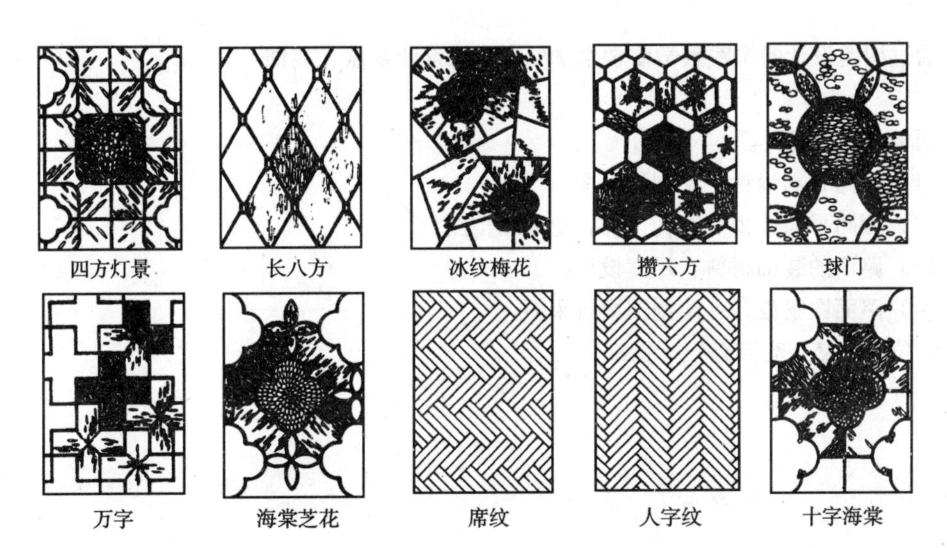

图5-18　传统园林道路铺装形式

■本章小结

园路作为划分园林空间、组织游览路线、引导游人的重要园林设计要素，在园林设计中举足轻重。园路的设计形式多种多样，有别于市政道路，设计的关键是园路与景观的配合程度。园路的布局、路面结构、路面材料、路面图案是园路设计的重点内容。中国的山水园林园路自然式布局，材料、图案多种多样、蜿蜒曲折、曲径通幽，与景致混为一体；西方的规则式园林园路通直、透视效果好；两种园林各具风采，在园林设计中二者可灵活运用，混合式园林就把二者共同运用于同一个园林中，也取得了较好的效果；路面结构随园路的功能而变化；路面材料、色彩视景观环境而应用；路面图案与景观寓意相配合。

复习思考题

1. 简述园路的功能与分类。
2. 简述园路装饰设计要求。
3. 园路的施工步骤有哪些？
4. 残疾人道路的设计要点有哪些？
5. 园路结构的组成有哪些？

■ 实习实训

园路设计

目的及要求：通过园路设计的实践教学使学生掌握园路的设计要点、装饰设计及结构画法。

材料及工具：图板、绘图工具。

内容与方法：（1）园路布局设计，绘制平面图。
（2）园路平面线型及结构设计，绘制结构图。
（3）路面的装饰材料、尺度设计。
（4）路面图案设计；绘制图案效果图。

实训成果：每一位学生交一套园路设计图纸。

第6章 假山工程设计

6.1 概述

假山是用土、石等为材料以人工的方法堆叠起来的山，是仿自然山水通过艺术加工的手段制作而成的。作为我国自然山水园林组成部分的假山，是具有高度艺术性的建设项目之一，对于我国园林民族特色的形成有重要的作用。假山工程是园林建设的专业工程，因而，也是本课程重点内容之一。

假山实际上包括假山和置石两个部分。假山，是以造景、游览为主要目的，充分地结合其他多方面的功能作用，以土、石等为材料，以自然山水为蓝本并加以艺术的提炼和夸张，用人工再造的山水景物的通称。置石是以山石为材料作独立性造景或作附属性的配置造景布置，主要表现山石的个体美或局部组合，不具备完整的山形。一般地说，假山的体量大而集中，可观可游，使人有置身于自然山林之感；置石则主要以观赏为主，结合一些功能方面的作用，体量较小而分散。假山因材料不同可分为土山、石山和土石相间的山。置石则可分为特置、对置、散置、群置等。我国岭南的园林中早有灰塑假山的工艺，后来又逐渐发展成为用水泥塑的置石和假山，成为假山工程的一种专门工艺。

假山在现代园林中应用十分广泛，尤其是置石，取材方便，应用灵活，可以信手拈来，以较少的花费取得良好的效果。置石宜于结合植物、水体、建筑组成各种园林小景，而且置石布局极为灵活，既可以散点又可以聚点，还可以结合地形随式而置。

假山由于其应用的广泛性，使得假山在很多建设项目中都得以应用，其施工也显得更重要。假山设计的理论依据很多，尤其是一些古代山水画家的画论里有许多精辟的论述。假山的施工也是一个艺术再创造的过程，施工质量的好坏不单单从受力分析上能满足山体的稳定，更重要的是假山、置石的艺术效果。假山的堆叠主要依靠匠师的指挥，匠师对假山的最终效果起决定性作用，因此要求叠山的匠师在工作之余应该不断提高自己的艺术修养，了解美学原理，提高假山堆叠的艺术含量。

6.1.1 假山的功能作用

假山和置石在中国园林中的广泛运用并不是偶然的。我国园林要求达到“虽由人作，宛自天开”的高超的艺术境界。园主为了满足游览活动的需要，必然要建造一些体现人工美的园林建筑。但就园林的总体要求而言，在景物外貌的处理上要求人工美符合自然美，在自然美的基础上加以提炼、夸张，并把人工美融合到体现自然美的园林环境中去。因而，虽然假山堆叠形状千姿百态，堆叠的目的各有不同，但具体而言，假山和置石主要有以下几方面的功能作用。

6.1.1.1 构成主景

在采用主景突出的布局方式的园林中，或以山为主景，或以山石为驳岸的水池作主景。整个园子的地形骨架、起伏、曲折皆以此为基础来变化。例如北京北海公园的琼华岛、哈尔滨太阳岛公园的太阳山，采用土石相间的手法堆叠；清代扬州之个园的“四季假山”为保存较好的精品；明代南京徐达王府之西园（今南京之瞻园）、明代所建今上海之豫园、苏州的环秀山庄等。总体布局都是以山为主，以水为辅，景观独特。

6.1.1.2　划分和组织空间

在采用集锦式布局的园林，用假山对园林空间进行分隔和划分，将空间分成大小不同、形状各异、富于变化的形态。通过障景、对景、背景、框景、夹景等手法的灵活运用，形成峰回路转、步移景异的游览空间。例如清代所建北京的圆明园、颐和园的某些局部、苏州的网师园、拙政园的某些局部、承德的避暑山庄的某些局部等。中国园林善于运用“各景”的手法，根据用地功能和造景特色将园子化整为零，形成丰富多彩的景区。这就需要划分和组织空间。划分空间的手段很多，但利用假山划分空间是从地形骨架的角度来划分，具有自然和灵活的特点。特别是用山水相映成趣的结合来组织空间，使空间更富于性格的变化。如圆明园“武陵春色”要表现世外桃源的意境，利用土山分隔成独立的空间，其中又运用两山夹水，时收时放的手法做出桃花溪、桃花洞、渔港等地形变化，于极狭处见辽阔，似塞又通，由暗窥明，给人以“山重水复疑无路，柳暗花明又一村”的联想。颐和园仁寿殿和昆明湖之间的地带，是宫殿区和居住、游览区的交界。这里用土山带石的做法堆了一座假山。这座假山在分隔空间的同时结合了障景处理。在宏伟的仁寿殿后面，把园路收缩得很窄，并采用“之”字线形穿山而形成谷道。一出谷口则辽阔、疏朗、明亮的昆明湖突然展开在面前。这种“欲放先收”的造景手法取得了很好的实际效果。此外，如拙政园枇杷园和远香堂、腰门一带的空间用假山结合云墙的方式划分空间，从枇杷园内通过园洞门北望雪香云蔚亭，又以山石作为前置夹景，都是成功的例子。

6.1.1.3　点缀和陪衬

山石的这种作用在我国南、北方各地园林中均有所见，尤以江南私家园林运用最广泛。如苏州留园，其东部庭院的空间基本上是用山石和植物装点的，或以山石作花台、或以石峰凌空、或于粉墙前散置、或以竹、石结合作为廊间转折的小空间和窗外的对景。例如庭院“揖峰轩”，在天井中部立石峰，天井周围的角落里布置自然多变的山石花台，点缀和装饰了园景。就是小天井或一线夹巷，也布置以合宜体量的特置石峰。游人环游其中，一个石景往往可以作几条视线的对景。石景又以漏窗为框景，增添了画面层次和明暗的变化。仅仅四五处山石小品布置，却由于游览视线的变化而得到几十幅不同的画面效果。这种“步移景异”、“小中见大”的手法主要是运用山石小品来完成的。除了用作造景以外，山石还有一些实用方面的功能作用。

6.1.1.4　山石园林小品

在坡度较陡的土山坡地常散置山石以护坡。这些山石可以阻挡和分散地表径流。降低地表径流的流速，从而减少水土流失。在坡度更陡的土山上往往开辟成自然式的台地，在山的外侧所形成的垂直土面多采用山石作挡土墙。自然山石挡土墙的功能和整形式挡土墙的基本功能相同，而自然山石挡土墙在外观上曲折、起伏、凸凹多变。例如颐和园“圆朗斋”、“写秋轩”、北海的“酣古堂”、“亩鉴室”周围都是自然山石挡土墙的佳品。在用地面积有限的情况下要堆起较高的土山，常利用山石作山脚的藩篱。这样，由于土易崩而山石可壁立，就可以缩小土山所占的底盘面积而又具有相当的高度和体量。如颐和园仁寿殿西面的土山、无锡寄畅园西岸的土山都是采用这种做法。

利用山石作护坡、挡土墙、驳岸和花台等，既坚固实用，又具有装饰性。江南私家园林中常广泛地利用山石作花台养植牡丹、芍药和其他观赏植物。并用花台来组织庭院中的游览路线，或与壁山结合，或与驳岸结合，或与建筑结合，或独立。在规整的建筑范围中创造自然、疏密的变化。这与我国传统的篆刻艺术有不少相通的手法，有异曲同工的艺术效果。

6.1.1.5　器具陈设

利用山石作（诸如石榻、石桌、石几、石凳、石鼓、石栏等）器具，既不怕日晒夜露，并为景观的自然美增色添辉。此外，山石还用作室内外楼梯（称为云梯）、园桥、汀步和镶嵌门、窗、墙等。

这里要着重指出的是，假山和置石的这些功能都是和造景密切结合的。它们可以因高就低、随势赋形。山石与园林中其他组成因素（诸如建筑、园路、广场、植物等）组成各式各样的园景，使人工建筑物和构筑物自然化，减少建筑物某些平板、生硬的线条的缺陷，增加自然、生动的气氛，使人工美通过假山或置石的过渡和自然山水园的环境取得和谐的统一。因此，假山成为表现自然山水园最普遍、最灵活和最具体的一种造景手法。

6.1.2　假山材料

6.1.2.1　按掇山功能分

（1）峰石：一般是选用奇峰怪石，多用于建筑物前置石或假山收顶。

（2）叠石：要求质量好、形态特征适宜，主要用于山体外层堆叠，常选用湖石、黄石和青石等。

（3）腹石：主要用于填充山体的山石，石质宜硬，但形态没有特别要求，一般就地取材。

（4）基石：位于假山底部，多选用大型块石，其形态要求不高，但需坚硬、耐压、平坦。

6.1.2.2　按假山石料的产地、质地来分

湖石、黄石、青石、黄蜡石、石笋以及其他石品6大类，每一类又因产地地质条件差异而又可细分为多种。

1）湖石

因原产太湖一带而得此名。这是在江南园林中运用最为普遍的一种，也是

历史上开发较早的一类山石。我国历史上大兴掇山之风的宋代寿山艮岳也不惜民力从江南遍搜名石奇卉运到汴京（今开封），这便是“花石纲”。“花石纲”所列之石也大多是太湖石。于是，从帝王宫苑到私人宅园竞以湖石炫耀家门，太湖石风靡一时。实际上太湖石即经过熔融的石灰岩，在我国分布很广，除苏州太湖一带盛产外，北京的房山、广东的英德、安徽的宣城、灵璧以及江苏的宜兴、镇江、南京、山东的济南等地均有分布。只不过在色泽、纹理和形态方面有些差别。在湖石这一类山石中又可分为以下几种。

（1）太湖石

真正的太湖石原产在苏州所属太湖中的洞庭西山，如图 6-1（*a*）所示。据说以其中消夏湾一带出产的太湖石品质最优良。这种山石质坚而脆。由于风浪或地下水的溶蚀作用，其纹理纵横，脉络显隐。石面上遍多坳坎，称为“弹子窝”，扣之有微声。还很自然地形成沟、缝、窝、穴、洞、环。有时窝洞相套，玲珑剔透，蔚为奇观，有如天然的雕塑品，观赏价值比较高。因此常选其中形体险怪、嵌空穿眼者作为特置石峰。此石水中和土中皆有所产。产于水中的太湖石色泽于浅灰中露白色，比较丰润、光洁，也有青灰色的，具有较大的皴纹而少很细的皴褶。产于土中的湖石于灰色中带青灰色。性质比较枯涩而少有光泽。遍多细纹，好像大象的皮肤一样，也有称为“象皮青”的。外形富于变化，青灰中有时还夹有细的白纹。据说是金人从艮岳转运来的。太湖石大多是从整体岩层中选择开采出来的，其靠岩层面必有人工采凿的痕迹。和太湖石相近的，还有宜兴石（即宜兴张公洞、善卷洞一带山中）、南京附近的龙潭石和青龙山石。济南一带则有一种少洞穴、多竖纹、形体顽夯的湖石称为“仲宫石”，如趵突泉、黑虎泉都用这种山石掇山。色似象皮青而细纹不多，形象雄浑。

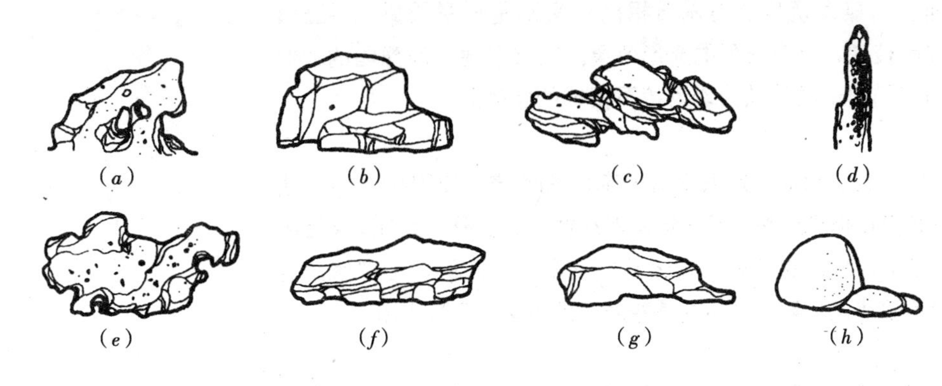

图 6-1 假山石种类
(*a*) 太湖石；(*b*) 黄石；(*c*) 英石；(*d*) 石笋；(*e*) 房山石；(*f*) 青石；(*g*) 黄蜡石；(*h*) 石蛋

（2）房山石

产于北京房山大灰石一带山上，因之得名，如图 6-1（*e*）所示。也属石灰岩。新开采的房山石呈土红色、橘红色或更淡一些的土黄色，日久以后表面带些灰黑色。质地不如南方的太湖石那样脆，但有一定的韧性。这种山石也具有太湖石的窝、沟、环、洞等的变化。因此也有人称之为北太湖石。它的特征除了颜色和太湖石有明显区别以外，密度比太湖石大，扣之无共鸣声，多密集的小孔穴而少有大洞。因此外观比较沉实、浑厚、雄壮。这和太湖石外观轻巧、清秀、玲珑是有明显差别的。和这种山石比较接近的还有镇江所产的砚山石，形态颇多变化而色泽淡黄清润，扣之微有声，也有灰褐色的，石多穿眼相通。

（3）英石

原产广东省英德县一带，如图6-1（*c*）所示。岭南园林中有用这种山石掇山，也常见于几案石品。英石质坚而特别脆，用手指弹扣有较响的共鸣声。淡青灰色，有的间有白脉笼络。这种山石多为中、小形体，很少见有很大块的。现存广州市西关逢源大街8号名为“风云际会”的假山就是完全用英石掇成，别具一种风味。英石又可分白英、灰英和黑英三种。一般所见以灰英居多，白英和黑英均甚罕见，所以多用作特置或散点。

（4）灵璧石

原产安徽省灵璧县。石产土中，被赤泥渍满，须刮洗方显本色。其石中灰色而甚为清润，质地亦脆，用手弹亦有共鸣声。石面有坳坎的变化，石形亦千变万化，但其眼少有婉转回折，须借人工修饰以全其美。这种山石可掇山石小品，更多的情况下作为盆景石玩。

（5）宣石

产于安徽省宁国市。其色有如积雪覆于灰色石上，也由于为赤土积渍，因此又带些赤黄色，非刷净不见其质，所以愈旧愈白。由于它有积雪一般的外貌，扬州个园的冬山、深圳锦绣中华的雪山均用它作为材料，效果显著。

2）黄石

是一种带橙黄颜色的细砂岩，产地很多，以常熟虞山的自然景观为著名，如图6-1（*b*）所示。苏州、常州、镇江等地皆有所产。其石形体顽夯，见棱见角，节理面近乎垂直，雄浑沉实。与湖石相比它又别是一番景象，平正大方，立体感强，块钝而棱锐，具有强烈的光影效果。明代所建上海豫园的大假山、苏州藕园的假山和扬州个园的秋山均为黄石掇成的佳品。

3）青石

即一种青灰色的细砂岩。北京西郊洪山口一带均有所产，如图6-1（*f*）所示。青石的节理面不像黄石那样规整，不一定是相互垂直的纹理，也有交叉互织的斜纹。就形体而言多呈片状，故又有“青云片”之称。北京圆明园“武陵春色”的桃花洞、北海的濠濮涧和颐和园后湖某些局部都用这种青石为山。

4）黄蜡石

黄蜡石色黄，表面油润如蜡，有的浑圆如卵石，有的石纹古拙、形态奇异，多块料而少有长条形，如图6-1（*g*）所示。由于其色优美明亮，常以此石作孤景，或散置于草坪、池边和树荫之下。在广东、广西等地广泛运用。与此石相近的还有墨石，多产于华南地区，色泽褐黑，丰润光洁，极具观赏性，多用于卵石小溪边，并配以棕榈科植物。

5）石笋

即外形修长如竹笋的一类山石的总称，如图6-1（*d*）所示。这类山石产地颇广。石皆卧于山土中，采取后直立地上。园林中常作独立小景布置，如扬州个园的春山、北京紫竹院公园的江南竹韵等。常见石笋又可分为：

（1）白果笋：是在青灰色的细砂岩中沉积的一些卵石，犹如银杏所产的白果嵌在石中，因而得名。北方则称白果笋为“子母石”或“子母剑”。“剑”喻其形，“子”即卵石，“母”是细砂母岩。这种山石在我国各园林中均有所见。有些假山师傅把大而圆、头向上的称为“虎头笋”，而上面尖而小的称“凤头笋”。

（2）乌炭笋：顾名思义，这是一种乌黑色的石笋，比煤炭的颜色稍浅而少有光泽。如用浅色景物作背景，这种石笋的轮廓就更清新。

（3）慧剑：这是北京假山师傅的沿称。所指是一种净面青灰色或灰青色的石笋。北京颐和园前山东腰有高达数丈的大石笋就是这种“慧剑”。

（4）钟乳石笋：即将石灰岩经熔融形成的钟乳石倒置，或用石笋正放用以点缀景色。北京故宫御花园中有用这种石笋做特置小品的。

6）其他石品

诸如木化石、松皮石、石珊瑚、石蛋等，如图6-1（*h*）所示。木化石古老朴质，常作特置或对置。松皮石是一种暗土红的石质中杂有石灰岩的交织细片，石灰岩部分经长期熔融或人工处理以后脱落成空块洞，外观像松树皮突出斑驳一样。石蛋即产于海边、江边或旧河床的大卵石，有砂岩及其他各种质地的。岭南园林中运用比较广泛。如广州市动物园的猴山、广州烈士陵园等均大量采用。

总之，我国山石的资源是极其丰富的。我们堆制假山要因地制宜，不可沽名钓誉地去追求名石，应该“是石堪堆”。这不仅是为了节省人力、物力和财力，同时也有助于发挥不同的地方特色。承德避暑山庄选用塞外山石为山，别具一格。

6.1.3 山石采运

山石采运因山石种类和施工条件不同而有不同的采运形式。对于半埋在山土中的山石采用掘取的方法，挖掘时要沿四周慢慢掘起，这样可以保持山石的完整性又不致太费工力。济南市附近所产的一种灰色湖石和安徽灵璧所产的灵璧石都分别浅埋于土中，有的甚至是天然裸露的单体山石，稍加开掘即可得。但如果是整体的岩系就不可能挖掘取出。有经验的假山师傅只需用手或铁器轻击山石，便可从声音大致判断山石埋的深浅，以便决定取舍。

对于整体的湖石，特别是形态奇特的山石，最好用凿取的方法开采，把它从整体中分离出来。开凿时力求缩小分离的剖面以减少人工开凿的痕迹。湖石质地清脆，开凿时要避免因过大的振动而损伤非开凿部分的石体。湖石开采以后，对其中玲珑嵌空、易于损坏的好材料应用木板或其他材料作保护性的包装，以保证在运输途中不致损坏。

对于黄石、青石一类带棱角的山石材料，采用爆破的方法不仅可以提高工效，同时还可以得到合乎理想的石形。根据假山师傅介绍，一般凿眼，上孔直径为5cm，孔深25cm。如果下孔直径放大一些使爆孔呈瓶形则爆破效力要增大0.5～1倍。一般炸成500～1000kg一块，少量可更大一些。炸得太碎则破坏了山石的观赏价值，也给施工带来很多困难。

山石开采后，首先应对开采的山石进行挑选，将可以使用的或观赏价值高的放置一边，然后作安全性保护，用小型起吊机械进行吊装，通常用钢丝网或钢丝绳将石料起吊至车中，车厢内可预先铺设一层软质材料，如沙子、泥土、草等，并将观赏面差的一面向下，加以固定，防止晃动、碰撞损坏。应特别注意石料运输的各个环节，宁可慢一些，多费一些人力、物力，也要尽力想办法保护好石料。

峰石的运输更要求不受损。一般在运输车中放置黄沙或虚土，高约20cm左右，而后将峰石仰卧于沙土之上，这样可以保证峰石的安全。

6.2 置石

置石是中国传统园林必不可少的造园要素。置石用的山石材料较少，结构比较简单，对施工技术也没有很专门的要求，因此容易实现，可以说置石的特点是以少胜多、以简胜繁，量虽少而对质的要求更高。通过置石对材料的选择，来达到“不出庭堂而坐穷泉壑之美”的意境。这就要求造景的目的性更加明确，格局严谨、手法简练，“寓浓于淡”，使之有感人的效果，有独到之处。不会因篇幅小而限制匠心的发挥，可以说深浅在人，这也可以说是置石的艺术特征。

6.2.1 特置

特置是指将体量较大、形态奇特，具有较高观赏价值的峰石单独布置成景的一种置石方式，亦称单点、孤置山石（图6-2）。如杭州的绉云峰、苏州留园的三峰（冠云峰、瑞云峰、岫云峰）（图6-3）、上海豫园的玉玲珑、北京颐和园的青芝岫、广州海幢公园的猛虎回头、广州海珠花园的飞鹏展翅、苏州狮子林的嬉狮石等都是特置山石名品。

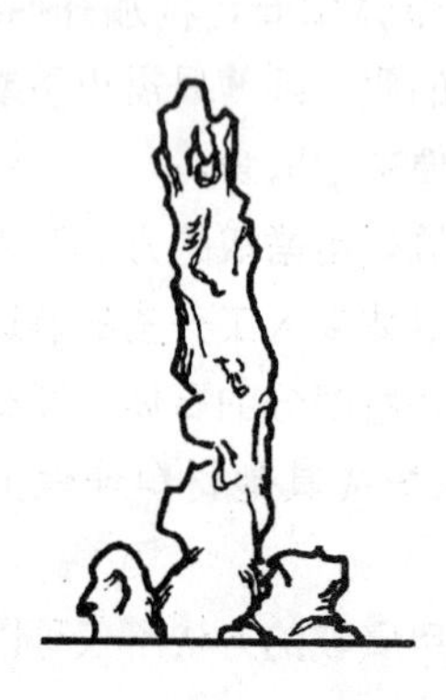
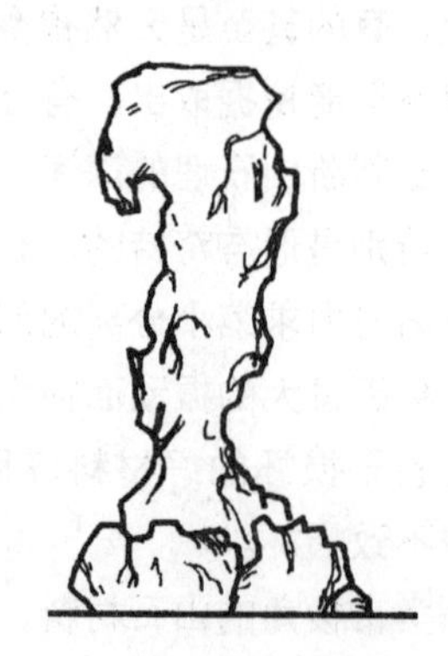

图6-2　特置

6.2.1.1　材料的选择

特置山石应选用体量大、轮廓线分明、姿态多变、色彩突出，具有较高观赏价值的山石。如绉云峰因有深的皱纹而得名；瑞云峰以体量特大，姿态不凡且遍布窝、洞而著称；冠云峰因兼备透、漏、瘦于一石，亭亭玉立、高耸入云而名噪江南；玉玲珑以千疮百孔、玲珑剔透、形似灵芝而出众；青芝岫以雄浑的质感、横卧的体态和遍布青色小孔洞而被纳入皇宫内院；猛虎回头则以形神兼备而令人赞叹。现代也有运用塑石或体量较大之山石合理布局的，亦能有孤赏石之效果。

6.2.1.2　用途

特置石常用作入口的障景和对景，或置于廊间、亭侧、天井中间、漏窗后面、水边、路口或园路转折之处。特置山石也可以和壁山、花台、岛屿、驳岸等结合布置，现代园林中的特置石多结合花台、水池或草坪、花架来布置。园林中的特置山石常镌刻题咏和命名，其意境无穷。

6.2.1.3　布置要点

（1）常在园林中用作入门的障景和对景。

（2）置视线集中的廊间、天井中间、漏窗后面、水边、路口或园路转折的地方。

（3）特置山石也可以和壁山、花台、岛屿、驳岸等结合使用。

图6-3　冠云峰

6.2.2　对置

即沿建筑中轴线两侧作对称位置的山石布置（图6-4）。

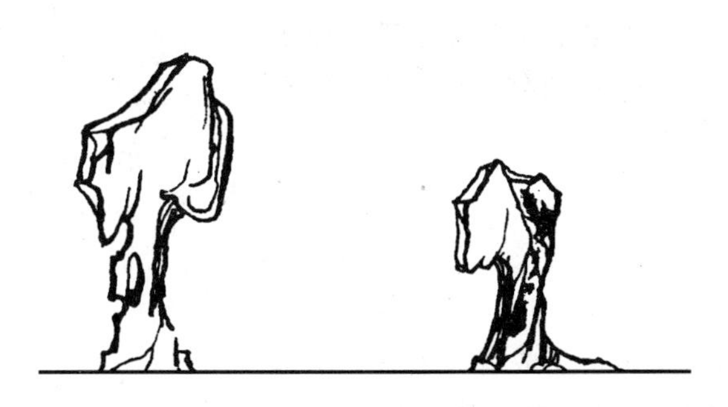

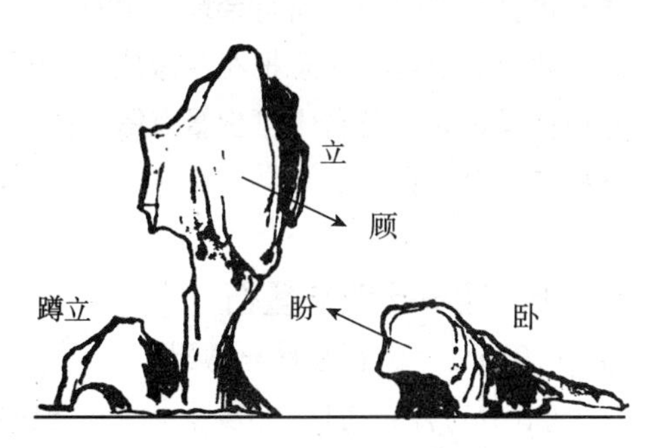

图6-4　对置（左）

图6-5　散置（右）

6.2.3　散置

散置是模拟自然山石分布之状，施行点置的一种手法（图6-5）。即所谓“攒五聚三”、“散漫理之”的做法。散置的运用范围甚广，常用于园门两侧、廊间、粉墙前、山坡上、林下、路旁、草坪中、岛上、水池中或与其他景物结合造景，它的布置要点在于有聚有散、有断有续、主次分明、高低曲折、顾盼呼应、疏密有致、层次丰富。北京北海琼华岛南山西路山坡上有用房山石作的散置，处理得比较成功，不仅起到了护坡作用，同时也增添了山势的变化。

6.2.4 山石器设

用山石作室内的家具或器设也是我国园林中的传统做法。山石器设不仅有使用价值，而且又可与造景密切结合。特别是用于有起伏地形的自然式布置地段，很容易和周围的环境取得协调，既节省木材又能耐久，无须搬出搬进，也不怕日晒雨淋。所以山石器设有以下布置要点：

(1) 布置在林间空地或有树蔽荫的地方，为游人提供休憩场所。

(2) 山石器设可以随意独立布置，也可结合挡土墙、花台、驳岸等统一安排。

(3) 山石几案虽有桌、几、凳之分，但在布置上却不一定按一般家具那样对称摆放。应自然摆放。

6.2.5 山石花台

山石花台即用自然山石叠砌的挡土墙，其内种花植树。山石花台的作用有三：一是降低底下水位，为植物的生长创造了适宜的生态条件，如牡丹、芍药要求排水良好的条件；二是取得合适的观赏高度，免去躬身弯腰之苦，便于观赏；三是通过山石花台的布置，组织游览路线，增加层次，丰富园景。

山石花台布置的要领和山石驳岸有共通的道理。不同的只是花台是从外向内包，驳岸则多是从内向外包。如为水中岛屿的石驳岸则更接近花台的做法。

花台的布置讲究平面上的曲折有致和立面上的起伏变化。就花台的个体轮廓而言，应有曲折、进出的变化。要有大弯兼小弯的凹凸面，弯的深浅和间距都要自然多变，在庭院中布置山石花台时，应占边、把角、让心，即采用周边式布置，让出中心，留有余地。山石花台在竖向上应有高低的变化，对比要强烈，效果要显著，切忌把花台做成“一码平”。一般是结合立峰来处理，但要避免体量过大。花台中可少量点缀一些山石，花台外亦可埋置一些山石，似余脉延伸，变化自然。

6.2.6 园林建筑与置石

6.2.6.1 山石踏跺与蹲配

《长物志》[(明) 文震亨] 中“映阶旁砌以太湖石垒成者曰涩浪”所指的山石布置即为此种。山石踏跺和蹲配常用于丰富建筑立面、强调建筑入口。中国建筑多建于台基之上，这样出入口的部位就需要有台阶作为室内上下的衔接。若采用自然山石做成踏跺，不仅具有台阶的功能，而且有助于处理从人工建筑到自然建筑之间的过渡，北京的假山师傅亦将其称为“如意踏跺”。踏跺的石材宜选用扁平状的。踏跺每级的高度和宽度不一，随地形就势灵活多变。台阶上面一级可与台基地面同高，体量稍大些，使人在下台阶前有个准备。石级每一级都向下坡方向有2%的坡度以利排水。石级断面不能有“兜脚”现象，即要上挑下收，以免人们上台阶时脚尖碰到石级上沿。用小块山石拼合的石级，拼缝要上下交错，以上石压下缝。山石踏跺有石级平列的，也有互相错列的；有径直而入的，也有偏径斜上的。

蹲配是常和如意踏跺配合使用的一种置石方式。从实用功能上来分析，它可兼备垂带和门口对置的石狮、石鼓之类装饰品的作用。但又不像垂带和石鼓那样呆板。它一方面作为石级两端支撑的梯形基座，也可以由踏跺本身层层叠上而用蹲配遮挡两端不易处理的侧面。在保证这些实用功能的前提下，蹲配在空间造型上则可利用山石的形态极尽自然变化。所谓“蹲配”，以体量大而高者为“蹲”，体量小而低者为配。实际上除了“蹲”以外，也可“立”、可“卧”，以求组合上的变化。但务必使蹲配在建筑轴线两旁有均衡的构图关系（图6-6）。

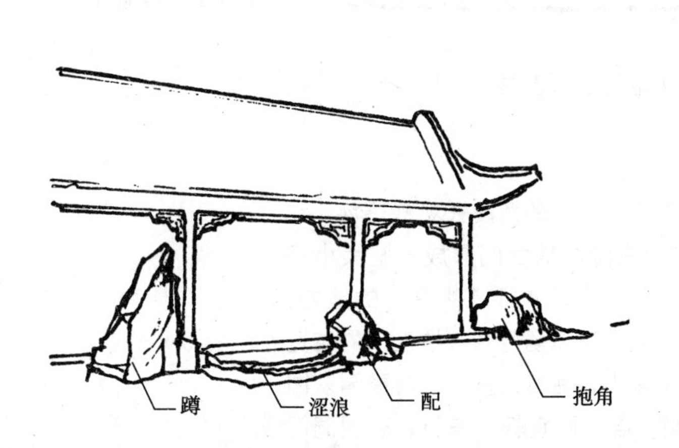

图6-6 蹲配（左）

图6-7 镶隅（右）

6.2.6.2 抱角与镶隅

建筑的外墙转折多成直角，其内、外墙角都比较单调、平滞，常用山石来进行装点。对于外墙角，山石成环抱之势紧包基角墙面，称为抱角；对于内墙角则以山石镶嵌其中，称为镶隅（图6-7）。山石抱角和镶隅的体量均须与墙体所在的空间取得协调。一般园林建筑体量不大时，无须做过于臃肿的抱角。当然，也可以采用以小衬大的手法，即用小巧的山石衬托宏伟、精致的园林建筑，如颐和园万寿山上的园院郎斋等建筑均采用此法且效果甚佳。山石抱角的选材应考虑如何使山石与墙接触的部位，特别是可见的部位能融合起来。

6.2.6.3 粉壁置石

即以墙作为背景，在面对建筑的墙面、建筑山墙或相当于建筑墙面前基础种植的部位作石景或山景布置。因此也有称“壁山”的（图6-8）。这也是传统的园林手法。在江南园林的庭院中，这种布置随处可见。有的结合花台、特置和各种植物布置，式样多变。苏州网师园南端“琴室”所在的院落中，于粉壁前置石，石的姿态有立、蹲、卧的变化，加以植物和院中台景的层次变化，使整个墙面变成一个丰富多彩的风景画面。苏州留园“鹤所”墙前以山石作基础布置，高低错落，疏密相间，并用小石峰点缀建筑立面，这样一来，白粉墙和暗色的漏窗、门洞的空处都形成衬托山石的背景，竹、石的轮廓非常清晰。

图 6-8　粉壁置石

粉壁置石在工程上需注意两点：一是石头本身必须直立，不可倚墙；二是注意排水。

6.2.6.4　廊间山石小品

园林中的廊子为了争取空间的变化或使游人从不同的角度去观赏景物，在平面上往往做成曲折回环的半壁廊。这样便会在廊与墙之间形成一些大小不一、形体各异的小天井空隙地。这是可以发挥用山石小品“补白”的地方，使之在很小的空间里也有层次和深度的变化。同时可以诱导游人按设计的游览序列如游，丰富沿途的景色，使建筑空间小中见大，活泼无拘。上海豫园东园“万花楼”东南角有一处回廊小天井处理得当。自“两宜轩”东行，有园洞门作框猎取此景。自廊中往返路线的视线焦点也集中于此。因此位置和朝向处理得法。

6.2.6.5　“尺幅窗”和“无心画”

为了使室内外景色互相渗透，常用漏窗透石景，这种手法是清代李渔首创的。他把内墙上原来挂山水画的位置开成漏窗，然后在窗外布置竹石小品之类，使景入画。这样便以真景入画，较之画幅生动百倍，他称为“无心画”。以“尺幅窗”透取“无心画”是从暗处看明处，窗花有剪影的效果，加之石景以粉墙为背景，从早到晚，窗景因时而变。苏州留园东部“揖峰辑”北窗三叶均以竹石为画。微风拂来，竹叶翩跹。阳光投入，修竹弄影。小空间显得十分精美、深厚，居室内而得室外风景之美。

6.2.6.6　云梯

即以山石掇成的室外楼梯。既可节约使用室内建筑面积，又可以成为天然石景。如果只能在功能上作为楼梯而不能成景则不是上品。最容易犯的毛病是山石楼梯暴露无遗，和周围的景物缺乏联系和呼应。而做得好的云梯往往是组合丰富，变化自如。

6.3 假山

6.3.1 假山类型

6.3.1.1 土包石山

以土为主，石为辅，山石点缀其中。山上可植树木，树根盘固于土，加固了土山。其中可用石做成峰、峦、洞、台等景观，亭台楼阁，树木叶繁，浑然一色，不辨土石，自然无痕。苏州沧浪亭即为“土包石山”，为成功之一例。

6.3.1.2 石包土山

以石为主，土为琢，石山带土，外石内土俗称石山。石山易筑成峰岩、洞壑、溪涧、峭壁、瀑泉，造成雄伟之势。

（1）山的四周及山顶全部用石构成，山顶土较少。

（2）山的四周用石构成，山顶及后山用土。

6.3.1.3 石山

所用材料全部为石，体量较小，叠石造山，依景而建，可置少数石峰，成依墙或石壁、或沿池山峰，群峰拔地而起，孤峰突兀剔透，有洞则能出奇，唯石山才宜为之。

6.3.2 理山

假山因其体量大、用料多、形态变化多，较置石复杂得多，需要考虑的因素也更多一些，要求把科学性、技术性统筹考虑。掇山之理虽历代都有一些记载，但却分散于不同时代的多种书籍中。历代的假山匠师多由绘师而来，因此我国传统的山水画论也就成为知道掇山实践的艺术理论基础。假山的最根本的法则就是“有真有假，做假成真”。这是中国园林所遵循的“虽由人作，宛自天开”的总则在掇山方面的具体化。“有真为假”说明了掇山的必要性；“做假成真”提出了对掇山的要求。因此，假山必须合乎自然山水地貌景观形成和演变的科学规律。“真”和“假”的区别在于真山既经成岩石以后，便是“化整为零”的风化过程和熔融过程。本身具有整体感和一定的稳定性。假山正好相反，是由单体山石掇成的，就其施工而言，是“集零为整”的工艺过程。必须在外观上注重整体感、在结构方面注意稳定性，因此才说假山工艺是科学性、技术性和艺术性的综合体。“做假成真”的手法可归纳为以下几点。

6.3.2.1 山水结合，相得益彰

中国园林把自然风景看成是一个综合的生态环境景观。山水是自然景观的主要组成部分。水无山不流，山无水不活，山水结合，刚柔相济，动静结合。清代画家石涛在《石涛画语录》中“得乾坤之理者，山川之质也。”“水得地而流，地得水而柔”、“山无水泉则不活”、“有水则灵”等都是强调山水的结合。自然山水的轮廓和外貌又是相互联系和影响的。清代画家笪重光在《画筌》中概括地总结了这方面的自然之理。他说：“山脉之通按其水境，水道之达理其山形。”片面地强调堆山掇石却忽略其他因素，其结果必然是“枯山”、“童山”或乱石一堆而缺乏自然的活力。至于山水之结合，应因地制宜。上海豫园黄石大假山则主要在于以幽深曲折的山涧破山腹然后流入山下的水池。环秀山庄山峦拱伏构成主体、弯月形水池环抱山体两面、一条幽谷山涧穿贯山体再入池等都是山水结合的成功之作。苏州拙政园中部以水为主，池中却又造山作为对景，山体又为水池的支脉分割为主次分明而又有密切联系的两座岛山，这为拙政园的地形奠定了关键性的基础。真山既是以自然山水为骨架的自然综合体，那就必须基于这种认识来布置，才有可能获得“做假成真”的效果。

6.3.2.2　选址合宜，造山得体

自然山水景物丰富多样，一个具体的园址上究竟要在什么位置上造山，造什么样的山，采用哪些山水地貌组合单元，必须结合相地、选址，因地制宜地把主观要求和客观条件的可能性以及其他所有园林组成要素作统筹的安排。《园冶》“相地”一节谓“如方如圆，似扁似曲。如长弯而环壁，似扁阔以铺云。高方欲就亭台，低凹可开池沼。卜筑贵从水面，立基先究源头。疏源之去由，察水之来历。”如果用这个理论去观察北京北海静心斋的布置，便可了解“相地”和山水布置间的关系。避暑山庄在澄湖中设“青莲岛”，岛上建烟雨楼以仿嘉兴之烟雨楼，而在澄湖东部辟小金山为仿镇江金山寺。这两处的假山在总的方面是模拟名景，但具体处理时又考虑了当地环境条件，因地制宜，使得山水结合有若自然。

6.3.2.3　巧于因借，混假于真

就是因地制宜、充分利用环境条件造山。根据周围环境条件，因形就势，灵活地加以利用。在“真山”附近造假山是用“混假于真”的手段取得“真假难辨”的造景效果。位于无锡惠山东麓的“寄畅园”借九龙山、惠山于园内作为远景，在真山前面造假山，如同一脉相承。其后“颐和园”仿“寄畅园”建“谐趣园”，于万寿山东麓造假山有类似的效果。“颐和园”后湖则在万寿山之北隔长湖造假山。真假山夹水对峙，取假山与真山山麓相对应，极尽曲折收放之变化，令人莫知真假。特别是自东西望时，更有西山为远景，效果就更逼真了。“混假于真”的手法不仅可用于布局取势，也用于细部处理。

6.3.2.4　主次分明，相辅相成

主景突出，先立主体，确定主峰的位置和大小，再考虑如何搭配次要景物，进而突出主体景物。宋代李成《山水诀》中“先立宾主之位，次定远近之形，然后穿凿景物，摆布高低。”阐述了山水布局的思维逻辑。“拙政园”、“网师园”、“秋霞圃”皆以水为主，以山辅水。建筑的布置主要考虑和水的关系，同时也照顾和山的关系。而“瞻园”、“个园”、“静心斋”却以山为主景，以水和建筑辅助山景。布局时应先从园之功能和意境出发并结合用地特征来确定宾主之位。假山必须根据其在总体布局中之地位和作用来安排。切忌不顾大局和喧宾夺主。确定假山的布局地位以后，假山本身还有主从关系的处理。《园冶》提出：“独立端严，次相辅弼”就是强调先定主峰的位置和体量，然后再辅以次峰和配峰。苏州有的假山师傅以“三安”来概括主、次、配的构图关系。这种构图关系可以分割到每块山石为止。不仅在某一个视线方向如此，而且要求在可见的不同景面中都保持这种规律性。

6.3.2.5 三远变化，移步换景

假山在处理主次关系的同时还必须结合“三远”的理论来安排。宋代郭熙《林泉高致》说：“山有三远。自山下而仰山巅谓之高远；自山前而窥山后谓之深远；自近山而望远山谓之平远。”又说：“山近看如此，远数里看又如此，远十数里又如此，每远每异，所谓山形步步移也。山正面如此，侧面又如此，背面又如此，每看每异，所谓山形面面看也。如此是一山而兼数百山之形状，可得不悉乎?”苏州秀山庄的湖石假山并不以奇异的峰石取胜，而是从整体着眼、局部着手，在面积很有限的地盘上掇出逼似自然的石灰石山水景。整个山体可分三部分，主山居中而偏东南，客山远居园之西北角，东北角又有平岗拱伏，这就有了布局的三远变化。就主山而言，有主峰、次峰和配峰呈不规则三角形错落安置。主峰比次峰高一米多，次峰又比配峰高，因此高远的变化初具安排。而难能可贵的还在于，有一条能最大限度发挥山景三远变化的游览路线贯穿山体。无论自平台北望、跨桥、过栈道、进山洞、跨谷、上山均可展示一幅幅的山水画面。既有“山形面面看”，又有“山形步步移”。

6.3.2.6 远看山势，近观石质

既要强调布局和结构的合理性，又要重视细部处理。“势”指山水轮廓、组合与所体现的态势特征。置石、掇山亦如作文，胸有成局，意在笔先。一石一字，数石组合即用字组词，由石组成峰、峦、洞、壑、岫、坡、矶等组合单元。又有如造句，由句成段落即类似一部分山水景色。然后由各部山水景组成一整篇文章。合理的布局和结构还必须落实到假山的细部处理上。这就是“近观质”，“质”就是石质、石性、石纹、石理。掇山所用山石的石质、纹理、色泽、石性均须一致，石质统一，造型变化，堆叠中讲究“皴法”使其符合自然。

6.3.2.7 寓情于石，情景交融

掇山很重视内涵与外表的统一，常采用象形、比拟和激发联想的手法造景。所谓“片山有致，寸石生情”。中国自然山水园的外观是力求自然的，但就其内在的意境又完全受人的意识支配。“一池三山”、“仙山琼阁”等寓为神仙境界；“峰虚五老”、“狮子上楼台”、“金鸡叫天门”等地方性传统程式；“十二生肖”及其他各种象形手法；“武陵春色”等寓意隐逸或典故性的追索等。扬州“个园”的四季假山，设计者将四季假山设置在一个园中，即寓四季景色，人们可以随时感受四时美景，并周而复始，这种独特的艺术手法在我国园林中是极为少见的。

6.3.3 假山设计

写意型假山的山景具有一定的自然山体特征，利用山石塑造山形时，有意识夸张山体的动势、山形的变异和山景的寓意。所以假山设计包括以下几点：

（1）假山的平面（图6-9）；

（2）假山的立面（图6-10）；

（3）假山的剖面设计；

（4）假山模型的设计及效果图。

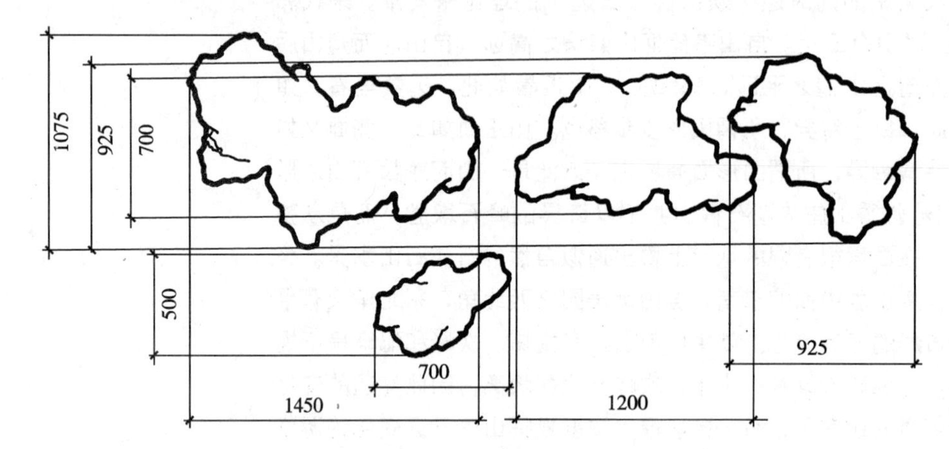

图6-9　假山的平面图

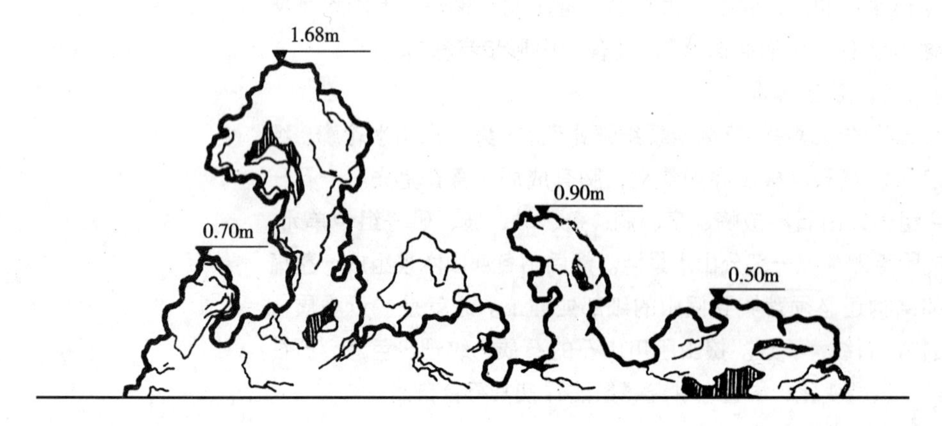

图6-10　假山的立面图

6.4　塑山

园林塑山即是指采用混凝土、玻璃钢、有机树脂等现代材料和石灰、砖、水泥等非石材料经人工塑造的假山。塑山与塑石可节省采石运石工序，造型不受石材限制，体量不受石材限制，体量可大可小。塑山具有施工期短和见效快的优点，缺点在于混凝土硬化后表面有细小的裂纹，表面皱纹的变化不如自然山石丰富以及不如石材使用期长等。塑山包括塑山和塑石两类。

6.4.1　塑山特点

方便——指塑山所用的砖、水泥等材料来源广泛，取用方便，可就地解决，无须采石、运石之烦。

灵活——指塑山在造型上不受石材大小和形态限制，可完全按照设计意图进行造型。

省时——指塑山的施工期短，见效快。

逼真——好的塑山无论是在色彩还是质感上都能取得逼真的石山效果。

当然，由于塑山所用的材料毕竟不是自然山石，因而在神韵上还是不及石质假山，同时使用期限较短，需要经常维护。

6.4.2 塑山设计

塑山，其设计要综合考虑山的整体布局以及环境的关系，塑山仍是以自然山水为蓝本，因而理山之理同假山。但塑山与自然山石相比，有干枯、缺少生气的缺点，设计时要多考虑绿化与泉水的配合，以补其不足。塑山是用人工材料塑成的，毕竟难以表现石的本身质地，所以宜远观不宜近赏。塑山如同雕塑一样，首先要按设计方案塑造好模型，使设计立意变为实物形象，以便进一步完善设计方案。模型常以1:50～1:10的比例用石膏制作，其制作工艺见表6-1。塑山工程，一般要做两套模型，一套放在现场工作棚，一套按模型坐标分解成若干小块，作为施工临模依据。并利用模型的水平、竖向坐标划出模板、包络图和悬石部位，在悬石部位标明预留钢筋的位置及数量，如图6-11所示。

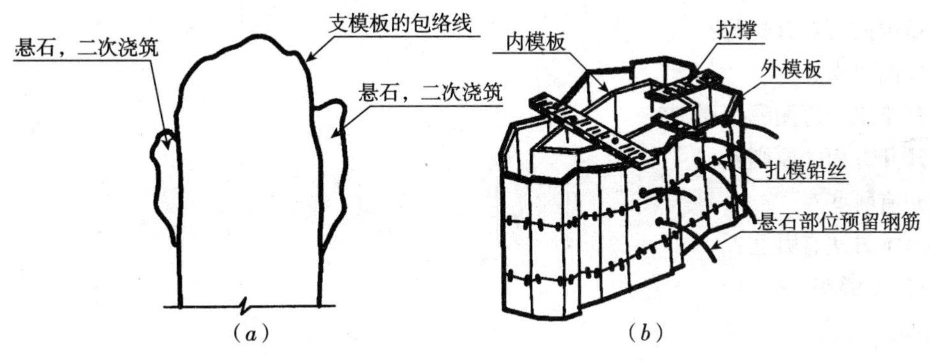

图6-11 塑山支模板图
(a) 包络剖面图；(b) 模板构造

塑山模型工艺表　　表6-1

序号	工序	用料	操作方法
1	底盘制作	木料（板）	按1:50～1:10的比例，用木板制作假山平面板一个，在板面上绘制纵横坐标（50mm×50mm）方格网
2	塑造	木柱、麻丝、石膏粉	在假山平面板上，按山峰标高树立木柱，将麻丝缠扎在木柱上，然后把石膏粉用水拌成浆糊状稠液涂抹其上，如此多次涂塑，使山体成型，再用刀具反复修整，假山模型基本成功
3	刷浆	石膏浆	用排笔蘸石膏浆通刷模型

续表

序号	工序	用料	操 作 方 法
4	着色	铬绿墨汁	将铬绿用水拌合，加入墨汁和少许石膏粉，然后用毛刷蘸颜色，通刷模型和底盘
5	刻划坐标系	小刀、钢锯条	按1:50～1:10的比例在山体刻划50mm×50mm坐标网

■本章小结

本章的技术复杂，专业性强。既有中国传统园林积淀下来的宝贵经验，又有当代园林所要求的新材料、新工艺和新技术，因此重点应从以下几点掌握：

1. 园林常用景石配置方法与要求。
2. 了解景石施工的技术要点。
3. 掌握塑石塑山的施工工艺与方法。

复习思考题

1. 什么叫假山？什么叫置石？
2. 假山的功能有哪些？
3. 假山选石应掌握的要点是什么？
4. 我国常用于掇山的石材有哪些？
5. 特置山石布置的要点。
6. 山石花台设计施工应遵循哪些原则？
7. 理山应遵循哪几方面的原则？
8. 叠山设计技法有哪些？
9. 掇山叠石的基本方法有哪些？
10. 常用假山基础有哪些？
11. 简述掇山字诀的含义。
12. 何为塑山？
13. 塑山有何特点？

■实习实训

假山设计与模型制作

目的及要求：（1）通过实训，使学生基本了解假山造型的基本原理。

（2）掌握假山模型制作要点。

（3）熟悉某一类石材的基本特性。

材料及用具：绘图板、铅笔及橡皮、模型托板、泡沫、色料等。

内容及方法：拟定一块场地（带环境为好）或某一单位需要新建假山相结合。主要内容为：(1) 熟悉假山环境对假山造型的影响。

(2) 假山设计图的绘制。

(3) 将设计图转化成立体的假山模型。

(4) 假山模型制作的一般步骤和模型的装饰。

实训成果：每个学生完成一套假山设计图。每人独立进行假山设计和模型制作，绘制 1∶50 或 1∶100 假山平、立面图，并附设计说明。制作 1∶50 或 1∶100假山模型一份。

第7章　园林照明设计

园林工程（二）

7.1 园林照明

园林照明除了创造一个明亮的园林环境，满足夜间游园活动、节日庆祝活动以及保卫工作需要之外，最重要的一点是园林照明与园景密切相关，是创造新园林景色的手段之一。绚丽明亮的灯光，可使园林环境气氛更为热烈、生动、欣欣向荣、富有生机；而柔和、轻微的灯光又会使园林环境更加宁静、舒适、亲切宜人。

7.1.1 园林照明的方式和照明质量

7.1.1.1 照明方式

进行园林照明设计必须对照明方式有所了解，方能正确规划照明系统。其方式可分为下列3种。

1）一般照明

是不考虑局部的特殊需要，为整个被照场所而设置的照明。这种照明方式的一次性投资少，照度均匀。

2）局部照明

对于景区（点）某一局部的照明。当局部地点需要高照度并对照度方向有要求时，宜采用局部照明，但在整个景（区）点不应只设局部照明而无一般照明。

3）混合照明

由一般照明和局部照明共同组成的照明。在需要较高照度并对照射方向有特殊要求的场合，宜采用混合照明。此时，一般照明照度按不低于混合照明总照度的5%～10%选取，且最低不低于20lx（勒克斯）。

7.1.1.2 照明质量

良好的视觉效果不仅是单纯地依靠充足的光通量，还需要有一定的光照质量要求。

1）合理的照度

照度是决定物体明亮程度的间接指标。在一定范围内，照度增加，视觉能力也相应提高。表7-1示出了各类建筑物、道路、庭园等设施一般照明的推荐照度。

2）照明均匀度

游人置身园林环境中，如果有彼此亮度不相同的表面，当视觉从一个面转到另一个面时，眼睛被迫经过一个适应过程。当适应过程经常反复时，就会导致视觉的疲劳。在考虑园林照明中，除应满足景色的需要外，还要注意周围环境中的亮度分布应力求均匀。

3）眩光限制

眩光是影响照明质量的主要因素。所谓眩光是指由于亮度分布不适当或亮度的变化幅度大，或由于在时间上相继出现的亮度相差过大所造成的观看物体时感觉不适或视力减低的视觉条件。为防止眩光产生，常采用的方法为：

（1）注意照明灯具的最低悬挂高度。

（2）力求使照明光源来自优越方向。

（3）使用发光表面面积大、亮度低的灯具。

各类设施一般照明的推荐照度 **表 7-1**

照明地点	推荐照度（lx）	照明地点	推荐照度（lx）
国际比赛足球场	1000～1500	更衣室、浴室	15～30
综合性体育正式比赛大厅	750～1500	库房	10～20
足球场、游泳池、冰球场、羽毛球、乒乓球、台球	200～500	卫生间、盥洗室、热水间、楼梯间、走道	5～10
篮、排球场、网球场、计算机房	150～300	广场	5～15
绘图室、打字室、字画商店、百货商场、设计室	100～200	大型停车场	3～10
办公室、图书馆、阅览室、报告厅、会议室、博展馆、展览厅	75～150	庭园道路	2～5
一般性商业建筑（钟表、银行等）、旅游店、酒吧、咖啡、舞厅、餐厅	50～100	住宅小区道路	0.2～1

7.1.2 电光源及其应用

7.1.2.1 照明光源（表 7-2）

常用园林照明电光源主要特性比较及适用场合 **表 7-2**

光源名称 / 特性	白炽灯（普通照明灯泡）	卤钨灯	荧光灯	荧光高压汞灯	高压钠灯	金属卤化物灯	管形氙灯
额定功率范围（W）	10～100	500～2000	6～125	50～1000	250～400	400～1000	1500～10000
光效（1m/W）	6.5～19	19.5～21	25～67	30～50	90～100	60～80	20～37
平均寿命（h）	1000	1500	2000～3000	2500～5000	3000	2000	5000～10000
一般显色指数 *Ra*	95～99	95～99	70～80	30～40	20～25	68～85	90～94
色温（K）	2700～2900	2900～3200	2700～6500	5500	2000～2400	5000～6500	5500～6000
功率因数	1	1	0.33～0.7	0.44～0.67	0.44	0.4～0.61	0.4～0.9
表面亮度	大	大	小	较大	较大	大	大
频闪效应	不明显	不明显	明显	明显	明显	明显	明显
耐振性能	较差	差	较好	好	较好	好	好

续表

特性＼光源名称	白炽灯（普通照明灯泡）	卤钨灯	荧光灯	荧光高压汞灯	高压钠灯	金属卤化物灯	管形氙灯
所需附件	无	无	镇流器、启辉器	镇流器	镇流器	镇流器、触发器	触发器、镇流器
适用场所	彩色灯泡：可用于建筑物、商店、橱窗、展览馆、园林构筑物、孤立树、树丛、喷泉、瀑布等装饰照明。聚光灯：舞台照明、公共场所等作强光照明灯具	适用于广场、体育场建筑物等照明	一般用于建筑物室内照明	广泛用于广场、道路、园路、运动场所等作大面积室外照明	广泛用于道路、广场、园林绿地、车站等处照明	主要可用于广场、大型游乐场、体育场照明及高速摄影等方面	有“小太阳”之称，特别适合于作大面积场所的照明，工作稳定，点燃方便

7.1.2.2　光源选择

在园林照明中，根据照明的环境和场所不同所选用的光源也不相同，通常选用白炽灯、荧光灯、气体放电光源。

对于振动较大的场所，宜采用荧光高压汞灯或高压钠灯。在有高挂条件又需要大面积照明的场所，宜用金属卤化物灯、高压钠灯或长弧氙灯。当需要人工照明和天然采光相结合时，应使照明光源与天然光相协调，常选用色温在4000～4500K的荧光灯或其他气体放电光源。

同一种物体用不同颜色的光照在上面，在人们视觉上产生的效果是不同的。红、橙、黄、棕色给人以温暖的感觉，人们称之为“暖色光”，而蓝、青、绿、紫色则给人以寒冷的感觉，就称它为“冷色光”。就眼睛接受各种光色所引起的疲劳程度而言，蓝、紫色最容易引起疲劳，红、橙色次之，黄绿、绿、蓝绿、淡青等色引起的视觉疲劳度最小。光源发出光的颜色直接与人们的情趣——喜、怒、哀、乐有关，这就是光源的颜色特性。这种光的颜色特性——“色调”，在园林中就显得更为重要，应尽力运用光的“色调”来创造一个优美的环境，或是各种有情趣的主题环境。如白炽灯用在绿地、花坛、花径照明，能加重暖色，使之看上去更鲜艳。喷泉中，用各色白炽灯组成水下灯，和喷泉的水柱一起，在夜色下可构成各种光怪陆离、虚幻缥缈的效果，分外吸引游人。而高压钠灯等所发出的光线穿透能力强，在园林中常用于滨河路、河湖沿岸等及云雾多的风景区的照明。

部分光源的色调见表7-3。

常见光源色调 **表 7-3**

照明光源	光源色调
白炽灯	偏红色光
日光色荧光灯	与阳光相似的白色光
高压钠灯	金黄色、红色成分偏多，蓝色成分不足
荧光高压汞灯	淡蓝绿色光，缺乏红色成分
镝灯（金属卤化物灯）	接近于日光的白色光
氙灯	非常接近日光的白色光

在视野内具有色调对比时，可以在被观察物和背景之间适当造成色调对比，以提高识别能力，但此色调对比不宜过分强烈，以免引起视觉疲劳。我们在选择光源色调时还可考虑以下被照面的照明效果：

（1）暖色能使人感觉距离近些，而冷色则使人感到距离加大，故暖色是前进色，冷色则是后退色。

（2）暖色里的明色有柔软感，冷色里的明色有光滑感；暖色的物体看起来密度大些、重些和坚固些，而冷色的物体则看起来轻一些。在同一色调中，暗色好似重些，明色好似轻些。在狭窄的空间宜选冷色里的明色，以造成宽敞、明亮的感觉。

（3）一般红色、橙色有兴奋作用，而紫色则有抑制作用。在使用节日彩灯时应力求环境效果和节日的统一。

7.1.3 园林灯具

7.1.3.1 灯具分类

园林灯具形式很多，通常分为：

1）道路灯具

（1）杆式灯具：简称路灯，一般采用镀锌钢管，底部管径 160～180mm，高 H 为 5～8m，伸臂长度 B 为 1～2m，灯具仰角 α 为 0°、5°、10°、不大于 15°。杆式路灯多用于有机动车辆行驶的主园路上，以给道路交通提供照明为主，其光源多采用高压钠灯或高压汞灯，光效高，使用期长，照明效果好。如路边行道树在生长阶段树冠高度和冠幅变化较大时，灯杆高度或横向悬挑支架采用可伸缩型，便于调整（图 7-1）。

（2）装饰性道路灯具：装饰性道路灯具主要安装在园内主要建筑物前与道路广场上，灯具的造型讲究，风格与周围建筑物相称。这种道路灯具不强调配光，主要以外表的造型来美化环境。

2）庭园灯

庭园灯用在庭院、公园及大型建筑物的周围，既是照明器材，又是艺术欣赏品。因此庭园灯在造型上美观新颖，给人以心情舒畅之感。庭园中有树木、草坪、水池、园路、假山等，因此各处的庭园灯的形态、性能也各不相同。

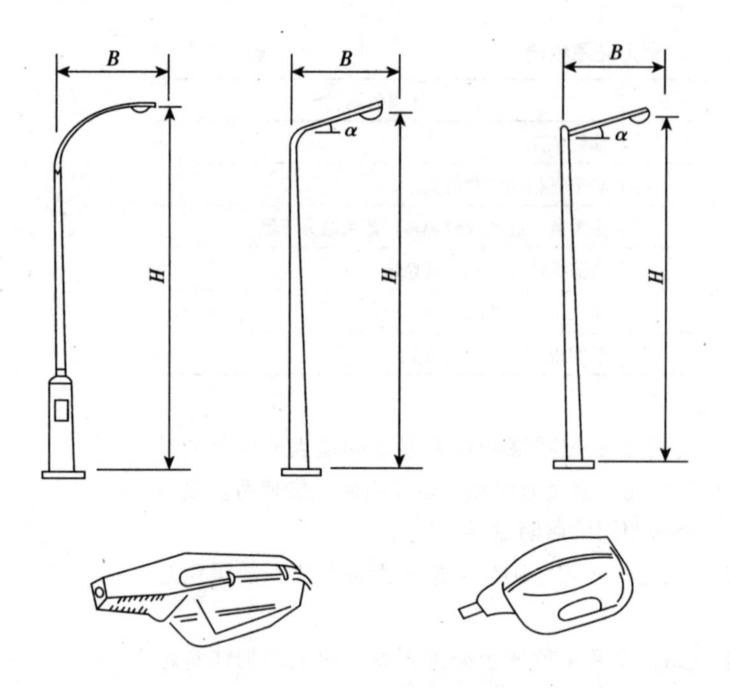

图 7-1　杆式灯具

园林小径灯。园林小径灯竖在庭园小径边，与树木、建筑物相衬，灯具功率不大，使庭园显得悠静舒适。园林小径灯的造型有西欧风格的，有日本和式风格的，也有中国民族风格的。选择园林小径灯时必须注意灯具与周围建筑物相协调。图 7-2为园林小径灯，其中（*a*）的高度为 3.5～4m，（*b*）的高度为 2.5m 左右，小径灯的高度要根据小径边树木与建筑物的高度来确定。

3）草坪灯

草坪灯放置在草坪边。为了保持草坪宽广的气氛，草坪灯一般都比较矮，一般为 40～70cm 高，最高不超过 1m。灯具外形尽可能艺术化，有的像大理石雕塑，有的像亭子，有的小巧玲珑、讨人喜爱。有些草坪灯还会放出迷人的音乐，使人们在草坪上休息、散步时更加心旷神怡。图 7-3为两种草坪灯，均为玻璃罩，其中（*a*）是透明玻璃，（*b*）是乳白（或磨砂）玻璃，配上黑色（或其他深色）灯杆，十分美观大方。

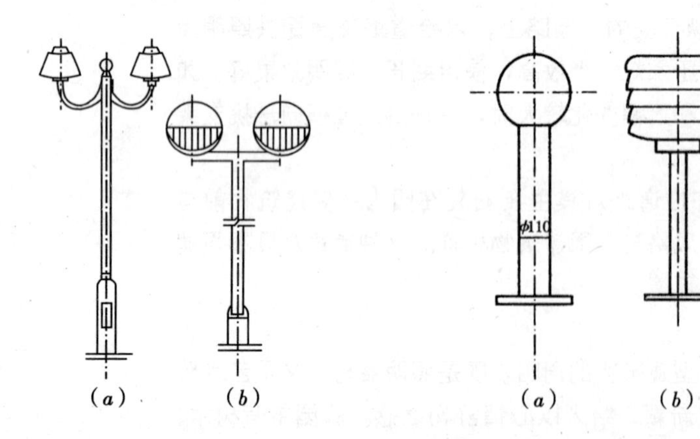

图 7-2　园林小径灯（左）

图 7-3　草坪灯（右）

4）霓虹灯

霓虹灯是一种低气压冷阴极辉光放电灯。霓虹灯的工作电压与启动电压都比较高，电器箱内电压高达数千伏（启动时），必须注意安全。

霓虹灯的优点是：寿命长（可达150个小时以上）、能瞬时启动、光输出可以调节、灯管可以做成各种形状（文字、图案等）。配上控制电路，就能使一部分灯管放光的同时，另一部分灯管熄灭，图案在不断更换闪耀，从而吸引人们的注意力，起到了明显的广告宣传作用。缺点是：发光效率不及荧光灯具（大约是荧光灯具发光效率的2/3）、电极损耗较大。

霓虹灯已被广泛地应用于广告照明与文娱场所照明。近年来，霓虹灯具已逐渐进入家庭生活，在客厅与卧室装上霓虹灯会使生活更加多姿多态。

（1）透明玻璃管霓虹灯。这是应用很广的一类霓虹灯，其光色取决于灯管内所充的气体的成分（电流的大小也会影响光色）。

（2）彩色玻璃霓虹灯。利用彩色玻璃对某一波段的光谱进行滤色，也可以得到一系列不同色彩光输出的霓虹灯。

彩色玻璃霓虹灯的灯内工作状态与透明玻璃管或荧光粉管霓虹灯的工作状态没有什么不同，区别在于起着滤色片作用的彩色玻璃的选择。例如红色的玻璃仅能透过红色和一部分橘红色光，其他颜色的光则一概滤去；同样，蓝色玻璃也只允许有蓝色的光能过滤。

利用现在的玻璃制造技术，可以通过调整玻璃配方中的着色剂——金属氧化物来实现玻璃着色。添加氧化钴可制出蓝色玻璃，添加硫化镉、硫磺可制出黄色玻璃，添加铜可制成红色玻璃，添加氧化铁、氧化铬可制成绿色玻璃，添加氧化锰可制成紫色玻璃。

制造彩色玻璃霓虹灯时，除了对玻璃色泽进行选择外，还可以充某种气体或混合气体，或在气体中添加汞，相互配合，便可得到一系列发光颜色。

（3）荧光粉管霓虹灯。在霓虹灯管上涂上荧光粉，灯内充汞，通过低压汞原子放电激发荧光粉发光，就制成了荧光粉管霓虹灯。灯的光输出颜色取决于所选用的荧光粉材料。表7-4为正柱区所充气体的放电颜色。

霓虹灯正柱区所充气体的放电颜色　　表7-4

所充气体	光的颜色	所充气体	光的颜色
He	白（带蓝绿色）	O_2	黄
Ne	红紫	空气	桃红
Ar	红	水汽	蔷薇色
Hg	绿	H_2	蔷薇色
K	黄红	Kr	黄绿
Na	金黄	CO	白
N_2	黄红	CO_2	灰白

7.1.3.2　灯具选用

灯具应根据使用环境条件、场地用途、光强分布、限制眩光等方面进行选择。在满足上述条件下，应选用效率高、维护检修方便、经济实用的灯具。

（1）在正常环境中，宜选用开启式灯具。

（2）在潮湿或特别潮湿的场所可选用密闭型防水灯或防水防尘密封式灯具。

（3）可按光强分布特性选择灯具。光强分布特性常用配光曲线表示。如灯具安装高度在6m及以下时，可采用深照型灯具；安装高度在6～15m时，可采用直射型灯具；当灯具上方有需要观察的对象时，可采用漫射型灯具；对于大面积的绿地，可采用投光灯等高光强灯具。

各类灯具形式多样，具体可参照有关照明灯具手册。

7.2　园林照明设计

7.2.1　设计原则

（1）根据公园绿地主要建筑的平面布置及地形图进行照明设计。

（2）公园、绿地对电气的需求，特别是一些专用性强的公园、绿地照明，应明确提出照度、灯具选择、布置、安装等要求。

（3）电源的供电情况及进线方位。

7.2.2　设计步骤

（1）明确照明对象的功能和照明要求。

（2）选择照明方式，可根据设计任务书中公园绿地对电气的要求，在不同的场合和地点，选择不同的照明方式。

（3）光源和灯具的选择，主要是根据公园绿地的配光和光色要求、与周围景色配合等来选择光源和灯具。

（4）灯具的合理布置，除考虑光源光线的投射方向、照度均匀性等，还应考虑经济、安全和维修方便等。

（5）进行照度计算。

7.3　公园、绿地的照明设计

7.3.1　原则

公园、绿地的室外照明，由于环境复杂、用途各异、变化多端，因而很难予以硬性规定，仅提出以下一般原则供参考：

（1）不要泛泛设置照明设施，而应结合园林景观的特点，以其在灯光下能最充分体现景观效果为原则来布置照明措施。

（2）关于灯光的方向和颜色的选择，应以能增加乔木、灌木和花卉的美观为主要前提。如针叶树在强光下才反应良好，一般只宜于采取暗影处理法。

又如，阔叶树种白桦、垂柳、枫树等对泛光照明有良好的反映效果；白炽灯（包括反射型），卤钨灯却能增加红、黄色花卉的色彩，使它们显得更加鲜艳，使用小型投光器会使局部花卉色彩绚丽夺目；汞灯使树木和草坪绿色鲜明夺目等等。

（3）对于水面、水景照明景观的处理上，注意如以直射光照在水面上，对水面本身作用不大。但却能使其附近被灯光所照亮的小桥、树木或园林建筑呈现出波光粼粼，有一种梦幻似的意境。而瀑布和喷水池却可用照明处理得很美观，不过灯光需透过流水以形成水柱的晶莹剔透、闪闪发光。所以，无论是在喷水的四周，还是在小瀑布流入池塘的地方，均宜将灯光置于水面之下。在水下设置灯具时，应注意使人在白天难于发现隐藏在水中的灯具，但也不能埋得过深，否则会引起光强的减弱。一般安装在水面以下 30 ~ 100mm 为宜。进行水景的色彩照明时，常使用红、蓝、黄三原色，其次使用绿色。

某些大瀑布采用前照灯光的效果很好，但如让设在远处的投光灯直接照在瀑布上，效果并不理想。潜水灯具的应用效果颇佳，但需特殊的设计。

（4）对于公园和绿地的主要园路，宜采用低功率的路灯装在 3 ~ 5m 高的灯柱上，柱距 20 ~ 40m，效果较好，也可每柱两灯，需要提高照度时，两灯齐明。也可隔柱设置控制灯的开关来调整照明。也可利用路灯灯柱装以 150W 的密封光束反光灯来照亮花圃和灌木。

在一些局部的假山、草坪内可设地灯照明，如要在内设灯杆装设灯具时，其高度应在 2m 以下。

（5）在设计公园、绿地、园路等照明灯时，要注意路旁树木对道路照明的影响，为防止树木遮挡可以采取适当减少灯间距、加大光源的功率以补偿由于树木遮挡所产生的光损失，也可以根据树形或树木高度不同，在安装照明灯具时，采用较长的灯柱悬臂，以使灯具突出树缘外或改变灯具的悬挂方式等以弥补光损失。

（6）无论是白天或黑夜，照明设备均需隐蔽在视线之外，最好全部敷设电缆线路。

（7）彩色装饰灯可创造节日气氛，特别反映在水中更为美丽，但是这种装饰灯光不易获得一种宁静、安详的气氛，也难以表现出大自然的壮观景象，只能有限度地调剂使用。

7.3.2 植物的饰景照明

树叶、灌木丛林以及花草等植物以其舒心的色彩、和谐的排列和美丽的形态成为园林装饰不可缺少的组成部分。在夜间环境下，通过照明能够创造出或安逸详和、或热情奔放、或绚丽多彩的氛围。

对植物的照明应遵循地原则：

（1）要研究植物的一般几何形状（圆锥形、球形、塔形等）以及植物在空间所展示的程度。照明类型必须与各种植物的几何形状相一致。

（2）强光照射耸立空中的植物，来达到一种轮廓的效果。

（3）不应使用某些光源去改变树叶原来的颜色。但可以用某种颜色的光源去加强某些植物的外观。

（4）根据植物的颜色和外观是随着季节的变化而变化的，照明也应随着变化。

（5）可以在被照明物附近的一个点或许多点观察照明的目标，要注意消除眩光。

（6）从远处观察，成片树木的投光照明通常作为背景而设置，一般不考虑个别的目标，而只考虑其颜色和总的外形大小。从近处观察目标，并需要对目标进行直接评价的，则应该对目标做单独的光照处理。

（7）对未成熟的及未伸展开的植物和树木，一般不施以装饰照明。

（8）所有灯具都必须是水密、防虫的，并能耐除草剂与除虫药水的腐蚀。

（9）灯具一般安装在地平面上，或灌木丛后。

7.3.3 花坛的照明

花坛的照明方法：

（1）由上向下观察处在地平面上的花坛，采用称为蘑菇式的灯具向下照射。这些灯具放置在花坛的中央或侧边，高度取决于花的高度。

（2）花有各种各样的颜色，就要使用显色指数高的光源。白炽灯、紧凑型荧光灯都能较好地应用于这种场合。

7.3.4 雕塑、雕像的饰景照明

对高度不超过5～6m的雕塑，其饰景照明的方法如下：

1）照明点的数量与排列，取决于被照目标的类型。要求是照明整个目标，但不要均匀，其目的是通过阴影和不同的亮度，再创造一个轮廓鲜明的效果。

2）根据被照明目标的位置及其周围的环境确定灯具的位置：

（1）处于地面上的照明目标，孤立地位于草地或空地中央。此时灯具的安装，尽可能与地面平齐，以保持周围的外观不受影响和减少眩光产生，也可装在植物或围墙后的地面上。

（2）坐落在基座上的照明目标，孤立地位于草地或空地中央。为了控制基座的亮度，灯具必须放在更远一些的地方。基座的边不能在被照明目标的底部产生阴影，也是非常重要的。

（3）坐落在基座上的照明目标，位于行人可接近的地方。通常不能围着基座安装灯具，因为从透视上说距离太近。只能将灯具固定在公共照明杆上或装在附近建筑的立面上，但必须注意避免眩光。

3）对于塑像，通常照明脸部的主体部分以及像的正面。背部照明要求低得多，或在某些情况下，一点都不需要照明。

4）虽然从下往上的照明是最容易做到的，但要注意，凡是可能在塑像脸部产生不愉快阴影的方向不能施加照明。

5）对某些雕塑，材料的颜色是一个重要的要素。一般说，用白炽灯照明有好的显色性。通过使用适当的灯泡，如汞灯、金属卤化物灯、钠灯，可以增加材料的颜色。采用彩色照明最好能做一下光色试验。

7.3.5 水景照明

7.3.5.1 水中照明的方法

水是生活的源泉，理想的水景应既能听到它的声音，又能通过水中照明看到它的闪烁与摆动。

7.3.5.2 喷水池和瀑布的照明

1）对喷射的照明。在水流喷射的情况下，将投光灯具装在水池内的喷口后面或装在水流重新落到水池内的落下点下面，或者在这两个地方都装上。投水离开喷口处的水流密度最大，当水流通过空气时会发生扩散。由于水和空气有不同的折射率，使投光灯的光在进出水柱时产生二次折射。在“下落点”，水已变成与细雨一般。投光灯具装在离下落点大约10cm的水下，使下落的水珠产生闪闪发光的效果。

2）对瀑布的照明。对瀑布进行投光照明的方法是：

（1）对于水流和瀑布，灯具应装在水流下落处的底部。

（2）输出的光通量应取决于瀑布的落差和与流量成正比的下落水层的厚度，还取决于流出口的形状所造成水流的散开程度。

（3）流速比较缓慢、落差比较小的阶梯式水流，每一阶梯底部必须装有照明。线状光源（荧光灯、线状的卤素白炽灯等）最适合于这类情形。

（4）由于下落水的重量与冲击力，可能冲坏投光灯具的调节角度和排列。所以必须牢固地将灯具固定在水槽的墙壁上或加重灯具。

（5）具有变色程序的动感照明，可以产生一种固定的水流效果，也可以产生变化的水置效果。

7.3.5.3 静水和湖的照明

对湖的投光照明方法为：

（1）所有静水或慢速流动的水，比如水槽内的水、池塘、湖或缓慢流动的河水，其镜面效果是十分令人感兴趣的。所以只要照射河岸边的景象，必将在水面上反射出令人神往的壮观，特别具有吸引力。

（2）对岸上引人注目的物体或者伸出水面的物体（如斜倚着的树木等），都可用浸在水下的投光灯具来照明。

（3）对由于风等原因而使水面产生汹涌翻滚的景象，可以通过岸上的投光灯具直接照射水面来得到令人感兴趣的动态效果。此时的反射光不再均匀，照明提供的是一系列不同亮度区域中呈连续变化的水的形状。

7.3.6 园路照明

7.3.6.1 在道路上照明（图7-4）

（1）沿道路两侧布置。此种形式照明效果好，反光影响小。适用于风景名胜区的游览大道。

（2）沿道路两侧交错布置。其优点是可使路面得到较高的照度和较好的均匀度，适用场合同上。

（3）沿道路中线布置。它的优点是照度均匀，且可解决行道树对照明的干扰，其缺点是路面的反光正对车、人的前进方向，易产生眩光。

（4）沿道路单侧布置。照度及均匀度都较低。因一般园路宽度较小，故也能满足其需要。多数园路采用此种方式，简单、经济节省。

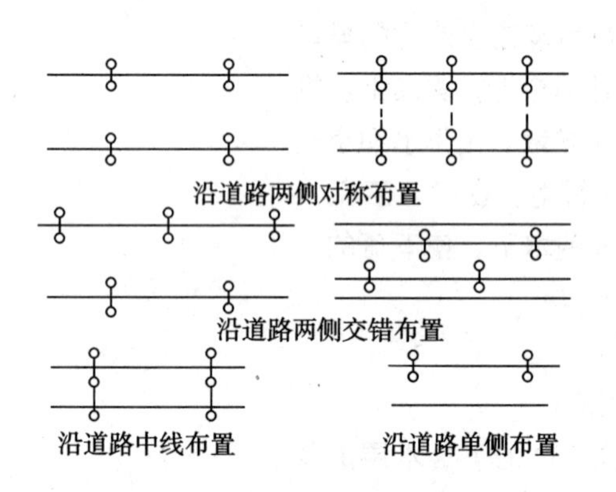

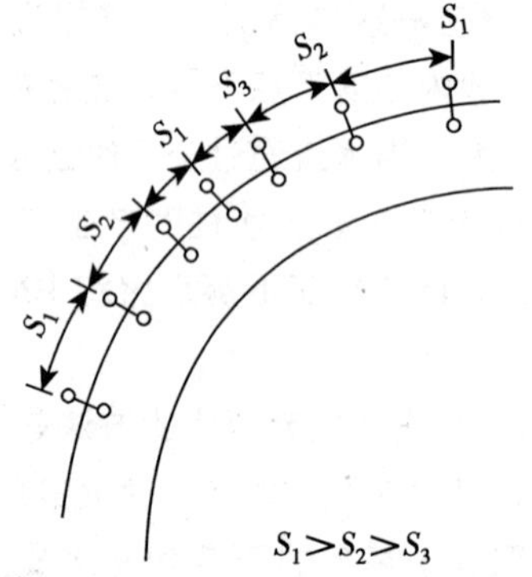

图7-4 直线道路照明布置（左）

图7-5 弯道照明布置（右）

7.3.6.2 特殊地点的照明

（1）曲线路段：在园路的弯道地带，采用单侧布置时，路灯应尽量安置在弯道的外侧，同时缩小间距，增加照度。灯距一般为直线路段上的0.5～0.75倍（图7-5）。

（2）交叉路口：道路交叉的照明除满足一般道路照明的要求外，还有担负转向、交汇的明显指示作用。可采用与道路光色不同的光源、不同形式灯具或不同的布设方式，必要时也可另行安装偏离规则排列的附加灯具（图7-6）。

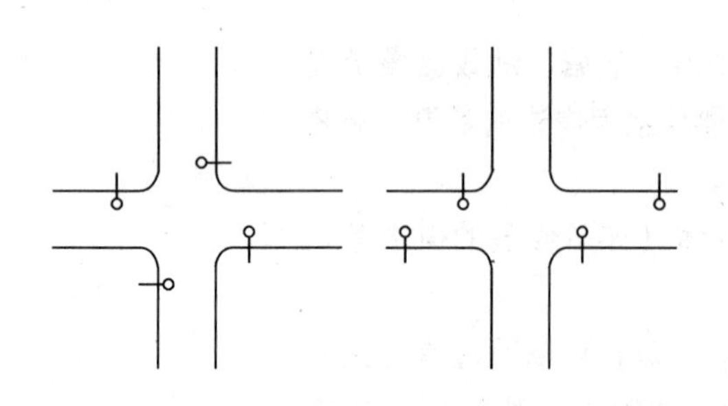

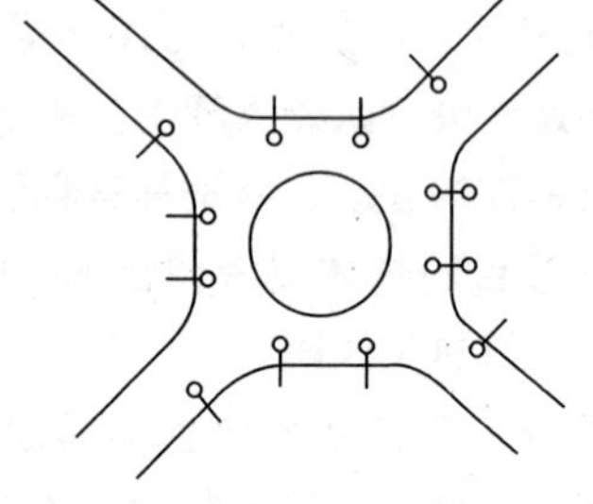

图7-6 道路交叉口照明布置

（3）园桥：园桥的照明应能保证桥面在灯光下轮廓清晰可见，最好两侧对称布置。曲桥可采用栏杆布置在每一转折处；对于较高大的拱桥，桥顶部也可设置照明灯具以使各台阶踏面明显易辨。

■本章小结

掌握了解园林绿地的照明设计与步骤。园林照明除了创造一个明亮的园林环境，满足夜间游园活动、节日庆祝活动以及保卫工作需要之外，最重要的一点是园林照明与园景密切相关，是创造新园林景色的手段之一。还要学会根据公园绿地主要建筑的平面布置及地形图进行照明设计。

复习思考题

1. 园林照明的方式有哪些？
2. 试说明园林照明光源选择、灯具布置的方法。
3. 试说明园林植物、花坛、雕塑、水景、园路等的照明方法。
4. 试说明园林照明设计的程序。
5. 给某一个公园设计一套照明系统。
6. 简述园林供电的设计程序。

■实习实训

公园、绿地的照明设计

目的及要求：掌握公园、绿地对电气的需求，特别是一些专用性强的公园的绿地照明，应明确提出照度、灯具选择、布置、安装等要求。

材料及用具：制图纸、铅笔、橡皮等。

内容及方法：观察附近的一些广场、公园、绿地进行分析、掌握下列设计的步骤：（1）明确照明对象的功能和照明要求。

（2）选择照明方式，可根据设计任务书中公园绿地对电气的要求，在不同的场合和地点，选择不同的照明方式。

（3）光源和灯具的选择，主要是根据公园绿地的配光和光色要求、与周围景色配合等来选择光源和灯具。

（4）灯具的合理布置，除考虑光源光线的投射方向、照度均匀性等，还应考虑经济、安全和维修方便等。

（5）进行照度计算。

实训成果：每个学生完成一套照明设计图。

第8章 种植工程设计

园林工程（二）

8.1 种植设计基本方法

8.1.1 设计过程

种植设计是园林设计的详细设计内容之一，当初步方案决定之后，便可在总体方案基础上与其他详细设计同时展开。种植设计的具体步骤如下：

(1) 研究初步方案：明确植物材料在空间组织、造景、改善基地条件等方面应起的作用，作出种植方案构思图。

(2) 选择植物：植物的选择应以基地所在地区的乡土植物种类为主，同时也应考虑已被证明能适应本地生长条件、长势良好的外来或引进的植物种类。另外还要考虑植物材料的来源是否方便、规格和价格是否合适、养护管理是否容易等因素。

(3) 详细种植设计：在此阶段应该用植物材料使种植方案中的构思具体化，这包括详细的种植配置平面、植物的种类和数量、种植间距等。详细设计中确定植物应从植物的形状、色彩、质感、季相变化、生长速度、生长习性、配置在一起的效果等方面去考虑，以满足种植方案中的各种要求。

(4) 种植平面及有关说明：在种植设计完成后就要着手准备绘制种植施工图和标注的说明。种植平面是种植施工的依据，其中应包括植物的平面位置或范围、详尽的尺寸、植物的种类和数量、苗木的规格、详细的种植方法、种植坛或种植台的详图、管理和栽后保质期限等图纸与文字内容。

8.1.2 种植设计生态方法

规模较大的种植设计应以生态学为原则，以地带性植被为种植设计的理论模式。规模较小的，特别是立地条件较差的城市基地中的种植设计应以基地特定的条件为依据。

自然植物群落是一个经过自然选择、不易衰败、相对稳定的植物群体。光、温、水、土壤、地形等是植被类型生长发育的重要因子，群体对包括诸因子在内的生活空间的利用方面保持着经济性和合理性。因此，对当地的自然植被类型和群落结构进行调查和分析无疑对正确理解种群间的关系会有极大的帮助，而且，调查的结果往往可作为种植设计的科学依据。例如，英国的布里安·海克特教授（Brian Hackett）曾对白蜡占主导的，生长在石灰岩母岩形成的土壤上的植物群落作了调查和分析。根据构成群落的主要植物种类的调查结果作了典型的植物水平分布图，从中可以了解到不同层植物的分布情况，并且加以分析，作出了分析图（图8-1、图8-2）。在此基础上结合基地条件简化和提炼出自然植被的结构和层次，然后将其运用于设计之中（图8-3）。

这种调查和分析方法不仅为种植设计提供了可靠的依据，使设计者熟悉这种自然植被的结构特点，同时还能在充分研究了当地的这种植物群落结构之后，结合设计要求、美学原则，做些不同的种植设计方案，并按规模、季相变化等特点分别编号，以提高设计工作的效率。

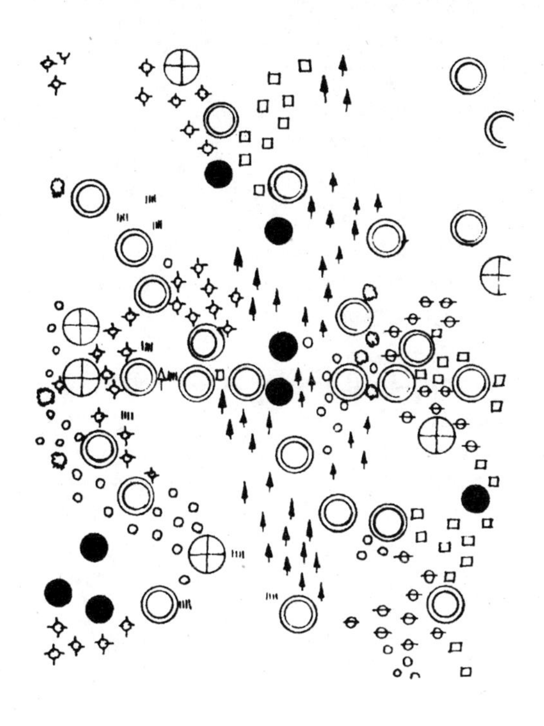

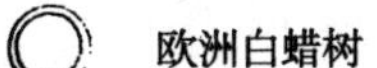

图 8-1　自然植物群落及构成分析

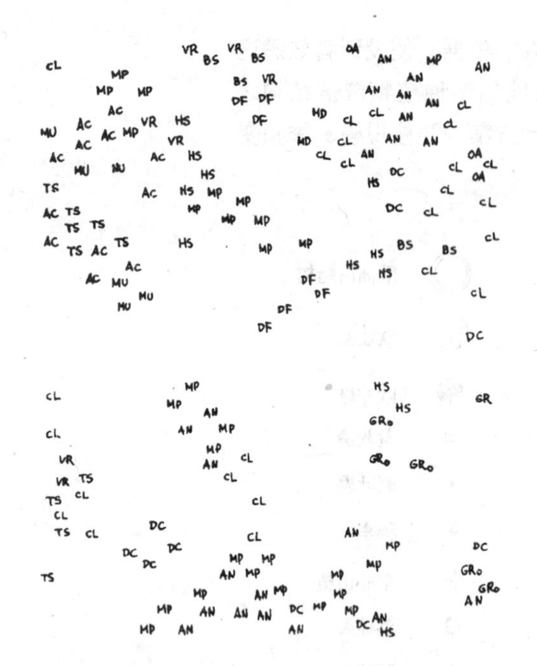

草种：BS—短柄草；
DC—发草；
AC—冰草；
MU—单花臭草；
CL—露珠草；
草本：VR—堇菜属；
HS—白芷属；
MP—山靛属；
TS—香料属；
OA—酢浆草属；
AN—银莲花；
GR—路边青；
GR_0—纤细老鹳草
蕨类：DF

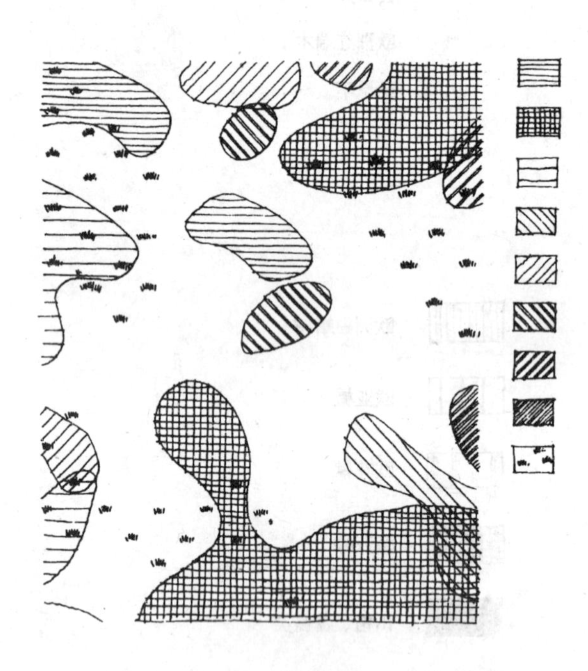

图 8-2　林下自然地被、草本分布

8.1.3　基地条件和植物选择

虽然有很多植物种类都适合于基地所在地区的气候条件，但是由于生长习性的差异，植物对光线、温度、水分和土壤等环境因子的要求不同，抵抗劣境的能力不同，因此，应针对基地特定的土壤、小气候条件安排相适应的种类，做到适地适树。

（1）对不同的立地光照条件应分别选择喜阴、半耐阴、喜阳等植物种类（表8-1）。喜阳植物宜种植在阳光充足的地方，如果是群体种植，应将喜阳的植物安排在上层，耐阴的植物宜种植在林内、林缘或树荫下、墙的北面。

（2）多风的地区应选择深根性、生长快速的植物种类，并且在栽植后应立即加桩拉绳固定，风大的地方还可设立临时挡风墙。

（3）在地形有利的地方或四周有遮挡并且小气候温和的地方可以种些稍不耐寒的种类，否则应选用在该地区最寒冷的气温条件下也能正常生长的植物种类。

（4）受空气污染的基地还应注意根据不同类型的污染，选用相应的抗污染种类。大多数针叶树和常绿树不抗污染，而落叶阔叶树的抗污染能力较强，像臭椿、国槐、银杏等就属于抗污染能力较强的树种。

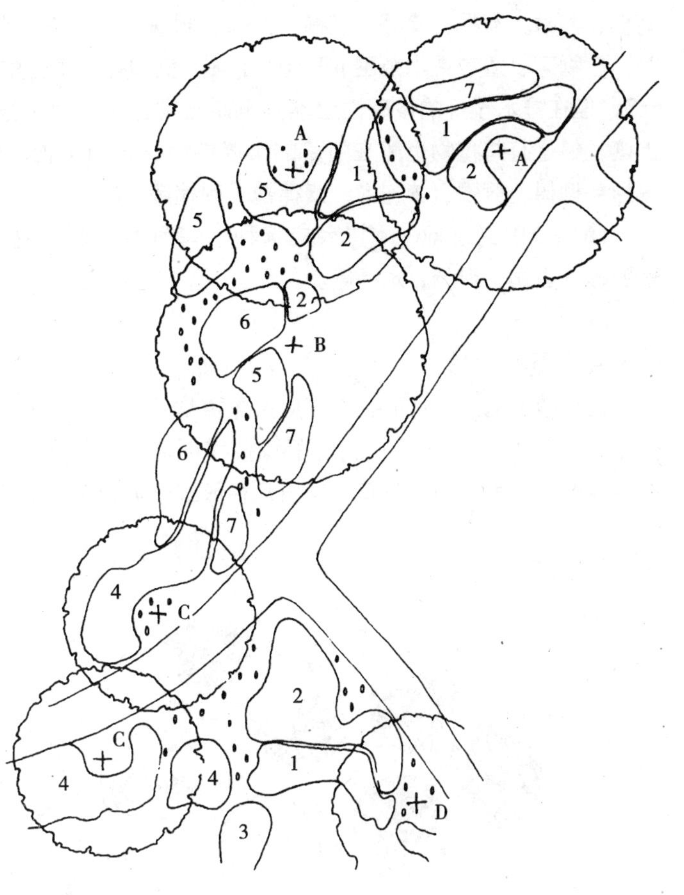

图8-3　以分析为依据所做的种植设计方案

树　木：A—欧洲白蜡树；B—欧亚槭；C—欧洲花楸；D—鸡距山楂

灌　木：1—棉毛荚蒾；2—欧洲荚蒾；3—巴东荚蒾；4—黄灰榛；5—欧洲红瑞木；6—匍茎梾木；7—蔷薇类

地被物：蚊子草属、香科属、银莲花属的草本植物

常见喜阳、耐阴和中性植物一览表　　**表8-1**

耐阴程度	常见的植物种类
喜阳植物（阳光充足条件下才能正常生长）	大多数松柏类植物、银杏、广玉兰、鹅掌楸、紫玉兰、朴树、榆树、楝木、毛白杨、合欢、鸢尾、牵牛花、假俭草、结缕草等
耐阴植物（庇荫条件下才能正常生长）	罗汉松、花柏、云杉、冷杉、甜槠、建柏、红豆杉、紫杉、山茶、栀子花、南天竹、海桐、珊瑚树、大叶黄杨、蚊母树、迎春、十大功劳、常春藤、玉簪、八仙花、早熟禾、麦冬、沿阶草等
中性植物	柏木、侧柏、柳杉、香樟、月桂、女贞、小蜡、桂花、小叶女贞、白鹃梅、丁香、红叶李、棣棠、夹竹桃、七叶树、石楠、麻叶绣球、垂丝海棠、樱花、葱兰、虎耳草等

（5）对不同pH值的土壤应选用相应的植物种类。大多数针叶树喜欢偏酸性的土壤（pH3.7～5.5），大多数阔叶树较适应微酸性土壤（pH5.5～6.9），大多数灌木能适应pH值为6.0～7.5的土壤，只有很少一部分植物耐盐碱，如

乌桕、苦楝、泡桐、紫薇、柽柳、白蜡、刺槐、柳树等。当土壤其他条件合适时，植物可以适应更广范围 pH 值的土壤，例如桦木最佳的土壤 pH 值为 5.0 ~ 6.7，但在排水较好的微碱性土壤中也能正常生长。大多数植物喜欢较肥沃的土壤，但是有些植物也能在瘠薄的土壤中生长，如黑松、白榆、女贞、小蜡、水杉、柳树、枫香、黄连木、紫穗槐、刺槐等。

（6）低凹的湿地、水岸旁应选种一些耐水湿的植物，例如水杉、池杉、落羽杉、垂柳、枫杨、木槿等。

8.1.4 植物配置

进行植物配置设计时，首先应熟悉植物的大小、形状、色彩、质感和季相变化等内容（图 8-4）。植物的配置按平面形式分为规则的和不规则的两种，按植株数量分为孤植、丛植、群植几种形式。孤植中常选用具有高大雄伟的体

图 8-4 种植设计中应考虑的植物形态因素

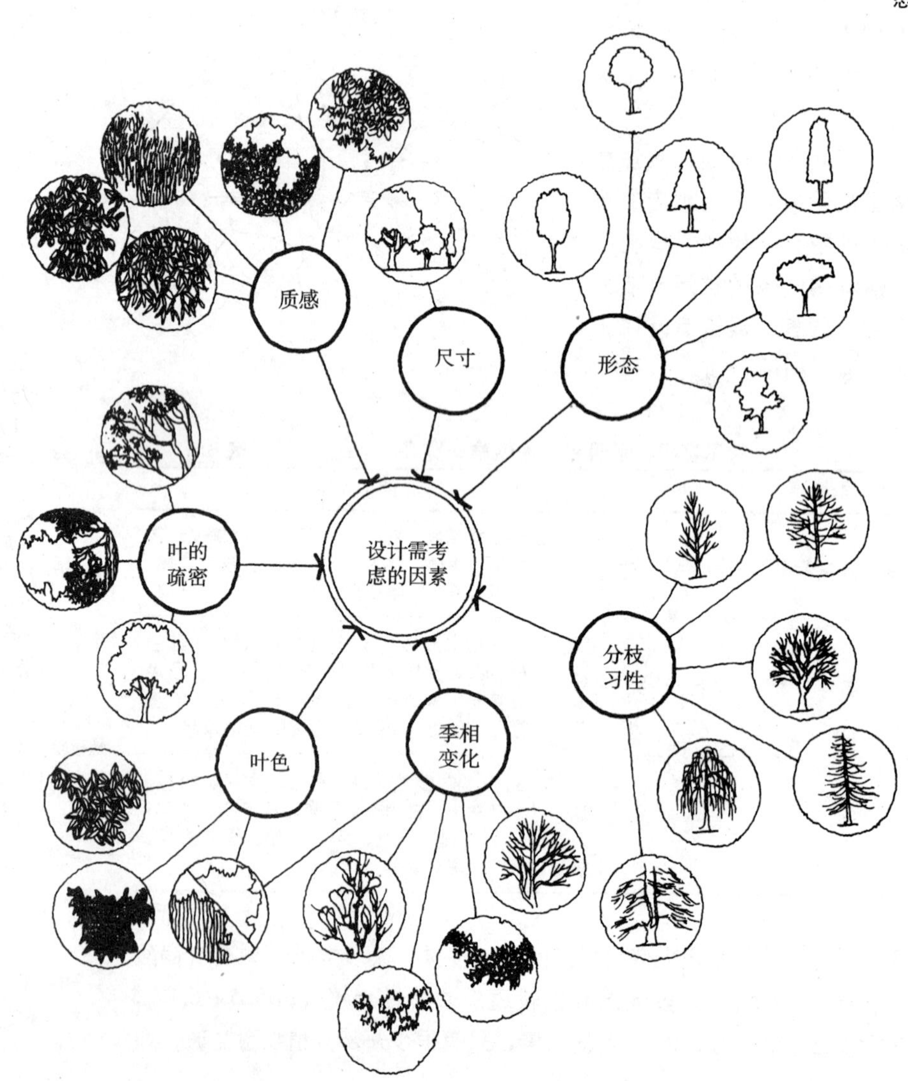

形、独特的姿态或繁茂的花果等特征的树木个体，如银杏、枫香、雪松、圆柏、冷杉、香樟、栋树、广玉兰、七叶树、樱花等。孤植树多植于视线的焦点处或宽阔的草坪上、水岸旁。为了突出孤植树的特征，应安排相应的衬托环境。丛植所需树木较多，少则三五株，多则二三十株，树种既可相同也可不同。为了加强和体现植物某一特征的优势，常采用同种树木丛植来体现植物的群体效果。当用不同种类植物丛植组成一个群体时，应从生态、视觉等方面考虑，如喜阳种类宜占上层或南面，耐阴种类宜作下木或栽种在群体的北面。群植是更大规模的植物群体设计，群体可由单层同种组成，也可由多层混合组成。多层混合的群体在设计时应考虑种间的生态关系，最好以当地自然植被群落结构作为较大规模的种植设计的理论基础。另外，整个植物群体的造型效果、季相色彩变化、林冠林缘线的处理、林的疏密变化等也都是较大规模种植设计中应考虑的内容。

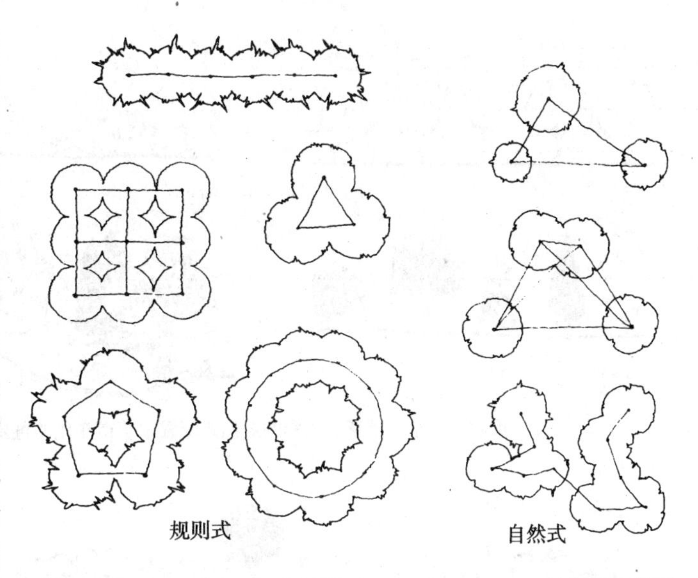

图 8-5　植物配置的两种平面形式

植物配置应综合考虑植物材料间的形态和生长习性，既要满足植物的生长需要，又要保证能创造出较好的视觉效果，与设计主题和环境相一致。一般来说，庄严、宁静的环境的配置宜简洁、规整；自由活泼的环境的配置应富于变化；有个性的环境的配置应以烘托为主，忌喧宾夺主；平淡的环境宜用色彩、形状对比较强烈的配置；空阔环境的配置应集中，忌散漫（图 8-5、图 8-6）。

8.1.5　种植间距

作种植平面图时，图中植物材料的尺寸应按现有苗木的大小画在平面图上，这样，种植后的效果与图面设计的效果就不会相差太大。无论是视觉上还是经济上，种植间距都很重要。稳定的植物景观中的植株间距与植物的最大生长尺寸或成年尺寸有关。在园林设计中，从造景与视觉效果上看，乔灌木应尽快形成种植效果、地被物应尽快覆盖裸露的地面，以缩短园林景观形成的周期。因此，如果经济上允许的话，一开始可以将植物种得密些，过几年后逐渐间去一部分。例如，在树木种植平面图中，可用虚线表示若干年后需要移去的树木（图 8-7），也可以根据若干年后的长势、种植形成的立地景观效果加以调整，移去一部分树木，使剩下的树木有充足的地上和地下生长空间。解决设计效果和栽植效果之间差别过大的另一个方法是合理地搭配和选择树种。种植设计中可以考虑增加速生种类的比例，然后用中生或慢生的种类接上，逐渐过渡到相对稳定的植物景观。

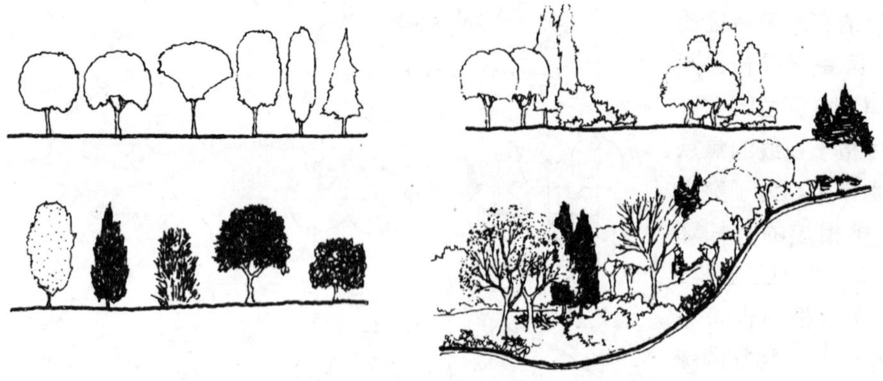

形状、大小、质感、色彩的对比是配置中获得变化的重要手段

配置中主从创造的几种手法

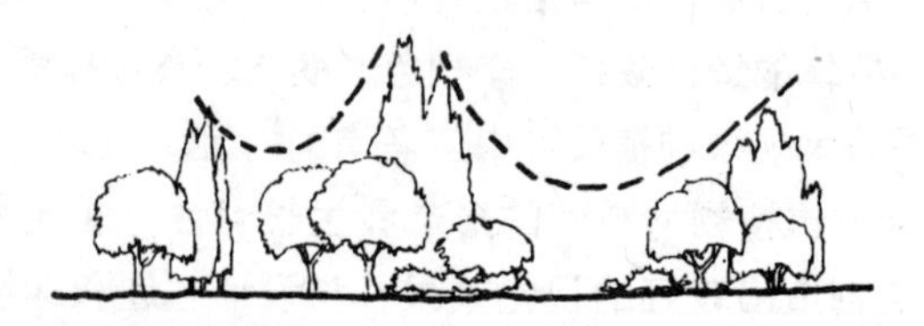

配置中应注意整体构图的平衡

图 8-6　植物配置的基本方法

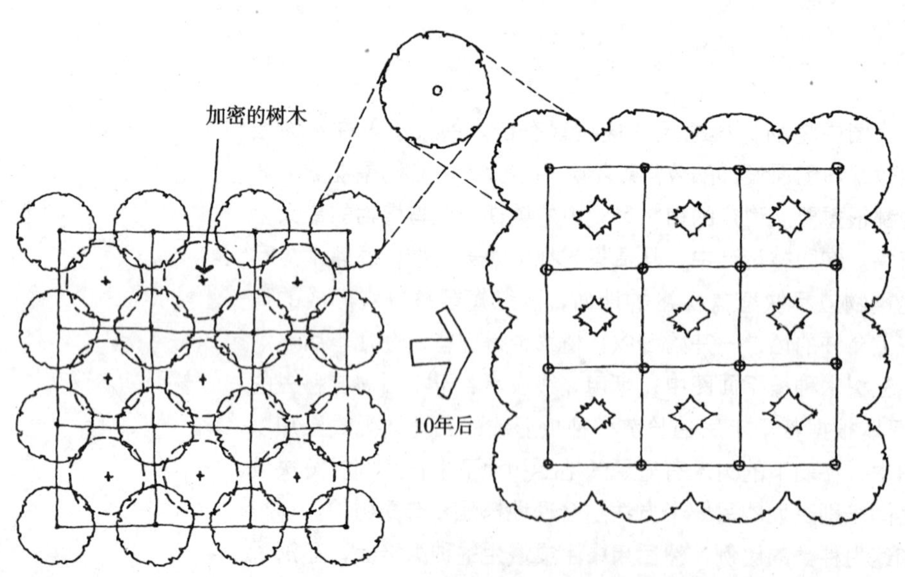

加密种植

10年后间去一部分树木

图 8-7　开始加密种植，若干年后再间去一部分树木

8.2 种植平面及施工图

种植设计图包括设计平面表现图、种植平面图、详图以及必要的施工图解和说明。由于季相变化，植物的生长等因素很难在设计平面中表示出来，因此，为了相对准确地表达设计意图，还应对这些变动内容进行说明。种植设计图可以适当加以表现，但种植平面图因施工的需要应简洁、清楚、准确、规范，不必加任何表现，另外还应对质量要求、定植后的养护和管理等内容附上必要的文字说明（图8-8、图8-9）。

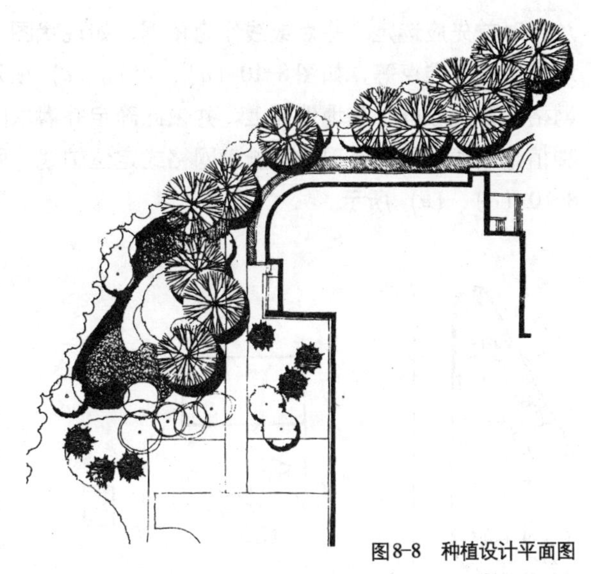

图8-8 种植设计平面图

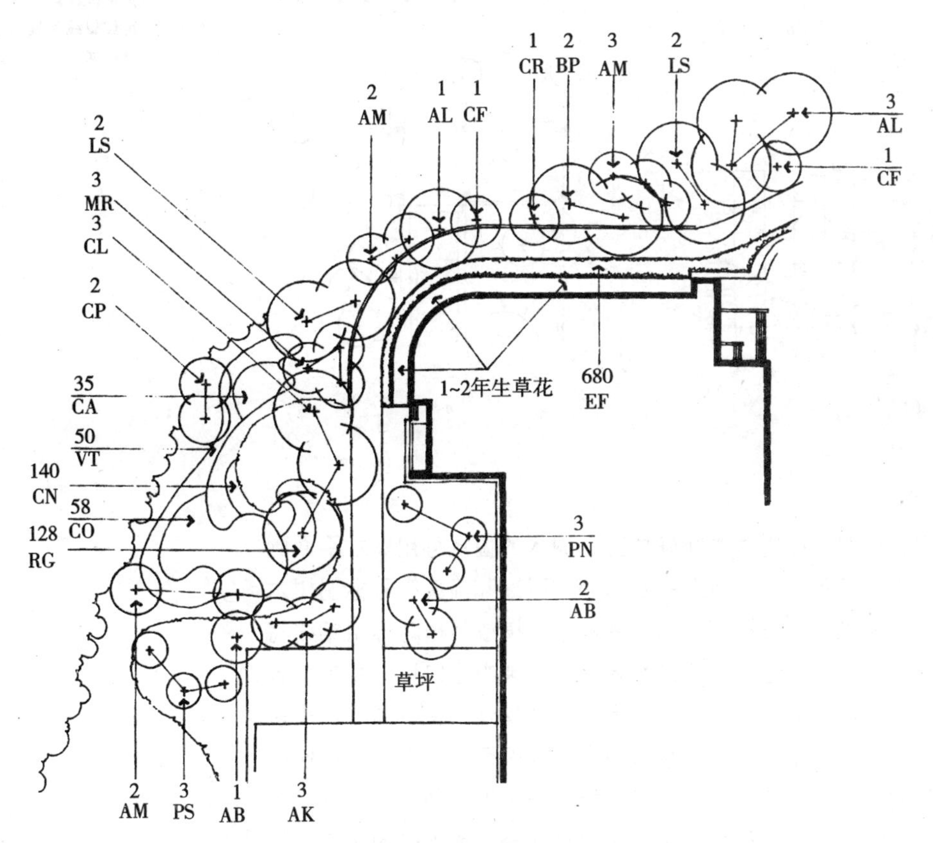

图8-9 种植平面图

8.2.1 定点放样种植施工前需要定点放样

种植施工放样不必像建筑或道路施工那样准确，可以稍有出入，但是，当种植设计要满足一些活动空间尺寸、控制或引导视线时；或者当遇到规则式种植时，树木的间距、平面位置以及树木间的相互位置关系都应尽可能地准确。

放样时首先应选定一些点或线作为依据，如现状图上的建筑、构筑物、道路或地面上的水准点等，如图 8-10（*a*）、（*b*）、（*c*）所示。然后将种植平面图上的网格或截距放样到基地地面上，并依此确定乔灌木的种植穴和草本、地被物的种植范围线。如果有现成的施工网格或定位轴线，则可以直接加以引用，如图 8-10（*d*）、（*e*）所示。

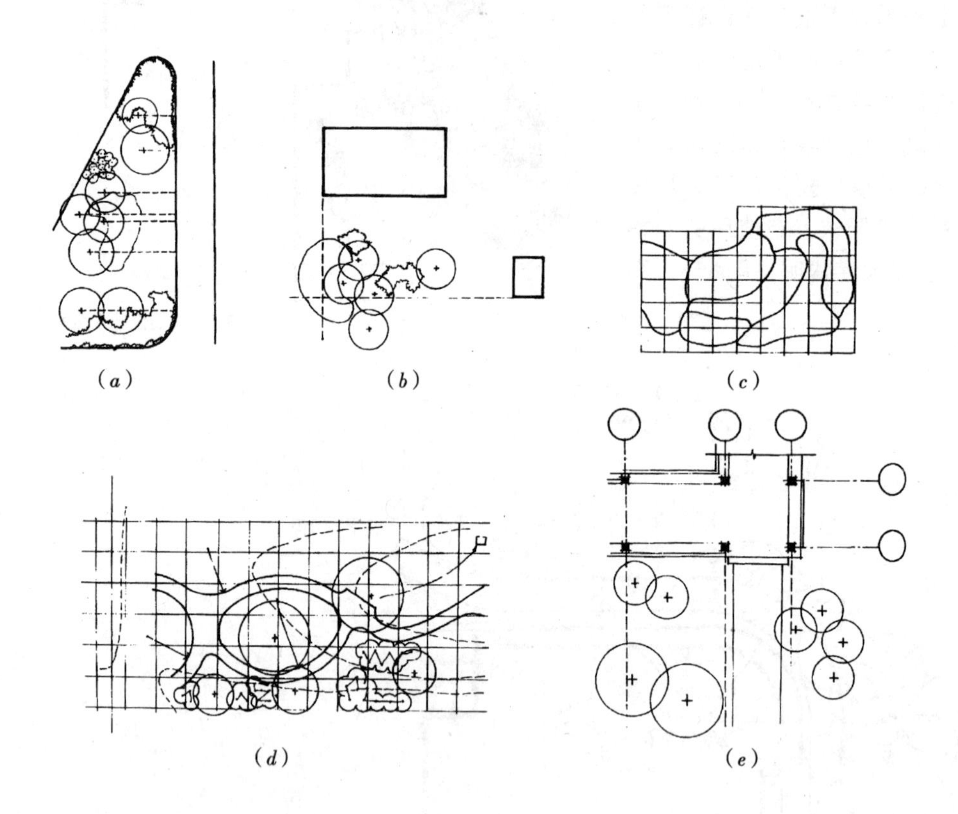

图 8-10 定点放样的几种方法
（*a*）以道路为放样依据；（*b*）以建筑物为放样依据；（*c*）以地面水准点为放样依据；（*d*）以施工网格为放样依据；（*e*）以定位轴线为放样依据

8.2.2 种植平面图

在种植平面图中应标明每种树木的准确位置，树木的位置可用树木平面圆圆心或过圆心的短十字线表示。在图面上的空白处用引线和箭头符号标明树木的种类，也可只用数字或代号简略标注。同一种树木群植或丛植时可用细线将其中心连接起来统一标注。随图还应附一植物名录，名录中应包括与图中一致的编号或代号、普通名称、拉丁学名、数量、尺寸以及备注（图 8-11）。很多低矮的植物常常成丛栽植，因此，在种植平面图中应明确标出种植坛或花坛中的灌木、多年生草花或一二年生草花的位置和形状，坛内不同种类宜用不同的线条轮廓加以区分。在组成复杂的种植坛内还应明确划分每种类群的轮廓、形状，标注上数量、代号，覆上大小合适的格网。灌木的名录内容和树木类似，但需加上种植间距或单位面积内的株数。草花的种植名录应包括编号、俗名、学名（包括品种、变种）、数量、高度、栽植密度，有时还需要加上花色和花期等（图 8-12）。

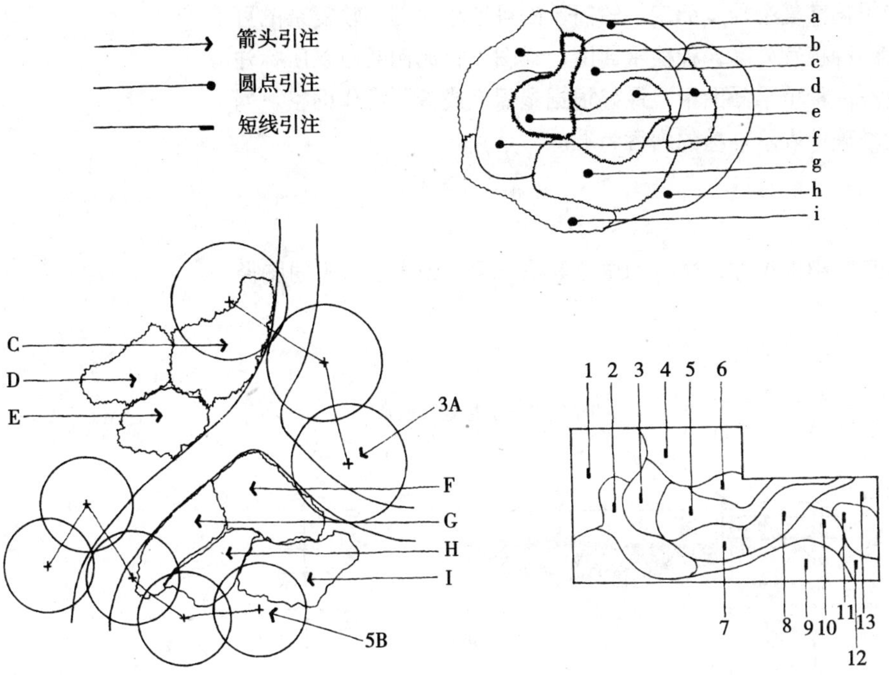

图 8-11　种植平面中的标注方法

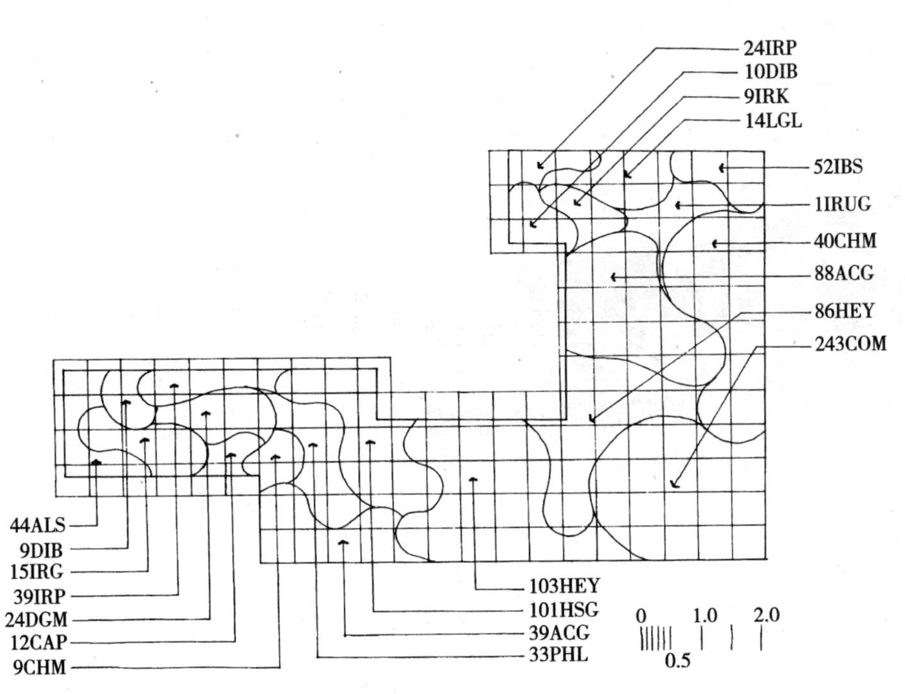

图 8-12　花坛种植平面图

种植设计图常用的比例如下：

(1) 林地：　　1∶500；

(2) 树木种植平面图：　　1∶200～1∶100；

(3) 灌木、地被物：　　1∶100～1∶50；

(4) 复杂的种植平面及详图：　　≥1∶50。

种植图的比例应根据其复杂程度而定，较简单的可选小比例，较复杂的可选大比例，面积过大的种植宜分区作种植平面图，详图不标比例时应以所标注的尺寸为准。在较复杂的种植平面图中，最好根据参照点或参照线作网格，网格的大小应以能相对准确地表示种植的内容为准。

8.2.3 详图

种植平面图中的某些细部尺寸、材料和做法等需要用详图表示。不同胸径

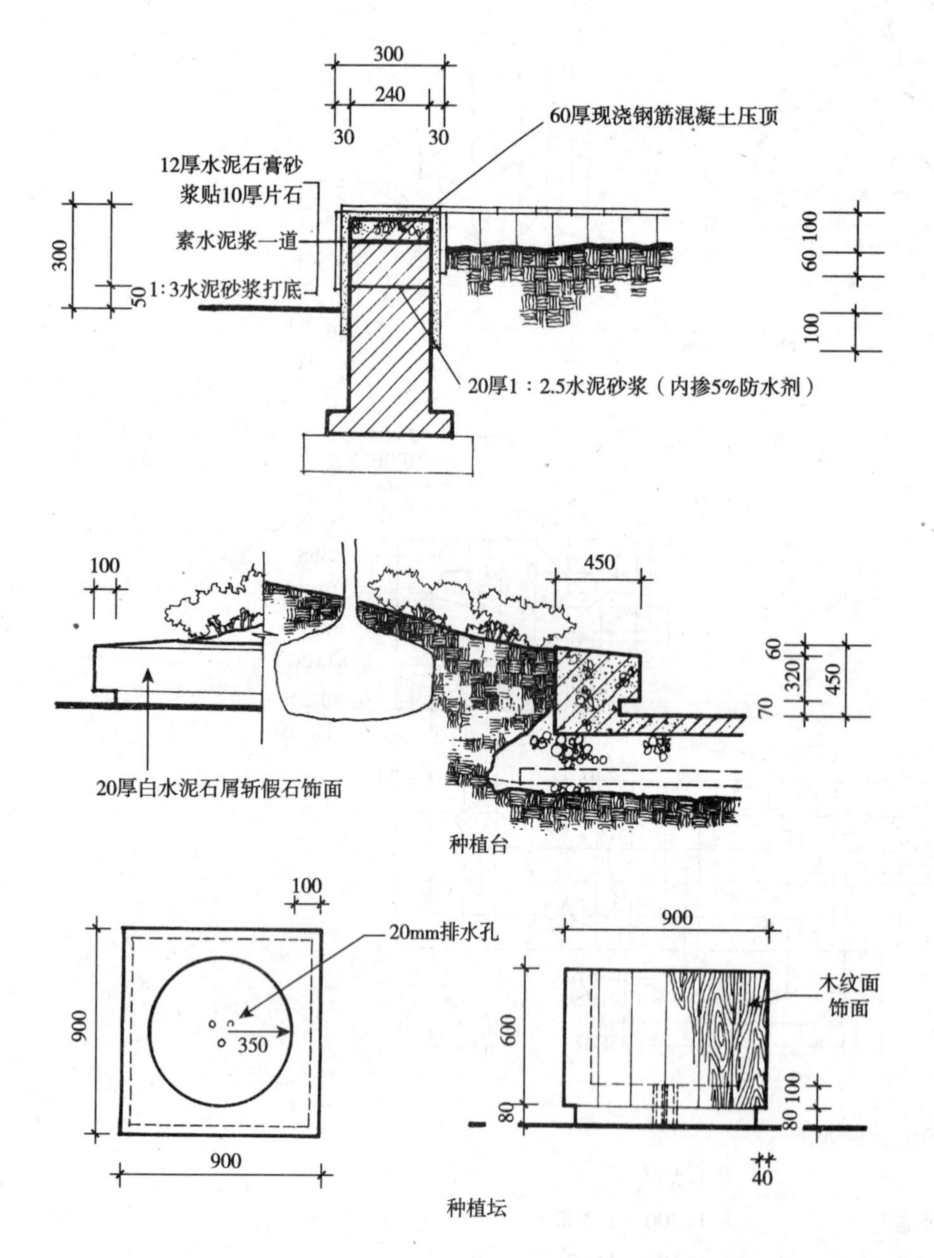

图8-13 种植台和种植坛详图

的树木需带不同的土球，根据土球大小决定种植穴的尺寸、回填土的厚度、支撑固定桩的做法和树木的修剪。用贫瘠土壤作回填土时需适当加些肥料，当基地上保留树木的周围需填挖土方时应考虑设置挡土墙。在铺装地上或树坛中种植树木时需要作详细的平面和剖面以表示树池或树坛的尺寸、材料、构造和排水（图 8-13、图 8-14）。

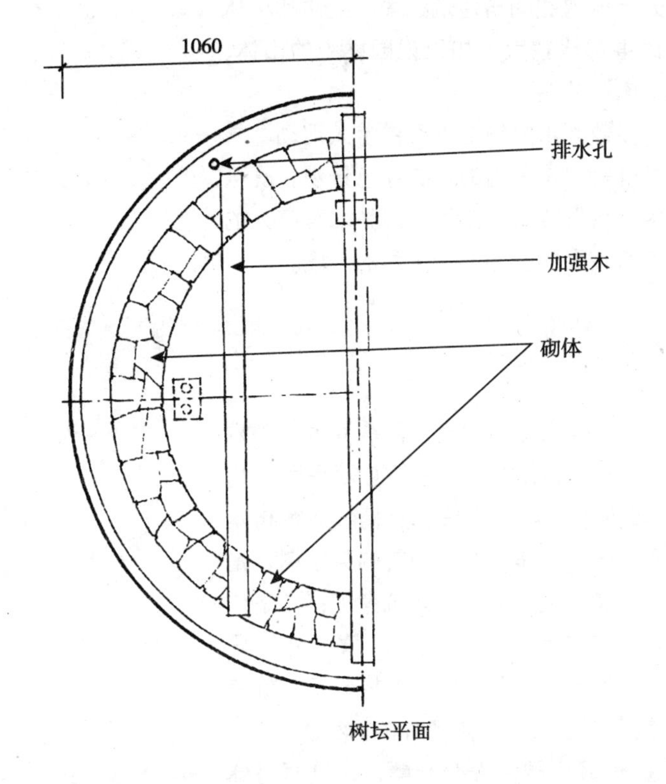

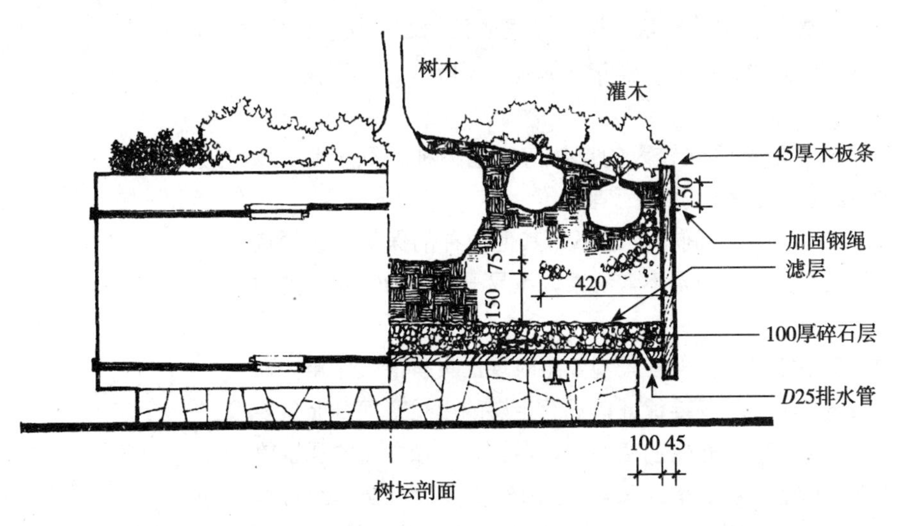

图 8-14 树坛详图

8.3 乔木种植设计

8.3.1 乔木的使用特性

乔木是直立的木本植物，在园林中综合作用很大，不但具有改善环境小气候的主要功能，还有供游人遮荫纳凉、分隔园内空间与建筑组景、山体和小体组景的作用，在园内所占的平面与立体比重都比较大。如果说园林中的山体、地形是园林的骨架，乔灌木则是园林的肌肉和外装。

乔木的树干明显、粗壮，树冠高大。多数乔木的树冠下可供游人活动、乘凉纳荫，构成伞形空间。乔木可孤植，可群栽，是竖向的主要绿色景观，既可作为主景，也可作配景和背景，可与灌木组合形成封闭空间。因乔木有高大的树冠和庞大的根系，故一般要求种植地点有较大的空间和较深厚的土壤。

8.3.2 乔木的种植设计

8.3.2.1 孤植

孤植，是指乔灌木的孤立种植的表现，又叫孤立树。有时两株乔木或三株乔木紧密栽植，并具有统一的单体形态，也称孤植树，但它们必须是同一树种，相距不超过1.5m。孤植树下不能配置灌木，可设石块和座椅。孤植树是以表现植株的个体美为主，主要功能有两方面，一是纯艺术观赏的孤植树，是从画面的构图需要而设置的，多居于陡坡、悬崖或广场中心建筑旁侧；二是作为园林中庇荫与构图相结合的孤植树，可设在道旁、建筑广场前、草地中、磴道口、巨石旁、水边等。孤植树作为个体美的表现，要求外观挺拔繁茂、雄伟壮观。如图8-15所示，作为孤植树应是具备以下几个基本条件的树种。

（1）植株体形美而较大，枝叶茂密，树冠开阔，没有分蘖，或具有特殊观赏价值的树木。如：树形富于变化的黑松，树干效果明显的白皮松、白桦，开花繁茂、色彩鲜艳或有浓郁芳香的玉兰、桂花、枫香、紫叶李、鸡爪槭、色木槭等。

（2）生长健壮，寿命长，能经受住较大的自然灾害的树种。不同地区以选用本地区的乡土树种中经过考验的大乔木为宜。

（3）因孤植树独立存在于开敞空间中，得不到其他树种的保护，故须选用抗旱、耐烟尘、喜阳的树种。树木应是不含毒素，不易于落污染性花果的树种，以免妨碍游人在树下休息。

孤植树在园林中的比例不能过大，但在景观效果表现上具有很大作用。孤植树的种植地点，要求四周空旷，不仅要保证树冠有足够的生长空间，而且要有一定的观赏视距。要使孤植树处于开敞的空间中，得以突出孤立点的视景效果，最好还有天空、水面、草地等色彩单纯又有丰富变化的景物环境作为背景衬托。庇荫及观赏的孤立树，其位置的确定取决于它与周围环境的布局要求。在开朗的草地中布置孤立树，如果草地是自然形式的，则孤立树不宜种植在草

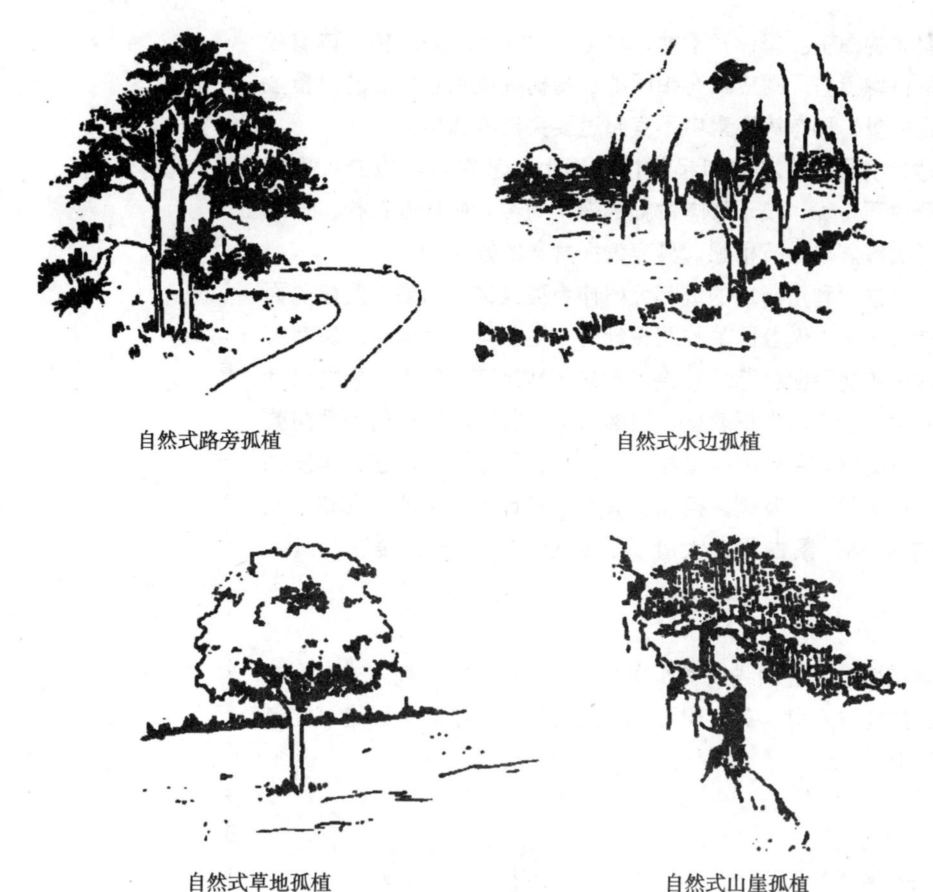

图 8-15 孤植

地的中心，而应偏于一侧，安置在构图的自然重心上，应与草地周围的景物取得均衡与呼应的效果。孤植树也可以设置在开朗的河边、湖畔，用明朗的水色作背景，游人可以在树冠的庇荫下欣赏远景和水上活动，下斜的枝干还可能构成自然形状的框景，悬垂的枝叶又起添景效果。孤立树还可设在山坡、高岗和陡崖上，与山体配合。山坡、高岗的孤立树下可以纳凉眺望，陡崖上的孤植树具有明显的观赏效果。种植在山道磴道口、道路拐角处的孤立树还具有吸引游人视线、标志景观位置的诱导作用，又称作园林导游线上的诱导树。这种诱导树要求有明显的个体美特色，可以表现在体量的巨大、花叶色彩特点、树冠与枝干形态特点等。孤植树还可配置在公园门前、园内建筑前广场的一侧。在由园林建筑组成的小庭院中设孤植树，应考虑空间的大小。庭院较小，可设小乔木，如苹果、紫叶李、桑树、山楂等。在铺装场地设孤立树时要留有树池，在树池上架座椅，保证土壤的松软结构。

在规则式广场中设孤植树，可与草坪、花坛、树坛结合，但面积要较大。设在广场中心的孤立树，冠幅可小些，但必须是中央主干明显，树形匀称，一般采用尖塔形和卵圆形的针叶树，可以与草坪组合。

孤立树虽然在园林的构图中具有独立性，但又必须与周围环境和景物相协调、呼应，统一在整体构图中。如：在草地、水边、山地上的孤立树，体量应高大，与所在空间取得均衡，周围应配有相同的群植树种或色彩相近的少量散植树种相呼应，但在体量、形态等因素中不宜超过要突出的孤植树。

在小型林中草地，小面积的水滨和起伏性丘岗上，考虑与环境的尺度关系，孤立树采用体形小巧玲珑、枝干形态古拙的慢生树种。如：五针松、日本赤松、罗汉松、鸡爪槭等。与山石相配，具有大型盆景的效果。

在新建园林时，应注意利用当地的成年大树作为孤立树。如果在要建的面积内有上百年的古老大树，在做公园的构图设计时，应尽可能地考虑对原有大树的利用，可提早数十年达到园林艺术效果。这是因地制宜、巧于因借的设计方法。如果新植孤立树，也应以大树栽植，虽然费事，却可以早日达到理想效果。常用的园林孤立树的树种主要有：雪松、金钱松、马尾松、油松、黑皮油松、华山松、柏木、广玉兰、七叶树、榕树、香樟、悬铃木、国槐、臭椿、桑树、榆树、柳树、中东杨、蒙古栎、大叶杨、枫杨、无患子、樱花、紫叶李等。

8.3.2.2　对植

对植是用两株树按照一定的轴线关系作相互对称式均衡的植栽方式，目的是强调园林、建筑、广场的入口。孤植树可以作为主景，对植则永远是以配景的地位出现。如图 8-16 所示。

山道的自然式对植

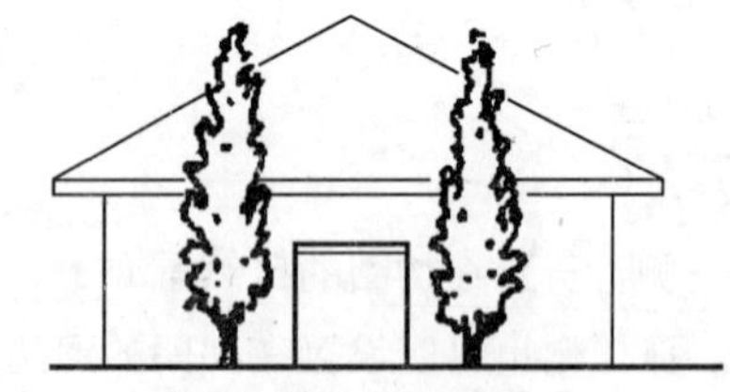

建筑门旁的对称式对植

图 8-16　对植

在规则式种植中，利用同一种树、同一规格的树木依主体景物的中轴线对称布置，两株树的连线与轴线垂直并被轴线等分，这在园林的入口、建筑入口和道路两旁是经常运用的。规则式的对植，一般采用树冠整齐的树种。种植位置，要考虑不能妨碍出入的交通与其他活动，又可保证树木有足够的生长空间。一般乔木距建筑物墙面为 5m 以上，灌木可少些，但至少要在 2m 以上。在自然式种植中，对植是不对称的均衡栽植。在桥头、道口、山体磴道石阶两旁，也以中轴线为中心，两侧树木在大小、姿态上各不相同，动势均向中轴线，便必须是同一树种，才能取得统一。大树距中轴线可近些，小树可远些，小树亦可用两株树合并，力争在横向和体量上取得均衡。轴线两侧对植的树木边线不宜与轴线垂直，当然也不能等分。小株一侧如果两株合并，树种的形态、色彩近似，也可取得与大株一侧的均衡效果。

8.3.2.3　丛植

风景树丛一般是用几株或十几株乔木灌木配植在一起；树丛可以由一个树种

构成，也可以由两个以上直至七八个树种构成。选择构成树丛的材料时，要注意选取树形有对比的树木，如柱状的、伞形的、球形的、垂枝形的树木，各自都要有一些，在配成完整树丛时才好使用。一般来说，树丛中央要栽最高的和直立的树木，树丛外沿可配较矮的和伞形、球形的植株。树丛中个别树木采取倾斜。树丛内植株的株距不应一致，要有远有近、有聚有散。栽得最密时，可以土球挨着土球栽，不留间距。栽得稀疏的植株，可以和其他植株相距 5m 以上。

现就两株、三株、四株、五株的配置形式分述如下。

1）两株树丛的配合：两种形成的统一体，一般情况下易于统一，但又要有变化，才能达到构图艺术的效果。两株树的组合，首先考虑其“通相”，再分析其“殊相”。以“通相”达到统一，以“殊相”达到变化。

如果差别过大的两种树种配置在一起，容易造成对比强烈、谐调不足效果。如：一株棕榈同一株马尾松，或一株杨树与一株云杉配置在一起，难以达到统一。因二者之间在形态、彩度、明度等方面很少有“通相”之处，不能构成一体。因此，两株树的组合应采用同一种树种。但如果两株相同的树种在大小、体形、体量上完全一致，配置在一起又过分平淡，缺少变化。所以，凡采用两株同种树木配置，又应在树木的姿态上、动势上、大小体量上求得差异，才能使树丛生动活泼起来。明朝画家龚贤指出，“二株一丛，必一俯一仰，一曲（音 qie 切）一直，一向左一向右，一有根一无根，一平头一锐头，二根一高一下”。又说“二树一丛，分枝不宜相似，即十树五枝一丛，亦不得相似”。以上说明，两株相同树木配置在一起，在动势、姿态与体量上，均须有差异、对比，才能生动活泼。两树丛的栽植距离不能远离，其间距离应小于两树冠之和，这样才能成为一体。如果两株距离大于大树的树冠时，那就变成两株独立树了，不能有树丛的感觉。不同种的树木，如果在外观上十分类似，可考虑配置在一起。如：桂花与女贞为同科不同属的树木，外观相似，又同为常绿阔叶乔木，配置在一起感到很谐调。由于桂花的观赏价值较高，故在配置上要将桂花放在重要位置，女贞作为陪衬。又如：红皮云杉与鱼鳞云杉相配，也可取得调合的效果。但是，即便是同一树种，如果外观差异过大，也不适合配置在一起。如：龙爪柳与馒头柳同为旱柳变种。配在一起不会调合。

2）三株树丛的配合：三株树组合的树丛最好采用在姿态、大小上有差异的同一树种。如果有两个不同树种，也应同为常绿树或同为落叶树或同为乔木或同为灌木。三株树的组合最多用两个不同树种，其中，两株为同一树种是树丛的主体，另一株树种则为陪衬。忌用三个不同树种（外观不易分辨，不在此限）。明代画家龚贤说，“古云：三树一丛，第一株为主树，第二、第三树为客树”，“三树一丛，则二株宜近，一株宜远以示别也。近者曲而俯，远者宜直而仰”，“三株不宜结，亦不宜散，散者无情，结是病”，如图 8-17 所示。

三株配置，树木的大小、姿态都要有对比和差异。栽植时，三株忌在一直线上，也忌等边三角形和等腰三角形栽植。三株的距离都要不相等，其中最大一株与最小一株要靠近一些，组成一小组，中等的一株要远离一些，成另一小组，但两组在动势上要明应。三株树的平面连成任意三角形。两组相距不能太远，否则难以形成统一体。

三株是两个不同树种组成的树丛，则最小一株为一树种，而另外两株为同一个树种，这时，远离的一株与靠拢的两株一组中大的一株应该树种相同，这样两个小组才能够在统一中有变化。在三株树丛中，也可以最大一株与中间一株靠近，最小一株稍远离，但是如果由两个树种组成时，最小一株必须与最大一株的树种相同。忌最大一株为单独树种，否则难分主次。

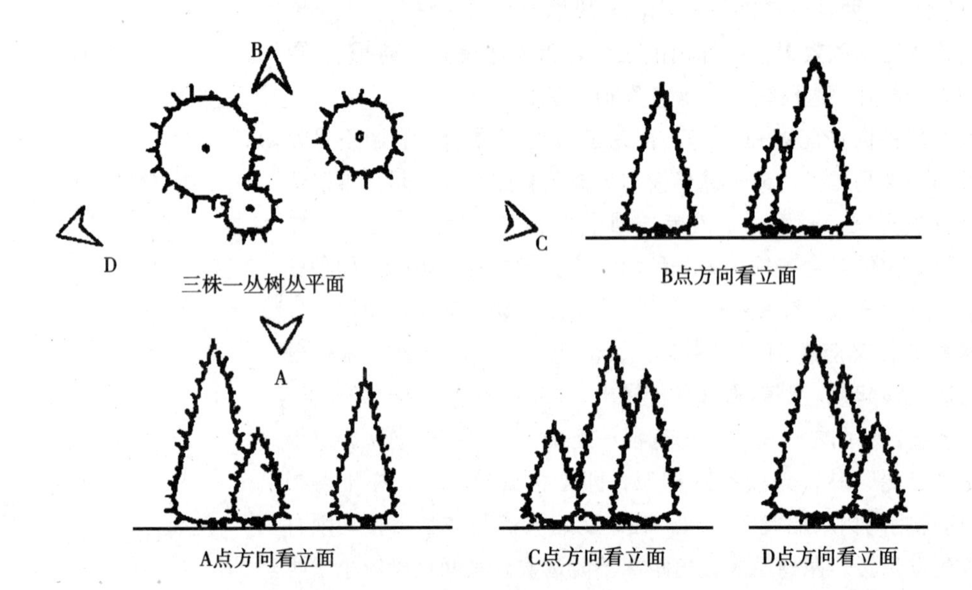

图 8-17　三株植物配置

3）四株树丛的配合：四株一丛的组合仍以同树种为“通相”，在不同的姿态、大小与疏密关系中求“殊相”。如果运用两种不同树种时，必须同为乔木或同为灌木。如果应用三种以上的树种，必须有两种外观极相似。原则上不要乔灌木合用。

树种相同时，分为两组，成3∶1的组合，不宜两两分组，其中不要有三株成一直线。也可形成三组的形式，即2∶1∶1，但最大的一株必须在两株一组中。其平面的连线，一种是不等边三角形，另一种是不等边又不等角的四边形。

树种不同时，其中三株为一树种，一株为另一树种。这另一种的一株不能是最大的，也不能是最小的，这一株的树种，不能单独成一个组，必须与另外树种组成一个三株的混交树丛组，在这一组中，这一株的树种应与另一株不同树种靠拢，并居于中间，不能靠外边。

4）五株树丛的配合：五株同为一个树种的组合方式，每株树的体形、姿态、动势、大小、栽植距离都应力求有差异。一般分组方式为3∶2，就是由三株一小组、两株一小组，共同构成五株树丛。如果按树木大小分为五个排号，三株组的应该由1、2、4成组，或1、3、4成组，或1、2、5成组。总之，最大的一株必须在三株的一组中，并且是主体，两株一组的则应为从属体。这时的三株一组的组合形式又相同于三株树丛的配置形式；两株一组的组合形式与两株树丛配置相同，只是这两组必须各有动势，彼此取得均衡，构成一体。

另一种分组方式为4∶1，其中一株的树木不要是最大的，也不能是最小的，最好是中等大的2号或3号树木。这种组合方式的主次悬殊较大，所以两组距离不能过远，并且在动势上要有呼应。其中四株一组的树木配置基本与四株树丛的配置相同。另外单独一株成组的树木又可与四株一组中的两株或三株组成三株树丛与四株树丛相似的组合。

五株树丛若由两个树种组成，应该一个树种为三株，另一个树种为两株。如果一个树种为一株，另一种为四株就不合适。如：四株桂花配一株槭树，就不如三株桂花配两株槭树，因为比例近似时易于达到均衡。

在分组布置中，如果按3∶2分组，除最大一株设在三株的一组中外，两个树种均应分布于两组中，相互穿插，不能使两株一组的为同一株树种或三株一组的为同一树种。如果按4∶1分组，单独一株为一组的树种，最好是三株的那个树种；如果把两株的那个树种安设在单独一组，则其中的另一株应该配置在四株一组的包围之中。

树丛配置，株数越多越复杂，但分析起来，孤植树是一个基本单元，两株的丛植也是基本单元，三株的树丛由两株与一株组合，四株又是由三株与一株组合，五株则由四株与一株或三株与两株组合。理解了五株一丛的配置道理，则六株、七株、八株、九株均可以此类推。介入园画谱中说：“五株即熟，则千株万株可以类推，交搭巧妙，在此转点”。关键在于在统一中求变化，在变化中求统一。树丛的株数愈少，树种越不能多用。随着株数的增多，树种也可以逐渐增加。但在10~15株以内的树丛，外形差异较大的树种，不能超过5种。如果是外形类似的树种，尚可增多种类。

树丛和孤植树一样，在树丛周围，尤其是主要方向，要留出足够的鉴赏距离，通常最小视距也应是树高的4倍，视距内要空旷。如果树丛的主要观赏面的视距能达到树高的10倍，视野便较开阔了。

树丛可作为主景，也可以与其他景观形成对景；在道路交叉口和道路的拐弯处可作为屏障，结合道路组合空间，公园大门两侧也可结合不对称的大门建筑配置树丛。树丛又是园林建筑、园林雕塑等小品设施的很好背景，在色彩、形态方面都可以起到衬托作用。

树丛基本上是暴露的，受外界影响较大。因此，不耐干旱、阴性的植物不宜选用。

5）群植（树群）：组成树群的单株树木数量一般在20~30株。树群所表现的是以群体美为主。树群也和孤植树和树丛一样，是构图上主景之一。树群必须要有足够视距的开朗场地，比孤植树和树丛所占面积大。如：靠近缘的大草坪上，在宽广的林中空地上、水中的小岛上，靠宽广水面的小溪、土丘与山坡上均可设置树群。树群的主要观赏面的前方应有树高4倍、树群宽度1.5倍的视距空地，以便游人欣赏。

树群规模不宜太大，在构图上要四面空旷。树群内的每株树木，在群体的外貌上都要起一定的作用。树群的组合方式，最好采用郁闭式、成层的结合。树群内通常不允许游人进入，不具有庇荫休息的功能要求，但是树群的边缘地带仍可供游人庇荫与休息之用。树群分为单纯树群和混交树群两类。

单纯树群由一种树木组成，可以应用宿根性花卉作为地被植物。树群的主要形式是混交树群。其混交形式可分为五个组成部分：乔木层、亚乔木层、大灌木层、小灌木层及多年生草本植物。也可以分为乔木、灌木与草本三层。这些组成部分在树群的主面景观中都应有显露部分，也是该植物观赏特性突出的部分。乔木层选用的树种，树冠姿态要丰富，使整个树群的天际线富于变化。亚乔木层选用的树种最好开花繁茂，或有美丽的叶色。灌木应以花木为主，草本地被植物应该以多年生野生花卉为主。树群下的土壤尽量以地被植物覆盖，不能暴露。

树群组合的基本原则：

从高度来讲，乔木层应该在中央，亚乔木层在乔木的外缘，大灌木在亚乔木的外缘，这样彼此不会遮挡，但是，又不能像金字塔那样整齐均匀，应该有宽窄、断续、高低起伏的自然变化。在树群的外缘可以结合树丛与孤植树形成丰富树群的空间层次变化。

从树木的观赏性质来讲，常绿树应该居中央，可以作为背景，落叶树在外缘，叶色与花色华丽的植物在更外缘，原则是相互不致遮掩，但在构图上须灵活多变，不能过于机械一律。树群的外缘轮廓应该有丰富的曲折变化，其平面的垂直投影不宜成圆状，应有纵轴与横轴的长短之分，一般长与宽的比为3:1。树群栽植的标高，最好比外围的草地或道路高些，有向四面倾斜的缓坡，以利于排水，同时在构图上也显得突出一些。

树群的栽植距离仍以树丛疏密原则为准，只是树木株数过多变化亦应更复杂，在疏密效果上也更明显了。但要注意相邻的树木不能有三株连成直线的现象，尤其树群的外缘树木，要构成不等边三角形，切忌成行、成排地栽植。常绿树、落叶树和观叶、观花的树木混交时，防止连成带状，因树群本身面积不大，故可用片状、块状、复层混交结合块状或点状混交的方式。块状是指2～5株的组合，点状是指单株树木。

树群中树木的栽植距离，不能根据成年树木树冠的大小计算，要考虑水平郁闭和垂直郁闭，各层树木要相互掩映交叉。同一层的树木郁闭度为0.3～0.6较好，但树木郁闭的疏密又应有变化。由于树群的组合面积不大，四周空旷，加之边缘又有曲折起伏，边缘的树木树冠能得到正常扩展，中央部分的树木较密集、郁闭。因此，在树木的组合中就要考虑结合生态特性。有些地方，在种植树群时，在乔木玉兰之下用阳性的月季作为下木，但是却将强阴性的东瀛珊瑚暴露在阳光之下。

作为第一层的乔木应该是阳性树，第二层的亚乔木可以是半阴性的，分布在东、南、西三面的外缘灌木可以是阳性和强阳性的，分布在乔木庇荫下及北面的灌木可以是半阴性的或阴性的。树群下方的土地，应该用耐阴的草种和其他地被植物覆盖。树群的竖向变化应有高低起伏的天际线，要注意一年四季的不同季相色彩的演变。

一般树群所应用的树木种类（草本植物除外），最多不宜超过10种，否则构图就会杂乱，不容易达到统一的效果。

在重点公共园林中，凡是用于孤植树、树丛和树群的乔木，最好采用10～15年生的成年树，灌木也须在5年生左右，这样不但可以很快成形，而且能够保持树群的相对稳定。但是在具体应用中往往苗木的供给与设计者的意图不能统一。因此，在树群设计中，根据树种的生长速度的快慢分为稳定树群和不稳定树群。

单纯树群，因树种相同，属相对稳定树群，而混交树群有稳定和不稳定树群的区别。

（1）稳定树群：在成年大树的种植情况下，乔木与灌木为快速生长树种，后期生长能始终保持原有的高度比例关系，与设计意图一致。如：以杨、柳、槭作为第一层，以云杉、山杏、桑树为第二层，然后丁香、黄槐、接骨木等为下木和外缘树木，树群可以始终保持原有的高度比。

（2）不稳定树群：主要表现在常绿针叶树作为第一层乔木，选用快速生长的落叶乔木作为第二层时，由于生长速度不同，即使开始栽植时，在高度上按设计意图配植，随着时间的延长，第二层的快速生长乔木往往超过第一层的常绿针叶树。这种不稳定的后果，破坏了设计意图。为了适应这种情况，亦可设计出不稳定的景观演替方案。即：早期以落叶快速生长乔木为第一层，将半耐阴或幼树喜阴的常绿乔木作为第二层。过数年后，第一层快速生长乔木开始衰老，第二层常绿树长成，逐渐变成第一层的要求时，加以整修，便可除去衰老的第一层乔木，再适当地补植其他落叶树，构成后期稳定树群。

由于树群在植物配植上具有比较完整的构图和一定的规模，可以根据不同的主题来设计主景，直接用在植物园的展览区的种植类型中。如：以芳香树种为主的芳香树群，以药用植物、油料植物、淀粉植物等为不同主题的树群。

8.3.2.4 人行道绿化设计

人行道绿带的主要部分是行道树绿化带，此外还可能有绿篱、草花、草坪种植带等。行道树可采用种植带式或树池式两种栽种方式。种植带的宽度不小于1.5m，长度不限。树池形状一般为方形或长方形，少有圆形。树池的最短边长度不得小于1.2m；其平面尺寸多为1.2m×1.5m、1.5m×1.5m、1.5m×2m、1.8m×2m等等。行道树种植点与车行道边缘道牙石之间的距离不得小于0.5m。行道树的主干高度不小于3m，栽植行道树时，要注意解决好与地上地下管线的冲突，保证树木与各种管线之间有足够的安全间距。表8-2是行道树与街道架空电线之间应有的间距，表8-3则是树木与地下管线的间距参考数值，行道树与路旁建筑物、构筑物之间应保持的距离，则可见表8-4中所列。为了保护绿化带不受破坏，在人行道边沿应当设立金属的或钢筋混凝土的隔离性护栏，阻止行人踏进种植带。

行道树与架空电线的间距 表 8-2

电线电压（kV）	水平间距（m）	垂直间距（m）
1	1.0	1.0
1～20	3.0	3.0
35～110	4.0	4.0
154～220	5.0	5.0

行道树与地下管道的水平间距 表 8-3

管沟名称	至乔木中心最小间距（m）
给水管、闸井	1.5
污水管、雨水管、探井	1.0
排水盲沟	1.0
电力电缆、探井	1.5
热力管、路灯电杆	2.0
弱电电缆沟、电力、电信杆	2.0
乙炔氧气管、压缩空气管	2.0
消防龙头、天然瓦斯管	1.2
煤气管、探井、石油管	1.5

行道树与建筑、构筑物的水平间距 表 8-4

道路环境及附属设施	至乔木主干最小间距（m）
有窗建筑外墙	3.0
无窗建筑外墙	2.0
人行道边缘	0.75
车行道路边缘	1.5
电线塔、柱、杆	2.0
冷却塔	塔高 1.5 倍
排水明沟边缘	1.0
铁路中心线	8.0
邮筒、路牌、立标	1.2
警亭	3.0
水准点	2.0

8.4 灌木种植设计

灌木多呈丛状，主干不明显，树冠较矮小。由于枝条密集，树叶满布，又多花果，是很好的分隔空间和观赏的植物材料。在防风、固沙、消减噪声和防尘等方面都优于乔木。耐阴的灌木可和大乔木、小乔木、地被植物组合成主体绿化景观。灌木可独立栽植在草地中，也可成排行种植在草地中，也可成排成行种植呈绿墙状。灌木由于树冠小，根系有限，因此对种植地点的空间要求不大，土层也不要很厚。

8.4.1　灌木的使用特征

园林中的灌木通常指具有美丽芳香的花朵、色彩丰富的叶片或诱人可爱的果实等观赏性状的灌木和观花小乔木。这类树木种类繁多、形态各异，在园林景观营造中占有重要地位。根据其在园林中的造景功能。可分为观花类、观果类、观枝干类、观叶类。

8.4.1.1　观花类

这是灌木中种类最多、应用最广、观赏价值最高的一类，历来深受人们的喜爱。这类灌木以花为主要观赏部位，花色、花型和花香都有许多变化，能够产生不同的观赏效果。有的花大色艳给人以热情奔放的感受，有的花朵细碎淡雅使人感到温馨宁静，更有的花香沁人心脾，令人心旷神怡。根据开花色彩不同，可以分以下种类：①红色花系类；②黄色花系类；③白色花系类；④蓝紫花系类。

8.4.1.2　观果类

许多灌木果实累累，色彩艳丽可爱，具有较高观赏价值。根据果实色彩不同，可以分以下种类：①红色果类；②黄色果类；③蓝紫色果类；④黑色果类；⑤白色果类。

8.4.1.3　观叶类

灌木色彩丰富，变化万千，根据特点分为：①春色叶类；②秋色叶类；③彩色叶类；④常绿类。

8.4.1.4　观枝干类

8.4.2　灌木的种植设计

灌木在园林植物群落中属于中间层，起着乔木与地面、建筑物与地面之间的连贯和过渡作用。其平均高度基本与人平视高度一致，极易形成视觉焦点。在园林景观营造中具有极其重要的作用。加上灌木种类繁多，既有观花的，也有观叶、观果的。更有花果或果叶兼美者。灌木的种植设计主要有以下几种方式。

8.4.2.1　构成景色

灌木以其自身的观赏特点既可单株栽植，又可以群植形成整体景观效果。利用灌木美化庭院、街道、广场、水边居住区及机关学校、工矿企业等是园林中最常见的做法。开花时节，灿烂芬芳，秋冬又有果挂枝头，更兼叶色变化丰富，给人以美的享受。

8.4.2.2　与其他园林植物配置

1）与乔木树种的配置

灌木与乔木树种配置能丰富园林景观的层次感，创造优美的林缘线，同时还能提高植物群体的生态效益。在配置时要注意乔、灌木树种的色彩搭配，突出观赏效果。乔木与灌木的配置也可以乔木作为背景，前面栽植灌木以提高灌木的观赏效果。如用常绿的雪松作背景，前面用碧桃、海棠等红花系灌木配置，观赏效果十分显著。

2）与草坪或地被植物的配景

以草坪地被植物为背景，上面配置榆叶梅、贴梗海棠、杜鹃花、紫藤、月季等红色系花灌木或棣棠、迎春等黄色系灌木以及紫叶小檗、紫叶樱李等常色叶灌木，既能引起地形的起伏变化，丰富地表的层次感，又克服了色彩上的单调感。还能起到相互衬托的作用。

8.4.2.3　配合和联系景物

灌木通过点缀、烘托，可以使主景的特色更加突出。假山、建筑、雕塑、凉亭都可以通过灌木的配置而显得更加生动。同时，景物与景物之间或景物与地面之间，由于形状、色彩、地位和功能上的差异，彼此孤立，缺乏联系，而灌木可使它们之间产生联系、获得协调。例如在建筑物垂直的墙面与水平的地面之间用灌木转接和过渡，利用它们的形态和结构，缓和了建筑物和地面之间机械、生硬的对比，对硬质空间起到软化作用。作为绿篱的灌木对景观还有组织空间和引导视线的作用，可以把游人的视线集中引导到景物上。

8.4.2.4　布置花境

花灌木中许多种类可以作为布置花境的材料，与草本植物相比，花灌木作为花境材料具有更大的优越性。如生长年限长，维护管理简单，适应性强等，但目前应用尚少。充分利用灌木丰富多彩的花、叶、果观赏特点和随季节变化的规律布置花境景观是今后灌木应用很有前途的发展方向。

8.4.2.5　布置专类园

花灌木中很多种类品种多，应用广泛，深受人们的喜爱。如月季品种已达2万多种，有藤本的、灌木的、树状的、微型的等，花色更是十分丰富。这类花灌木常常布置成专类园供人们集中观赏。适合布置专类园的花灌木还有牡丹、碧桃、丁香、杜鹃、梅花、山茶、海棠、紫薇等。另外，花朵芳香的花灌木还可以布置成芳香园，供人们闻赏花香。

8.4.2.6　吸引昆虫及鸟类

花灌木开花时节能吸引蜜蜂、蝴蝶等昆虫飞翔其间，果实成熟时又吸引各种鸟类前来啄食。丰富了园林景观的内容，创造出鸟语花香的意境。

8.4.2.7　作基础种植

低矮的灌木可以用于建筑物的四周、园林小品和雕塑的基部作为基础种植，既可遮挡建筑物墙基生硬的建筑材料，又能对建筑物和小品雕塑起到装饰和点缀作用。

8.4.2.8　灌木可以增添季节特色

灌木物候和季相变化明显，容易引起人们的注意并在空间上形成韵律和节奏感。灌木的发芽、展叶、开花、结果、落叶与自然物候息息相关。使人直接感到时间的推移，增强了园林的生气。因此在灌木的应用上要选择一些季节感强的种类，使园林景观在一年中的外观要有显著的变化。

8.4.2.9　灌木种植设计应考虑与地下管道、建筑、构筑物的水平间距

按表8-5和表8-6的要求妥善考虑与各种地下管道、建筑、构筑物的水平间距。

灌木与地下管道的水平间距　　表8-5

管沟名称	至灌木中心最小间距（m）
给水管、闸井	不限
污水管、雨水管、探井	不限
排水盲沟	不限
电力电缆、探井	不限
热力管、路灯电杆	1.0
弱电电缆沟、电力、电信杆	不限
乙炔氧气管、压缩空气管	2.0
消防龙头、天然瓦斯管	1.2
煤气管、探井、石油管	1.5

灌木与建筑、构筑物的水平间距　　表8-6

道路环境及附属设施	至灌木中心最小间距（m）
有窗建筑外墙	1.5
无窗建筑外墙	1.5
人行道边缘	0.5
车行道路边缘	0.5
电线塔、柱、杆	不限
冷却塔	不限
排水明沟边缘	0.5
铁路中心线	4.0
邮筒、路牌、立标	1.2
警亭	2.0
水准点	1.0

8.5　丛木种植设计

8.5.1　丛木种植方式

依据规划设计方式分类：

（1）单面观赏丛木。靠近道路和游人的一边比较低矮，离道路及游人远

的一边植物逐级高起，形成了一个倾斜面，如果以建筑物或植篱作为背景，使游人仅能从另一边去欣赏它，称为单面观赏丛木。

（2）多面观赏丛木。主要设置于道路、广场和草地的中央。从花境的两边，游人都可以临近去欣赏。花境的中央最高，两侧植物逐渐降低。这种花境没有背景，中央最高部分一般不超过游人视线的高度。

（3）独立演进的丛木。是主景花境，从两面观赏，有中轴线，必须布置在道路的中央，使道路的轴线与花境的轴线重合。

8.5.2 设计图制作

（1）平面布置图。要求与花坛设计相同，比例尺为1/500～1/100，画出丛木边线、绿篱、道路等。

（2）种植施工图。一般不需要立面图，只需要平面图。比例尺1/50～1/40，通常几株花卉成为一丛，画出范围，标出数量，或直接写上学名都可以，并标出全部花卉的数量。

8.6 藤本种植设计

8.6.1 藤本植物的使用特征

藤本植物种类繁多，姿态各异。通过茎、叶、花、果在形态、色彩、质感、芳香等方面的特点及其整体构型，表现出各种各样的自然美，例如，紫藤老茎盘根错节，犹如蛟龙婉蜒，加之花序硕长、开花繁茂，观赏效果十分显著；五叶地锦依靠其吸盘爬满垂直墙面，夏季一片碧绿，秋季满墙艳红，对墙面和整个建筑物都起到了良好的装饰效果；茑萝枝叶纤细，体态轻盈，缀以艳红小花，显得更加娇媚；而观赏南瓜爬满棚架，奇特的果实和丰富的色彩，给人以美的享受。藤本植物用于垂直绿化极易形成立体景观，既可观赏又能起到分割空间的作用，加之需要依附于其他物体，显得纤弱飘逸、婀娜多姿，能够软化建筑物生硬的立面，给死寂沉闷的建筑带来无限的生机。藤本植物除能产生良好的视觉形象外，许多种类的花果还具有香味，从而引起嗅觉美感。

8.6.2 藤本种植设计

8.6.2.1 棚架式绿化

选择合适的材料和构件建造棚架，栽植藤本植物，以观花、观果为主要目的，兼具遮荫功能，这是园林中最常见的、结构造型最丰富的藤本植物景观营造方式。应选择生长旺盛、枝叶茂密、观花或观果植物材料，对大型木本藤本植物建造的棚架要坚固结实，对草本的植物材料可选择轻巧的构件建造棚架。可用于棚架的植物材料有猕猴桃、葡萄、三叶木通、紫藤、野蔷薇、木香等。绿门、绿亭、小型花架也属于棚架式绿化，只是体量较小，在植物材料选择上应偏重于花色鲜艳、姿态优美、枝叶细小的种类，如三角花、铁线莲花、探春等。棚架式绿化多布置于庭院、公园、机关、学校、幼儿园、医院等场所，既可观赏，又给人们提供了一个纳凉、休息的理想环境。

8.6.2.2　绿廊式绿化

选用攀缘植物种植于廊的两侧并设置相应的攀附物，使植物攀缘而上直至覆盖廊顶形成绿廊；也可在廊顶设置种植槽，选植攀缘或匍匐型植物中的一些种类，使枝蔓向下垂挂形成绿帘。绿廊具有观赏和遮荫两种功能，在植物选择上应选用生长旺盛、分枝力强、枝叶稠密、遮蔽效果好而且姿态优美、花色艳丽的种类，如紫藤、金银花、木通、铁线莲类、蛇葡萄、三角花、炮仗花等。绿廊多用于公园、学校、机关单位、庭院、居民区、医院等场所，既可以观赏，廊内又可形成一私密空间，供人入内游赏或休息。在绿廊植物的养护管理过程中，不要急于将藤蔓引于廊顶，注意避免造成侧方空虚，影响景观效果。

8.6.2.3　篱垣式

多用于卷须类及缠绕类植物。将侧蔓行水平诱引后，每年对侧枝施行短剪，形成整齐的篱垣形式，通常称为“水平篱垣式”，又可依其水平分段层次之多少而分为二段式、三段式等。“垂直篱垣式”，适于形成距离短而较高的篱垣。

8.6.2.4　附壁式

本式多用吸附类植物为材料。方法很很单，只需将藤蔓引于墙面即可自行依靠吸盘或吸附根而逐渐布满墙面。例如，爬墙虎、凌霄、扶芳藤、常春藤等均用此法。此外，在某些庭园中，有在壁前 20～50cm 处设立格架，再架苗栽植植物的。例如，蔓性蔷薇等开花繁茂的种类多在建筑物的墙面前采用本法。修剪时应注意使壁面基部全部覆盖，各蔓枝在壁面上应分布均匀，勿使互相重叠交错为宜。

在本式剪整中，最易发生的毛病为基部空虚，不能维持基部枝条长期密茂。对此，可配合轻、重修剪以及曲枝诱引等综合措施，并加强栽培管理工作。

8.6.2.5　直立式

对于一些茎蔓粗壮的种类，如紫藤等，可以剪整成直立灌木式。此式如用于公园道路旁或草坪上，可以收到良好的效果。

8.6.2.6　阳台、窗台及室内绿化

阳台、窗台及室内绿化是城市及家庭绿化的重要内容。用藤本植物对阳台、窗台进行绿化时，常用绳索、木条、竹竿或金属线材料构成一定形式的网棚、支架，设置种植槽，选用缠绕或攀缘类植物攀附其上形成绿屏或绿棚。这种绿化形式多选用枝叶纤细、体量较轻的植物材料，如茑萝、金银花、牵牛花、铁线莲、丝瓜、苦瓜、葫芦等。也可以不设花架，种植野蔷薇、藤本月季、常春藤等藤本植物，让其悬垂于阳台或窗台之外，起到绿化、美化的效果。

用藤本植物装饰室内也是较常采用的绿化手段，根据室内的环境特点多选用耐阴性强、体量较小的种类。通常有两种栽植形式：一是盆栽放置地面。盆中预先设置立柱使植物攀附向上生长，常用藤本植物有绿萝、茑萝等。二是用枝细叶小的匍匐型种类悬吊或置于几桌、高台之上，枝叶自然下垂，能使斗室生辉，如常春藤、洋常春藤、吊兰、过路黄、金莲花、垂盆草、天门冬等，都可使用。

8.6.2.7 山石、陡坡及裸露地面的绿化

用藤本植物攀附假山、石头上，能使山石生辉，更富自然情趣，使山石景观效果倍增，常用的植物有地锦、五叶地锦、紫藤、凌霄、络石、薜荔、常春藤等。

陡坡地段难于种植其他植物，但不进行绿化一方面会影响城市景观，另一方面也会造成水土流失。利用藤本植物的攀缘、匍匐生长习性，可以对陡坡进行绿化，形成绿色坡面，既有观赏价值，又能起到良好的固土护坡作用，防止水土流失。经常使用的藤本植物有络石、地锦、五叶地锦、常春藤、虎耳草、山葡萄、薜荔、钻地风等。

藤本植物还是地被绿化的好材料，许多种类都可用作地被植物，覆盖裸露的地面，如常春藤、蔓长春花、地锦、络石、垂盆草、铁线莲等。

8.7 匍匐木种植设计

随着城市人口的剧增和城市建设的迅速发展，高层建筑不断增加，建筑面积的扩大势必使城市绿地面积减少，特别对于大都市来说，城市建设和园林绿化的矛盾日益尖锐。因而，充分利用匍匐木植物进行垂直绿化是提高绿化面积、增加城市绿量、改善生态环境的重要途径，匍匐木植物同其他植物一样具有调节环境温度、湿度、吸附消化有害气体和灰尘、净化空气、减轻噪声污染、平衡空气中氧气和二氧化碳含量等多种生态功能；同时，匍匐木植物具有独特的攀缘或匍匐生长习性，可以对立交桥、建筑物墙面等垂直立面进行绿化，从而起到保护桥身、墙面、降低小环境温度的作用；也可以对陡坡、裸露地面进行绿化，既能扩大绿化面积，又具有良好的固土护坡作用。

8.8 草坪种植设计

草坪是城市绿化的重要组成部分，为了创造宜人的环境，提供给人们一个良好的户外活动场地以及一些特殊功能（如飞机场草坪、足球场、高尔夫球场、网球场等）的需要，草坪得到了越来越广泛的应用。

草坪的建设，应按照既定的草坪设计进行。在草坪设计中，一般都已经确定了草坪的位置、范围、形状、供水、排水、草种组成及草坪上的树木种植情况。

8.8.1 草坪类型

1）根据草坪用途分类，可分为以下几种类型：

（1）游息草坪：供散步、休息、游戏及户外活动用的草坪，称为游息草坪。一般均加以刈剪，在公园应用最多。

（2）体育场草坪：供体育活动用的草坪。网球场草坪、高尔夫球场草坪、足球场草坪、武术场草坪、儿童游戏场草坪等都属于这种类型草坪。

（3）观赏草地或草坪：这种草地或草坪不允许游人入内游憩或践踏，专供观赏用。

（4）牧草地：以放牧为主，结合园林游憩的草地称为牧草地。多为混合草地，以营养丰富的牧草为主，一般多在森林公园或风景区等郊区园林中应用。

（5）飞机场草地：在飞机场铺设的草地。

（6）森林草地：郊区森林公园及风景区在森林环境中自然生长的草地称为森林草地，一般不加刈剪，允许游人活动。

（7）林下草地：在疏林下或郁闭度不太大的密林下及乔木树群下的草地称为林下草地，一般不加刈剪。

（8）护坡护岸草地：凡是在坡地、水岸为保持水土流失而铺设的草地，称为护坡护岸草地。

在以上许多类型的草地中，以游憩草坪、体育场草坪和观赏草坪为园林中草地的主要类型。

2）园林草地及草坪。依据草本植物组合的不同，可以分为以下几种类型：

（1）单纯草地或草坪：由一种草本植物组成，例如结缕草草坪（或称混交草地），是由好几种禾本科多年生草本植物混合播种而形成。在禾本科多年生草本植物中混有其他草本植物的草坪或草地，称为混合草坪或混合草地。

（2）缀花草地或草坪：在以禾本科植物为主体的草坪或草地上（混合的或单纯的），混有少量开花华丽的多年生草本植物，如水仙、鸢尾、石蒜、葱兰或韭兰、花酢浆等球根植物。这些球根植物，数量一般不超过草地总面积的1/3，分布有疏有密，自然错落，主要用于游憩草坪、森林草地、林下草地、观赏草地及护岸护坡草地上。在游憩草坪上，球根花卉分布于人流极少的地方。这些球根花卉，有时发叶，有时开花，有时花与叶均隐没于草地之中，地面上只见一片单纯草地，因而在季相构图上很有风趣。在体育场草坪上，则不能采用这种类型。

3）根据草地与树木的混合情况分类，可分为以下几种类型：

（1）空旷草地（包括草坪，下同）：草地上不栽植任何乔灌木。这种草地，主要是供体育游戏、群众活动用的草坪，一片空旷，在艺术效果上单纯而壮阔。空旷草地的四周，如果为其他乔木、建筑、土山等高于视平线的景物包围起来，这种四周包围的景物不管是连接成带的，或是断续的，只要占草地四周的周界达3/5以上；同时屏障景物的高度在视平线以上，其高度大于草地长轴与短轴的平均长度的1/10时（即视线仰角超过5°～6°时），则称为“闭锁草地”。

如果草地四周边界的3/5范围以内，没有被高于视平线的景物屏障时，这种草地称为“开朗草地”。开朗草地多位于水滨、海滨或高地上。园林中的孤立树、树丛、树群，多布置在空旷草地中。

（2）稀树草地：草地上稀疏地分布一些单株乔木，株行距很大，当这些树木的覆盖面积（郁闭度）为草地总面积的20%～30%时，称为稀树草地。稀树草地主要是供游憩用的草地，有时则为观赏草地。

（3）疏林草地：空旷草地，适于春秋佳日或亚热带地区冬季的群众性体育活动或户外活动；稀树草地适于春秋佳日及冬季的一般游览活动，但到了夏日炎炎的季节，由于草地上没有树木庇荫，因而，无法利用。如果草地上布置有乔木，其株距在8～10m，其郁闭度在30%～60%，这种疏林草地，由于林木的庇荫性不大，阳性禾本科草本植物仍可生长，可供游人在林荫下游憩、阅读、野餐、空气浴等活动（但不适于群众性集会）。

（4）林下草地：在郁密度大于70%的密林地，或树群内部林下，由于林下透光系数很小，阳性禾本科植物很难生长，只能栽植一些含水量较多的阴性草本植物。这种林地和树群，由于树木的株行距很密，不适于游人在林下活动，过多的游人入内，会影响树木生长。同时，林下的阴性草本植物，组织内含水量很高，不耐踩踏，因而这种林下草地，以观赏和保持水土流失为主，游人不准许进入。

8.8.2 草坪种植设计要点

8.8.2.1 草坪践踏与人流量的问题

体育场草坪及游憩草坪，游人很多，平均每平方米的草坪，每天能经受多少游人的踏压，在设计上是一个很重要的问题。

无论东方常用的草种或西方常用的草种，在适度的踏压情况下，草的节间变短，高度减低，草的干物质重量和鲜草重量都增加，分蘖增加，叶的数量增加，匍匐茎的分枝增加，根的数量也有所增加。草皮变得低矮、致密。所以草坪适度的踏压，不仅没有坏处，反而是有利的，但是踏压如果过度，则草坪就会受到破坏。

日本对结缕草的踏压频度与生育关系的试验，结果如下：

每日3～5次轻度踏压，促进直立茎的分蘖，茎的数量增加（每日踏压3次，增加154%）；叶的数量增加（每日踏压3次，增加107%），叶色加浓，生育旺盛，叶变得细而短，厚度增加；草的高度减低（每日踏压5次，高度减低50%）；适度的踏压，反而可以形成更矮生、更致密的优良草坪；每日踏压5～7次，草叶子的色泽有几分减退。

每日踏压10次以上时，直立茎生长受阻，下叶黄枯，叶端破裂，叶脱落。踏压次数更多，则土壤固结，地下茎暴露。

由此看来，结缕草在一定单位面积内，每天最多可以允许踩踏5～7次。

在西洋草种方面，日本北村文雄及小泽雄1961年的试验报告指出：

牧场早熟禾，每日踏压（踏压重 50～55kg）7 次，草的鲜重和干重量均增加。地上部分草的高度减低，分蘖数增加。地下部根的长度减短，根的数量增加。每日踏压超过 10 次则生长不良。试验结果，狗牙根、结缕草、剪股颖、牧场早熟禾等草种耐踩性好，在游人量较大处或体育场草坪，以多选以上草种为宜。

因此，在设计草坪时，在单位面积上的游人踩踏次数，最多每天不要超过 10 次。草坪要定期养护，停止开放，以利恢复。

8.8.2.2　草坪的坡度及排水的问题

草坪的坡度，须从以下几个方面来考虑。

（1）水土保持。为了避免水土流失，或坡岸的塌方或崩落现象的发生，任何类型的草坪，其地面坡度均不能超过该土壤的"自然安息角"。土壤的自然安息角，因土壤的类型不同而有差异，但一般为 30°左右。超过这个坡度的地形，不可能铺设草坪，一般均采用工程施工加以护坡。

（2）游园活动。体育场草坪，除了排水所必须保有的最低坡度以外，越平整越好。一般观赏草坪、牧草地、森林草地、护岸护坡草坪等，只要在土壤的自然安息角以下和具有必要的排水坡度，在活动上没有特殊要求。

游憩草坪，规则式的只要保持必须的最小排水坡度，一般情况下其坡度不宜超过 0.05。自然式的地形坡度，最大不要超过 0.15。一般游憩草坪，70%左右的面积坡度最好在 0.05～0.10 以内起伏变化。坡度大于 0.15，由于坡度太陡，进行游憩活动就不安全，同时也不便于轧草机进行刈草工作。

（3）排水。草坪的最小允许坡度，应从地面排水的要求来考虑。体育场草坪，由场中心向四周跑道倾斜的坡度为 0.01；网球场草坪，由中央向四周的坡度为 0.002～0.005；一般普通游憩草坪，最小排水坡度最好不低于 0.02～0.05。

（4）草坪的坡度。除考虑上述诸因素外，还得考虑艺术构图因素，使草坪的地形与周围的景物统一起来。地形要有单纯壮阔的雄大气魄，又要有对比与起伏的节奏变化。

8.8.2.3　一些重要草坪的设计问题

（1）体育场草坪。一般进行国际比赛的体育场坪，都铺设草坪。铺设草坪的体育场，在比赛中，灰尘较少，扬起的灰尘量仅为裸露场地的 1/6～1/3。雨天可以防止泥泞，可以防滑，摔倒时受伤较轻。在视觉上：球在绿色的草坪上滚动，色彩对比格外鲜明。绿色还给人以愉悦的感觉，所以在绿色草坪上运动起来比较舒适。

我国的体育场，在黄河以北地区，以运用结缕草为宜。因为结缕草能适应当地的乡土条件，生长良好，同时耐踩性能良好。但缺点是种子发芽困难，播种不容易，因而草坪建立费用很高。另外，结缕草生长缓慢，形成草坪时间较长。如果用野牛草或牧场早熟禾，则可以用播种繁殖，草坪建立速度较快（可用植生带）。

黄河以南地区，则以狗牙根为宜。

体育场草坪，运用结缕草、狗牙根、野牛草等种时，由于植株不高，匍匐茎发达，地下茎发达，因而具备形成矮性、密实、富有弹性的草层的优点，在管理上既可以减少刈草的次数，同时又适用于我国的土壤条件。缺点为建立草坪生长较慢，冬季色彩较差。

用早熟禾、黑麦草、狐茅草、剪股颖等西方用的草种时，优点为生长快，草坪形成快，冬季色彩好（黄枯晚，返青早）。缺点是：在我国大部分夏季高温多湿的地区不适应，病害很多。这些草很高，一般为30～100cm，必须经常刈剪，在5～9月生长季节，几乎每星期要刈草一次，因而在管理上很不方便。草坪损坏部分，补植也很困难。

网球场草坪除上述草种以外，在淮河秦岭以南地区，最好应用天鹅绒草。

（2）飞机场草坪。飞机场草坪与足球场草坪相类似，要求稳固坚实的草坪。

飞机场只有使用最频繁的起飞、降落的跑道、滑行道及飞机棚旁等地区，才用完善的工程铺装面层。其余大面积地区，则均采用草坪作为铺装面层。草坪面层，也能够满足飞机对面层的承重要求。

8.9 地被种植设计

地被植物是指株丛紧密、低矮，用以覆盖园林地面，防止杂草蘖生的植物。草坪植物本身也是地被植物，但因其占有特殊重要的地位，所以专门另列为一类。根据地被植物在园林中的应用和观赏特点，可分为以下几类：

（1）常绿类地被植物：这类地被四季常青，终年覆盖地表，无明显的枯黄期。如麦冬、石菖蒲、蕙兰、常春藤、铺地柏、沙地柏。

（2）观叶类地被植物：有优美的叶形，花小而不太明显，所以主要用以观叶。如麦冬、八角金盘、垂盆草、荚果蕨、菲白竹等。

（3）观花类地被植物：花色艳丽或花期较长，以观花为主要目的。如二月兰、紫花地丁、水仙、石蒜等。

（4）防护类地被植物：这类地被植物用以覆盖地面、固着土壤，有防护和水土保持的功能。较少考虑其观赏性问题。绝大部分地被植物都有这方面的功能。

地被种植设计：

地被植物和草坪植物一样，都可以覆盖地面、涵养水源，形成视觉景观。但地被植物有其自身特点：一是种类繁多，枝、叶、花、果富于变化，色彩丰富，季相特征明显。二是适应性强，可以在阴、阳、干、湿不同的环境条件生长，形成不同的景观效果。三是地被植物有高低、层次上的变化，易于修饰成各种图案。四是繁殖简单，养护管理粗放，成本低，见效快。但地被植物不易形成平坦的平面，大多不耐践踏。园林中可以应用地被植物形成具有山野景象的自然景观，同时地被植物中有许多耐阴性强、可在密林下生长开花的，故与乔木、灌木配置能形成立体的群落景观，既增加城市的绿量，又能创造良好的自然景观。在地被植物应用中。要充分了解和掌握各种地被植物的生态习性，根据其对环境条件的要求、生长速度及长成后的覆盖效果与乔、灌、草合理搭配，才能营造理想的景观。

8.10 花卉种植设计

8.10.1 花坛

花坛的种类比较多。在不同的园林环境中，往往要采用不同的花坛种类。从设计形式来看，花坛主要有盛花花坛（或叫花丛式花坛）、模纹花坛（包括毛毡花坛、浮雕式花坛等）、标题式花坛（包括文字标语花坛、图徽花坛、肖像花坛等）、立体模型式花坛（包括日晷花坛、时钟花坛及模拟多种立体物象的花坛）等四个基本类型。在同一个花坛群中，也可以有不同类型的若干个体花坛。

8.10.1.1 花坛类型

1）花丛式花坛。花丛式花坛也可以称为“盛花花坛”。

花丛式花坛以观花草本植物花朵盛开时，花卉本身群体的华丽色彩为表现主题。选为花丛式花坛栽植的花卉必须开花繁茂，在花朵盛开时，植物的枝叶最好全部为花朵所掩盖，达到见花不见叶的效果。所以花卉开花的花期必须一致。如果是花期前后零落的花卉，就不能得到良好的效果。叶大花小，叶多花少，以及叶和花朵稀疏而高矮参差不齐的花卉，不宜选用。所以花丛式花坛，也称为“盛花花坛”。各种花卉组成的图案纹样，不是花丛式花坛所要表现的主题。图案纹样在花丛式花坛内属于从属地位，花卉本身盛开时群体的色彩美，在花丛式花坛内位于主要地位。

花丛式花坛，可以由一种花卉的群体组成，也可以由好几种花卉的群体组成。花丛式花坛由于平面长和宽的比例不同，又可以分为花丛花坛、带状花丛花坛和花缘三类。

（1）花丛花坛。个体花丛花坛，不论其植床的轮廓为什么样的几何形体，只要其纵轴和横轴的长度之比为1:3～1:1，可称为花丛花坛。

花丛花坛的表面可以是平面的，也可以是中央高、四周低的锥状体，也可以成为中央高、四周低的球面。花丛花坛的剖面为三角形的，称为“锥状花丛花坛”。如果剖面为半圆形，则可称为“球面花丛花坛”。

（2）带状花丛花坛。花丛花坛的短轴为1，而长轴的长度超过短轴的3～4倍时，就称为带状花丛花坛。带状花丛花坛，有时作为配景，有时作为连续风景中的独立构图，其宽度在1m以上。带状花丛花坛与花丛花坛一样，有一定的高出地面的植床，植床的周边用边缘石装饰起来。

（3）花缘。花缘的宽度通常不超过1m，长轴的长度比短轴的长度要大很多，至少为4倍。花缘由单独一种花卉形成，通常不作为主景处理，仅用作花坛、带状花坛、草坪花坛、草地、花境、道路、广场、基础栽植等的镶边。

花丛式花坛以花卉花朵盛开时，群体的华丽色彩为构图的主题，所以花坛的外形几何轮廓可以较模纹式花坛丰富些，但内部图案纹样须力求简洁，所以不同植物结合时，图案应简单些。

为了维持花丛式花坛花朵盛开时的华丽效果，花卉必须经常更换。通常多应用球根花卉及一年生花卉，一般多年生花卉不适用于花丛式花坛。花丛式花坛的植物开花以前在苗圃中可以摘心，但在开花时，不进行修剪。

2）模纹式花坛。模纹式花坛也可以称为“嵌镶花坛”。模纹式花坛表现的主题与花丛式花坛不同。模纹式花坛不以观赏植物本身的个体美或群体美为表现的主题，这些因素在模纹式花坛内居次要地位。应用各种不同色彩的观叶植物或花叶兼美的植物所组成的华丽复杂的图案纹样，才是模纹式花坛所要表现的主题。由植物所组成的装饰纹样，在模纹式花坛内居于主要地位。

模纹式花坛通常应用红绿苋。如果一种色彩的红绿苋简单地大片群植，就不可能产生华丽的效果，这与大片的郁金香花群相比较，就显得黯然失色了。但是如果用红、大叶绿、小叶绿、白、黑等五色草组成毛毡花坛时，就成了一幅精美得像地毯一样华丽的装饰图案，与郁金香花群比较起来会各有千秋。

模纹式花坛因为内部纹样繁复华丽，所以植床的外轮廓应该比较简单。

（1）带状模纹式花坛。模纹花坛的长轴比短轴长，超过3倍以上时，称为带状模纹花坛。

（2）毛毡花坛。应用各种观叶植物，组成精美复杂的装饰图案，花坛的表面通常修剪得十分平整，整个花坛好像是一块华丽的地毯，所以称为毛毡花坛。各种不同色彩的红绿苋和景天科的佛甲草（白草），通称五色草，是组成毛毡花坛的理想的植物材料。五色草可以组成最细致精美的装饰纹样，可以做出6～10cm的线条。当然，毛毡花坛也可以应用其他低矮的观叶植物或花期较长花朵又小又密的低矮观花植物组成。但选用的植物必须高矮一致、花期一致，而且观赏期要长，因为毛毡花坛设计和施工都要花很大的劳动，如果观花期很短就不经济了。

3）标题式花坛。标题式花坛在形式上与模纹式花坛是没有区别的，只是表现的主题不同。模纹式花坛的图案完全是装饰性的，没有明确的主题思想。标题式花坛可以是文字，可以是具有一定含义的图徽或绘画，还可以是肖像组成的，通过一定的艺术形象，来表达一定的主题思想的。标题式花坛最好设在坡地的倾斜面上，并用木框固定，这样可以使游人看得格外清楚。

（1）文字花坛。各种政治性的标语、各种提高生产积极性的口号，都可作为文字花坛的题材。文字花坛也可以用来庆祝节日，或是表示大规模展览会的名称。公园或风景区的命名，也可以用木本植物组成文字花坛来表示。有时文字的标题可以与绘画相结合，好像招贴画一样。例如一幅“世界和平”的花坛，除了文字以外，还可以用飞翔的和平鸽的图画来象征和平，在文字的周围应该用图案来装饰。

（2）肖像花坛。革命导师、人民领袖，以及科学和文化界的伟人肖像，也可作为花坛的题材。肖像花坛的施工要精细，一般用红绿苋来组合最好。用其他植物栽植，都有一定的困难。

此外，还有图徽花坛、象征图案花坛，例如红十字、人民铁路图徽。

4）装饰物花坛。装饰物花坛也是模纹式花坛的一种类型，但是这种花坛是具有一定实用目的的。

（1）日晷花坛。在公园的空旷草地或广场上，用毛毡花坛植物组织出12时图案的底盘，然后在底盘南方竖立一支倾斜的指针。这样，在晴朗的日子，指针的投影就可从上午7时到午后3时这段时间里为我们指出正确的时间。日晷花坛不能设立在斜坡上，应该设立在平地上。

（2）时钟花坛。用毛毡花坛植物种植出时钟12时的底盘，花坛本身应该用木框加围，花坛中央下方放一个电动的时钟，把指针露在花坛的外边。时针花坛最好设置在斜坡上。

（3）日历花坛。在毛毡花坛上做出年、月、日字样，整个花坛最好用木框围起来，其中年、月、日的文字再用小木框种植。在底盘上留出空位，以便可以更换日期。日历花坛最好安置在斜坡上。

（4）毛毡饰瓶。在西方园林中，常常用大理石或花岗石雕成的饰瓶作为园林的装饰物。这种饰瓶可以安置在花坛中央、进口两旁、石级两旁栏杆的起点和终点等地方。毛毡饰瓶是用铁骨作为骨架，扎成饰瓶的轮廓，中央用苔藓或锯末、土等物填实，外面用黏湿的土壤掺上腐熟的马粪塑成一个饰瓶，再在饰瓶的表面种上五色草组成各种装饰的纹样，就像景泰蓝花瓶一样。随着栽植技术的发展，毛毡饰瓶已经由单一的饰瓶造型发展为花篮、各种动物以及抽象形体等比较复杂的造型。这种形式的花坛称为五色草立体花坛，通常多设置在独立花坛中央，以供观赏。但是栽植物的土壤要经常保持适度湿润，太干了植物容易死亡。

8.10.1.2　花坛设计原则

1）花坛及花坛群的平面布置

花坛在整个规划式的园林构图中，有时作为主题来处理，有时则作为配景来处理。花坛与周围的环境，花坛和构图的其他因素之间的关系有两种：一是对比，二是调和。

花坛是水平方向挟面装饰，广场周围的建筑物、装饰物、乔木和大灌木等的装饰性是立面的和立体的。这是空间构图上的主要对比。周围的树木是单色的，主要是绿色，花坛则是彩色的，是色彩上的对比。在素材的质地上，建筑材料和植物材料的对比是突出的，建筑与铺装广场的色相是不饱和的，而花坛的色相就比较饱和，花坛的装饰纹样在简洁的场地上的对比是突出的。

花坛与周围的环境、构图等因素之间，除了对比关系之外，还有调和统一的一面。作为主景来处理的花坛和花坛群，其外形是对称的，可以是单轴对称，也可以是多轴对称，其本身的轴线应该与构图整体的轴线相一致。花坛的纵轴和横轴应该与建筑物或广场的纵轴和横轴相重合。在道路交叉的广场上布置花坛，首先考虑的应该是不妨碍交通。花坛或花坛群的平面轮廓，应该与广场的平面相一致。如果广场是圆形的，花坛或花坛群也应该是圆形的。如果广场是长方形的，花坛或花坛群不仅在外形轮廓上应该是长方形的，而且花坛的长轴应与广场的长轴方向相一致，短轴应该与广场的短轴方向相一致。花坛的风格和装饰花样，应该与周围的环境相一致，在交通量很大的街道广场上的花坛，装饰纹样不能十分华丽。游人集散量太大的群众性广场，也不宜布置过分华丽的花坛。公共建筑前方、园林游憩广场，可以设置十分华丽的花坛。

当花坛直接作为雕塑群、喷泉、纪念性雕像的基座的装饰时，花坛应该处于从属地位，应用图案简单的花丛花坛作为配景。色彩可以鲜艳，因为雕像群、喷泉、纪念性雕像表现的主题不在于色彩，但纹样过分富丽复杂的模纹花坛，不宜作为配景，否则容易扰乱主体。木本常绿小灌木或草花布置的草坪花坛，也可作为基座的装饰。

构图中心为装饰性喷泉和装饰性雕像群的花坛群，其外围的个体花坛可以很华丽，纹样可以丰富，但是中央为纪念性雕像的花坛群，四周的个体花坛的装饰性应该恰如其分，以免喧宾夺主，以采用纹样简单的花丛式花坛或草坪为主的模纹花坛为宜。总体来说，花坛或花坛群的平面外形轮廓应该与广场的平面轮廓相一致。但是如果花坛外形只是广场的缩小，这就会因为过分类似而失去活泼感。如果有一定的变化，艺术效果就会更好一些。如果是交通量很大的广场，或是游人集散量很大的大型公共建筑前的广场，为了照顾车辆的交通流畅及游人的集散，则花坛的外形常常与广场的轮廓不一致。此时，由于功能上的要求起了决定性的作用，就不至于感到构图的不调和了。例如在正方形的街道交叉广场、三角形的街道交叉广场的中央，都可以布置圆形花坛，而在长方形的广场上可以布置椭圆形花坛。

花坛或花坛群的面积与广场面积的比例，一般情况下，最大不要超过1/3，最小也不能小于1/150，观赏草坪的面积可以大些。如果广场的游人集散量很大或交通量很大，则花坛面积比例可以更小些。华丽的花坛，面积比例可以小些；简洁的花坛，面积比例要大些。

作为配景处理的花坛，是以花坛群的形式出现的。配景花坛群配置在主景主轴的两侧。只有作为主景的花坛可以布置在主轴上，配景花坛只能布置在轴线的两侧。配景花坛的个体花坛，外形与外部纹样不能采用多轴对称的形式，最多只能应用单轴对称的图案和外形。分布在主景主轴两侧的花坛，其个体本身最好不对称，但与主景主轴另一侧的个体花坛必须对称。这是群体的对称，不是个体本身的对称。

2）个体花坛的设计

(1) 花坛的内部图案纹样。花丛花坛的图案纹样应该简单。模纹花坛、标题花坛的纹样应该丰富。花坛的外部轮廓应该简单。花坛的装饰纹样，应该与周围的建筑艺术、雕刻、绘画的风格相一致。由五色草组成的纹样最细的线条其宽度可为6~10cm（最少由两行组成）。用其他花卉和常绿木本植物组成的花纹，最细也得在10cm以上。要保持纹样最细的线条，必须经常修剪。

（2）花坛的高度及边缘石。花坛表现的是平面图案，由于视角关系离地面不能太高，但为了花卉排水、突出主体和避免游人践踏，花坛的种植床应该稍高出地面。通常种植床的土面高出外面平地7~10cm。为了利于排水和观赏，花坛的中央应拱起，成为向四面倾斜的和缓曲面。花丛花坛最好能保持4%~10%的坡度，五色草花坛可以保持10%~15%以上的坡度。种植床内的种植土厚度，栽植五色草、一年生花卉及草皮者为20cm，栽植多年生花卉及灌木者为40cm。床地土层在50cm深度以内，最好挖松，清除土壤中的碎石瓦砾。排水不良的黏土，应该掺以河沙，瘠薄土层应该加腐殖质。花坛种植床的周围要用边缘石保护起来。边缘石的高度通常为10~15cm。种植床靠边缘石的土面，应较边缘石稍低。边缘石的宽度不宜小于10cm。边缘石可用混凝土、砖、耐火砖、玻璃砖、花岗石、大理石等材料做成。边缘石的色彩应与道路及广场的铺装材料相调和。色彩要朴素，形式要简单。

（3）花坛设计图的制作：

● 总平面布置图。比例尺：1/1000~1/500，画出建筑物的边界、道路、广场、草地及花坛的平面轮廓，作出纵横断面图。

● 花坛的轮替计划。除了永久性花坛外，半永久花坛或花丛花坛，在温带和寒温带地区，在春、夏、秋三个季节里经常要保持美观，在亚热带一年四季都要保持美观。花卉不可能一年四季都处于盛花的状态，所以每个花坛应该把一年内花坛组合的轮替计划做出来，并做出每一期的花坛施工图和育苗计划。

● 花坛施工图。平面图：精细的模纹花坛，比例尺为1/30~1/2，较大的花丛花坛，比例尺可以到1/50。画出图案纹样，标出各种纹样所应用的植物名称，并注明数量。没有几何轨迹可求的曲线图案，最好用方格纸设计，以便施工放样。单轴对称的花坛只需要做出半个花坛，多轴对称的花坛，做出1/4个即可。

立面图：比例尺与平面图同。

断面图：复杂的花坛群或花坛，要作出断面图。

结构与构造图：在制作立体花坛时，除平、立、剖面图外，应绘制花坛内部骨架构造图。

8.10.2 花境

8.10.2.1 花境的特征

花境是园林中从规则式构图到自然式构图的一种过渡的半自然式的种植形式。平面轮廓与带状花坛相似，种植床的两边是平行的直线或是有几何轨迹可寻的曲线。长轴很长，短轴的宽度从视觉要求出发，矮小的草本植物花境宽度可以小些，高大的草本植物或灌木花境，宽度要大些。花境的构图是一种沿着长轴的方向演进的连续构图。

花境栽植的植物以多年生花卉和灌木为主。植物栽下以后，常常三五年不加更换，只需要加以中耕、施肥、保护、灌溉及局部更新即可。花境内的植物，以能够露地越冬、适应性较强的多年生植物为主，要求四季美观。花境是竖向和水平方向的综合景观，很少用修剪的常绿乔木作为纵向装饰。

花境的主题是表现观赏植物特有的自然美，观赏植物自然组合的群落美，所以构图不是平面的几何图案，而是植物群丛的自然景观，所以首先要考虑植物与植物之间，群落内部有机体之间相互作用的生物学规律，而不是单纯从图案的要求出发。花境的平面轮廓是规则式的，但是花境内部的植物配置则完全是自然式的，花境兼有自然式和规则式的特点，自始至终有明显的主调植物反复出现。

花境与自然式的花丛与带状花丛的主要区别是：花境的边缘是成直线或有几何轨迹可寻的曲线，线条是连续不断的，两边的边缘线是平行的，沿着边缘线至少有一种矮生植物镶边。自然式花丛及带状花丛，外缘完全是不规则的自然曲线，线条也不能平行，没有任何几何轨迹可寻，边缘没有连续不断的镶边植物，也不可能用一根连续不断的曲线包围起来。花丛外缘常有脱离群体的单独植株，突出于花丛边缘之外，使花丛的边缘错落有致。

8.10.2.2　植物材料

（1）耐寒多年生花卉花境。可以露地过冬，由适应性较强的多年生花卉组合而成，例如鸢尾、芍药、萱草、玉簪、耧斗菜、荷包牡丹等。

（2）球根花卉花境。花境内栽植的花卉为百合、海葱、石蒜、大丽花、水仙、风信子、郁金香、唐菖蒲等球根植物。

（3）一年生花卉花境。用一年生植物组成的花境。这种花境由于费工太多，大都是临时和随期应用的，通常不大适用。

（4）专类植物花境。由一类或一种植物组成的花境，称专类植物花境，例如蕨类花境、芍药花镜、牡丹花境、百合花境、杜鹃花境、丁香花境、鸢尾、菊花、芳香植物花境等。

（5）混合花境。由灌木和耐寒性多年生花卉混合而成的花境。

8.10.2.3　花境设计

花境的平面布置

（1）建筑物的墙基。通常称为基础栽植。当建筑物的高度不超过5层，可以用花境作为基础装饰，使墙面与地面所成的直角的强烈对立关系能够得到缓和，使建筑物与四周的自然风景和园林风景得到调和。当建筑物的高度超过5~6层，不是一下就可以与四周的自然风景调和的，此时花境就不起作用了。

（2）道路上的布置。一种是交通的道路，花卉装饰为从属的；另一类道路是以欣赏沿路的连续风景构图为主的道路。道路上用花坛来装饰可以称为花坛路；用花境来装饰的可以称为花境路；应用花坛、花境和植篱混合装饰的规则式园路，可以称为规则式道路花园。如果作为花境路规划，可以分为三种方式：首先在道路中央布置一列两面观赏的花境；其次在道路的左右两侧，每边布置一列单面观赏的花境，花境的背面都有背景和行道树；最后在道路中央布置一列两面观赏的独立演进花境，道路两侧布置一对对应演进的单面观赏花境。

中央独立演进、两面观赏的花境，在连续构图上，中央的两面观赏花境是主角，左右的两列单面观赏花境是配角。

（3）与植篱和树墙的配合。在规则式园林中，在应用修剪的植篱或由常绿小乔木修剪而成的树墙的前方布置花境，是最动人的。花境可以装饰树墙单调的立面基部，树墙可以作为花境的单纯背景，交相辉映。在花境的前面再配置园路。

（4）与花架、绿廊和游廊配合。花境是连续构图，最好是沿着游人喜爱的散步道路去布置。游人常常在花架和绿廊底下游憩。沿着游廊、花架和绿廊布置花境，能大大提高园林风景效果。

花架、绿廊、游廊等建筑物，在台基的立面前方可布置花境。游人在散步时，可以沿路欣赏两侧的花境。花境又可以装饰花架和游廊的台基。

（5）与围墙和阶地的挡土墙配合。公园的围墙、阶地的挡土墙、建筑院落的围墙，由于距离很大，立面很单调，绿化这些墙面，可以应用藤本植物，也可以在围墙的前方布置单面观赏的花境，使生硬的阶级地形变得美观起来。

由于光线的关系，独立演进的花境必须自北向南布置，不能东西向演进。如果东西向演进，一列花境向阳，一列花境背阴，两列花境生长不同，不能对应起来。

8.10.3 花池、花台

8.10.3.1 花池

是现代园林和建筑、广场、庭院中常用的一种花卉栽植形式，大都与建筑结合。在建筑门前的台阶两侧，常以花池代替台阶扶手，或在花墙、花架、长廊的两侧和末端作结束处理。花池也可独立于广场中心，由多个几何形体组合成有高低错落的、不对称的复合体，从四周观赏，形态各异，可谓花坛的变化。花池与花坛的主要区别是：栽植床高，呈池形，池壁用水刷石、瓷砖或大理石饰面；虽采用花丛花坛的材料，却喜用大色块的组合。花池的形式还可做成多种形状的活动式花池，布置在园林和城市街道上，依花期变化而随时调换。

与建筑相结合的花卉装饰还有花斗。花斗是在实墙与花墙上镶嵌的长方形的小型花池，自然均衡散布在竖向墙面上，用艳丽的草花或藤本植物的垂吊装饰立面效果。

8.10.3.2 花丛与花台

花丛是自然式园林中的花卉栽植形式，按花卉植物的自然生长丛状布置在庭院、路旁、水旁、山石旁、墙边。在中国古典园林中，用花丛、山石布置在近1m高的长方形石台上，中间放土栽植，石台上方边缘以木制小栏杆装饰，称作花台。这种花台目前在园林中很少采用，而是大型盆景表现。

8.11 水生植物种植设计

水是园林的灵魂，是构成景观的重要因素。创造山清水秀的自然景观是园林追求的最高境界。古今中外的园林，都非常重视水的运用。在各种风格的园林中，水体均占有重要位置。而水生植物对水景起着画龙点睛的作用，以其洒脱的姿态、优美的线条、绚丽的色彩点缀水面和岸边，并形成水中倒影，使水面和水体变得生动活泼，加强了水体的美感。园林中的水体，无论面积大小，形状各异，均需借助水生植物来丰富水体的景观。清澈透明的水色、平静如镜的水面是园林植物的底色，与绿叶相互调和，与鲜花衬托对比，相映成趣，景色宜人。我国古典园林中不仅利用水生植物自身的形态风韵创造园林景观，还把许多水生植物赋予了丰富的文化内涵。如宋代周敦颐《爱莲说》写荷花"出淤泥而不染，濯清涟而不妖，中通外直，不蔓不枝，香远益清。亭亭净植，可远观而不可亵玩焉。"把荷花的自然习性和人的思想品格联系起来，从而使人们对荷花的欣赏不仅赏其自然之美，还延伸到对其高尚品格的崇敬，从而加强了园林景观的意境美。又如《诗经》中云："彼泽之陂，有蒲与荷。有美一人，伤如之何，寤寐无为，涕泗滂沱。"运用比兴的手法，用蒲比美男，荷喻美女，来描写香蒲和荷花的自然之美。进一步挖掘整理水生植物丰富的文化内涵，能为创造水生植物景观提供丰富的源泉。在我国古典园林中，无论是气势恢弘、富丽堂皇的北方皇家园林，还是精巧雅致的江南私家园林，对园林水景中水生植物的造景都强调意境的创造。意境是居于主观范畴的意和客观范畴的境两者结合而形成的一种艺术境界，水生植物结合水体最宜创造出深远的意境。水生植物以其独有的风姿、深远的文化内涵和寓意，营造出众多的景点景区，如避暑山庄著名的七十二景中，以水生植物命名的景点就有"曲水荷香"、"香远益清"、"采菱渡"等。

8.11.1 水生植物的使用特征

水生植物是指生长在水中、沼泽或岸边潮湿地带的植物，在园林水景营造和水体绿化中根据其生态习性、适生环境和生长方式，可以把水生植物分为挺水植物、浮叶植物、沉水植物及岸边植物四类。

8.11.2 水生植物种植设计

8.11.2.1 水面的植物配置

园林中的水面包括湖面、水池的水面、河流以及小溪的水面。大小不同，形状各异，既有自然式的，也有规则式的。水面的景观低于人的视线，与水边景观呼应，适宜游人的观赏。水面具有开敞的空间效果。特别是面积较大的水面常给人空旷的感觉。用水生植物点缀水面，可以增加水面的色彩，丰富水面的层次，使寂静的水面得到装饰和衬托，显得生机勃勃，而植物产生的倒影更使水面富有情趣。适宜于布置水面的植物材料有荷花、睡莲、王莲、凤眼莲、萍蓬莲、香菱等。不同的植物材料和不同的水面形成不同的景观，例如在广阔的湖面种植睡莲，碧波荡漾，浮光掠影，轻风吹过泛起阵阵涟漪，景色十分壮观。在小水池中点缀几丛睡莲，却显得清新秀丽、生机盎然。而王莲由于具有硕大如盘的叶片，在较大的水面种植才能显示其粗犷雄壮的气势。繁殖力极强的凤眼莲常在水面形成丛生的群体景观。

水面的植物配置要充分考虑水面的景观效果和水体周围的环境状况。对清澈明净的水面或在岸边有亭、台、楼、榭等园林建筑，或植有树姿优美、色彩艳丽的观赏树木时，一定要注意水面的植物不能过分拥塞，一般不要超过水面面积的1/3，以便人们观赏水面和水中优美的倒影。对选用植物材料要严格控制其蔓延，具体方法可以设置隔离带，为方便管理也可盆栽放入水中。对污染严重、具有臭味或观赏价值不高的水面或小溪，则宜使水生植物布满水面，形成一片绿色植物景观。

8.11.2.2　水体边缘的植物配置

水体边缘是水面和堤岸的分界线，水体边缘的植物配置既能对水面起到装饰作用，又能实现从水面到堤岸的自然过渡，尤其在自然水体景观中应用较多。一般选用适宜在浅水生长的挺水植物，如荷花、菖蒲、千屈菜、水葱、风车草、芦苇、水蓼、水生鸢尾等。这些植物本身具有很高的观赏价值，对驳岸也有很好的装饰遮挡作用。例如，以成丛的菖蒲散植于水边的岩石旁或桥头、水榭附近，姿态挺拔舒展，淡雅宜人。千屈菜花色鲜艳醒目，娟秀洒脱，与其他植物或水边山石相配，更显得生动自然。芦苇植于水边能表现出“枫叶芦花秋瑟瑟”的意境，因此，芦苇多成片种植于湖塘边缘，呈现一片自然景象。

8.11.2.3　岸边的植物配置

园林中的水体驳岸，有石岸、混凝土岸和土岸等。规则式的石岸和混凝土岸在我国应用较多，线条显得生硬而枯燥，需要在岸边配置合适的植物，借其枝叶来遮挡枯燥之处，从而使线条变得柔和。自然式石岸具有丰富的自然线条和优美的石景，在岸边点缀色彩和线条优美的植物，与自然岸边石头相配，使得景色富于变化，配置的植物应有掩有露，遮丑露美。土岸曲折蜿蜒，线条优美，岸边的植物也应自然式种植，切忌等距离栽植。适于岸边种植的植物材料种类很多，如水松、落羽杉、杉木、迎春、垂柳、竹类、黄菖蒲、玉蝉花、马蔺、萱草、玉簪等。草本植物及小灌木多用于装饰点缀或遮掩驳岸，大乔木用于衬托水景并形成优美的水中倒影。国外自然水体或小溪的土岸边多种植大量耐水湿的草本花卉或野生水草，富有自然情调。

■本章小结

本章在园林工程中占了很大的分量，其中重点是乔灌木栽植的设计，种植的设计要符合绿化工程验收的规格。因此要重点掌握：

（1）植物栽培施工的一般程序与方法。
（2）各地常见的大树移植方法及注意问题。
（3）高尔夫草坪建植的方法与设计。

复习思考题

1. 乔木有哪些使用特征？
2. 乔木种植设计方式有哪些？
3. 什么是丛植？丛植有哪些配置形式？如何配置？
4. 群植的基本原则是什么？
5. 人行道绿化设计有哪些形式？设计时重点考虑哪些问题？
6. 灌木的使用特征有哪些？
7. 灌木在园林中有什么作用？
8. 灌木种植设计重点考虑哪些问题？
9. 丛木种植方式有哪几种？
10. 藤本使用有哪些特征？
11. 藤本种植设计有哪些形式？
12. 草坪种植有哪些类型？
13. 草坪种植设计应掌握哪些要点？
14. 地被种植设计应掌握哪些要点？
15. 花坛有哪些类型？
16. 花坛的设计原则是什么？
17. 花境有哪些特征？与自然式花丛和带状花丛的主要区别是什么？
18. 花境的平面布置形式有哪几种？如何布置？

■实习实训

园林植物种植设计

目的及要求：掌握各类植物的基本种植形式、设计方法，植物的生态习性与设计的关系。

材料及用具：绘图板、铅笔及橡皮等。

内容及方法：观察一些风景区、小区、广场的绿化设计方案，进行种植设计的绘制。

实训成果：每个学生完成一套种植设计图。

参考文献

[1] 孟兆祯等．园林工程．北京：中国林业出版社，1996.
[2] 全国普通中等林业学校教材园林工程编写组．园林工程．北京：中国林业出版社，1999.
[3] 丁文铎．城市绿地喷灌．北京：中国林业出版社，2001.
[4] 韩烈保等．草坪建植与管理手册．北京：中国林业出版社，2001.
[5] 韦课常．电气照明技术基础与设计．北京：电力工业出版社，1980.
[6] 梁伊任．园林建设工程．北京：中国城市出版社，2000.
[7] 卢任．园林建筑装饰小品．北京：中国林业出版社，2000.
[8] 张建林．园林工程．北京：中国农业出版社，2002.
[9] 周维权．中国古典园林史．北京：清华大学出版社，1990.
[10] 吴为廉．景园建筑工程规则与设计．上海：同济大学出版社，1996.
[11] 彭一刚．中国古典园林分析．北京：中国建筑工业出版社，1986.
[12] 毛培琳，李雷．水景设计．北京：中国林业出版社，1993.
[13] 毛培琳．园林铺地．北京：中国林业出版社，1992.
[14] 江景波，赵志缙．建筑施工．上海：同济大学出版社，1995.
[15] 储椒生，陈樟德．园林造景图说．上海：上海科学技术出版社，1988.
[16] 杜汝俭，李恩山等．园林建筑设计．北京：中国建筑工业出版社，1986.
[17] （明）计成著．园冶注释．陈植注释．北京：中国建筑工业出版社，1988.
[18] 唐学山等．园林设计．北京：中国林业出版社，1997.
[19] 胡长龙．园林规划设计．北京：中国农业出版社，1995.
[20] 时天光，王珩．建筑与水景．沈阳：辽宁科学技术出版社，1992.
[21] 张黎明．园林小品工程图集．北京：中国林业出版社，1989.
[22] 张海潮．园林规划新说．济南：济南出版社，1991.
[23] 同济大学园林教研室．公园规划与建筑图集．北京：中国建筑工业出版社，1986.
[24] 建筑设计资料集编委．建筑设计资料集．北京：中国建筑工业出版社，1994.
[25] 安怀起，王志英．中国园林艺术．上海：上海科学技术出版社，1986.
[26] 郭正兴，李金根．建筑施工．南京：东南大学出版社，1996.
[27] 茅以升．现代工程师手册．北京：北京出版社，1992.
[28] 徐德权．园林管理概论．北京：中国建筑工业出版社，1989.
[29] 陈有民．园林树木学．北京：中国林业出版社，1990.
[30] 王晓俊．风景园林设计．南京：江苏科学技术出版社，2000.

参考文献

[illegible]